Reiner Kreißig
Ulrich Benedix

Höhere Technische Mechanik

Lehr- und Übungsbuch

Springer-Verlag Wien GmbH

Prof. Dr.-Ing. Reiner Kreißig
Dr.-Ing. Ulrich Benedix
Institut für Mechanik
Technische Universität Chemnitz
Chemnitz, Bundesrepublik Deutschland

Ursprünglich erschienen bei Springer-Verlag Wien New York 2002

Reproduktionsfertige Vorlage von den Autoren

Gedruckt auf säurefreiem, chlorfrei gebleichtem Papier – TCF
SPIN 10777251

Mit 62 Abbildungen

Die Deutsche Bibliothek – CIP-Einheitsaufnahme
Ein Titeldatensatz für diese Publikation ist bei Der Deutschen Bibliothek erhältlich.

ISBN 978-3-211-83813-6 ISBN 978-3-7091-6135-7 (eBook)
DOI 10.1007/978-3-7091-6135-7

Vorwort

Die vorliegende Einführung in die Höhere Technische Mechanik basiert auf einer Lehrveranstaltung für Studenten des Maschinenbaus, die wir seit zirka 10 Jahren an der Technischen Universität Chemnitz halten. Sie ist auf Probleme der linearen Elastizitätstheorie beschränkt. Ihr Ziel besteht in der Schließung der Lücke zwischen den Grundlagen der Mechanik deformierbarer Festkörper als Teilgebiet der Technischen Mechanik und einem der wichtigsten numerischen Verfahren, der Methode der finiten Elemente (FEM). Damit werden die erforderlichen Vorkenntnisse für eine Vertiefung der FEM zur Verfügung gestellt.

Im 1. Kapitel erfolgt die Behandlung einiger Grundbeziehungen der Tensorrechnung. Ihre Anwendung ermöglicht eine kompakte Darstellung des weiteren Inhalts. Außerdem ist die Kenntnis des Tensorkalküls eine notwendige Voraussetzung für das Verständnis von Ergebnissen der theoretischen Ingenieurwissenschaften, zu denen auch die FEM-Handbücher gehören.

Das 2. Kapitel enthält die stoffunabhängigen und die stoffabhängigen Grundlagen der linearen Elastizitätstheorie. Dabei konnte auf die Erläuterung solcher Probleme wie der Transformation der Koordinaten des Spannungs- und des Verzerrungstensors bei Drehung des Basissystems und der Hauptachsentransformation verzichtet werden, weil diese bereits in einem allgemeinen Zusammenhang (1. Kapitel) erklärt wurden.

Die Randwertprobleme der linearen Elastizitätstheorie und ihre analytische Lösung für spezielle Fälle sind Gegenstand des 3. Kapitels. Hier besteht das vorrangige Ziel darin, die notwendigen Voraussetzungen für die richtige Anwendung kommerzieller Software zu schaffen. Schwerpunkte sind die Formulierung von Randbedingungen und das Erkennen von Gradienten der Feldgrößen z. B. infolge großer Querschnittsänderungen und konzentrierter Lasteintragungen. In diesem Kontext ist auch die Einführung des rotationssymmetrischen Problems im Allgemeinen sowie des zugehörigen Verschiebungsrandwertproblems im Besonderen zu verstehen.

Am Anfang des 4. Kapitels werden Prinzipe der Mechanik behandelt. Ihnen schließt sich die Beschreibung des *Ritz*schen Verfahrens zur Erzeugung von Näherungslösungen an. Diese Vorgehensweise bildet in leicht modifizierter Form den Zugang zur Methode der finiten Elemente. Für die Darstellung der Grundlagen der FEM und deren Anwendung auf das 4-Knoten-Rechteck-Element als einfaches Beispiel wird die hier vorteilhaftere Matrixnotation eingesetzt.

Der Anhang enthält zahlreiche Übungsaufgaben zu allen Kapiteln mit relativ ausführlichen Lösungen und dient sowohl der Anwendung der theoretischen Grundlagen als auch der Ausbildung gewisser Fertigkeiten. Mit Ausnahme einiger klassischer Beispiele wie der eingespannten Rechteckscheibe, der gelochten Scheibe unter Zug oder der durch eine Einzelkraft belasteten Halbebene handelt es sich um eigene Aufgaben. An ihrer Entwicklung war der ehemalige Mitarbeiter an der Professur Festkörpermechanik Herr Dr.-Ing. E. Bohnsack beteiligt, dem an dieser Stelle gedankt sei.

Herrn Dr.-Ing. Uwe-Jens Görke gebührt ein herzlicher Dank für die kritische Korrekturlesung und seine Verbesserungsvorschläge.

Dem Lehrbuchcharakter entsprechend, wurde den Kapiteln lediglich eine Auswahl weiterführender Literatur angefügt.

Reiner Kreißig, Ulrich Benedix

Inhaltsverzeichnis

Kapitel 1

Einführung in die Tensorrechnung

1.1 Motivation

Der Tensorkalkül stellt ein wichtiges mathematisches Hilfsmittel in der Physik sowie zunehmend in den theoretischen Ingenieurwissenschaften dar. Seine Anwendung ermöglicht bei nur wenigen Rechenregeln eine kompakte Darstellung komplizierter Zusammenhänge. Da z. B. in den Handbüchern für kommerzielle Software (Methode der finiten Elemente, der Randelemente u. a.) die kontinuumsmechanischen Grundlagen unter Verwendung dieses Kalküls beschrieben werden, sind entsprechende Kenntnisse auch im Anwendungsbereich erforderlich.

Im Weiteren wird der dreidimensionale euklidische Raum $\boldsymbol{R}^3$ der Anschauung zu Grunde gelegt. Beim Übergang auf die Komponenten- und Koordinatendarstellung von Tensoren erfolgt eine Beschränkung auf die orthonormierte (kartesische) Basis. Außerdem werden nur diejenigen Grundlagen erläutert, welche für das Verständnis der folgenden Kapitel erforderlich sind.

Bei der Behandlung der „Allgemeinen Lösungsmethoden" (Kapitel 4) wird parallel die Matrizenschreibweise verwendet. Deshalb werden im Kapitel 1 bestehende Zusammenhänge mit der Matrizenrechnung berücksichtigt.

1.2 Tensorbegriff

Tensoren sind gerichtete, physikalische oder geometrische Größen. Die Anzahl n der den Tensor charakterisierenden Richtungen wird **Stufe** genannt.

Die **symbolische Darstellung** von Tensoren wird wie folgt vereinbart:

a, A	Tensor nullter Stufe Beispiele: Temperatur, Dichte
$\underline{a}$, $\underline{A}$	Tensor erster Stufe Beispiele: Verschiebung, Geschwindigkeit, Kraft, Moment
$\underline{\underline{a}}$, $\underline{\underline{A}}$	Tensor zweiter Stufe Beipiele: Spannung, Verzerrung
$\underline{\underline{\underline{a}}}$, $\underline{\underline{\underline{A}}}$	Tensor dritter Stufe
$\underline{a}_{(n)}$, $\underline{A}_{(n)}$	Tensor n-ter Stufe

Für die **Komponenten-** und **Koordinatenschreibweise** im dreidimensionalen euklidischen Raum $\boldsymbol{R}^3$ wird die orthonormierte oder kartesische Basis (siehe Abb. 1.1) eingeführt, wobei zur Kennzeichnung der drei Basisvektoren die Ziffern 1, 2 und 3 anstelle von x, y und z dienen.

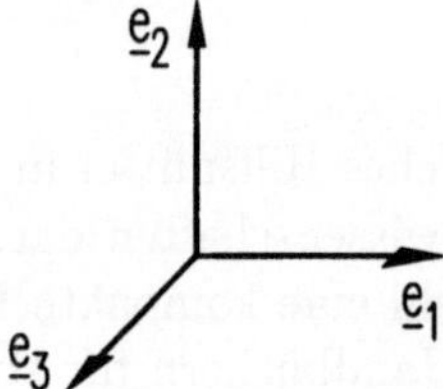

Abb. 1.1: Orthonormiertes Basissystem

Ein orthonormiertes Basissystem besteht aus drei zueinander orthogonalen Einheitsvektoren.

$$|\underline{e}_1| = |\underline{e}_2| = |\underline{e}_3| = 1 \qquad \underline{e}_1 \perp \underline{e}_2, \ \underline{e}_2 \perp \underline{e}_3, \ \underline{e}_3 \perp \underline{e}_1 \tag{1.1}$$

Für das Skalarprodukt der Basisvektoren mit i, $j = 1, 2, 3$ gilt unter Beachtung von (1.1)

$$\underline{e}_i \cdot \underline{e}_j = |\underline{e}_i| \, |\underline{e}_j| \cos(\underline{e}_i, \underline{e}_j) = \delta_{ij} \tag{1.2}$$

mit dem **Kronecker-Symbol**

$$\delta_{ij} = \begin{cases} 1 & \text{für} \quad i = j \\ 0 & \text{für} \quad i \neq j \end{cases} \tag{1.3}$$

Bezüglich der Basis (1.1) besitzt ein Vektor die **Komponentendarstellung** (vgl. Abb. 1.2)

$$\underline{A} = A_1 \, \underline{e}_1 + A_2 \, \underline{e}_2 + A_3 \, \underline{e}_3 \tag{1.4}$$

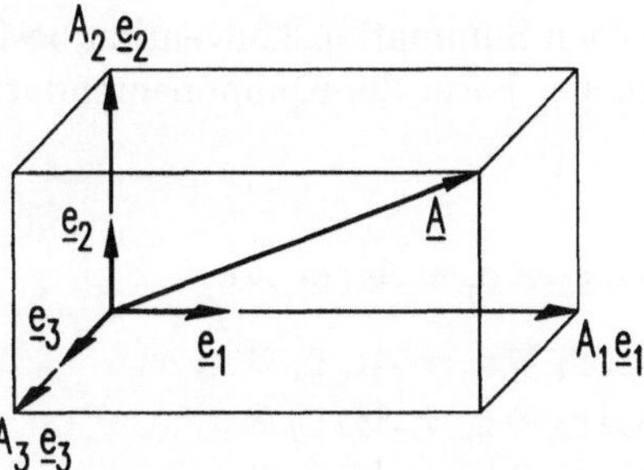

Abb. 1.2: Komponentendarstellung eines Vektors

Während $A_1\,\underline{e}_1$, $A_2\,\underline{e}_2$ und $A_3\,\underline{e}_3$ die (vektoriellen) Komponenten von $\underline{A}$ verkörpern, bezeichnen A_1, A_2 und A_3 die (Vektor-)Koordinaten. Sie sind, abgesehen von den Maßeinheiten, Zahlen.

Zur Verkürzung der Schreibweise von (1.4) wird die *Einstein*sche Summationskonvention eingeführt. Sie besteht in der Summation von 1 bis 3 über diejenigen Indizes, die in einem Monom doppelt auftreten, wobei die Angabe des Summenzeichens entfällt.

$$\underline{A} = \sum_{i=1}^{3} A_i\,\underline{e}_i \equiv A_i\,\underline{e}_i \tag{1.5}$$

Als Konsequenz davon kann ein und derselbe Index in einem Monom maximal zweimal auftreten.

Zwischen Tensoren höherer Stufe und ihren Koordinaten bezüglich der Basis (1.1) bestehen die zu (1.5) gleichartigen Zusammenhänge

$$\left.\begin{array}{lcl} \underline{\underline{A}} & = & A_{ij}\,\underline{e}_i \otimes \underline{e}_j \\ \underline{\underline{\underline{A}}} & = & A_{ijk}\,\underline{e}_i \otimes \underline{e}_j \otimes \underline{e}_k \\ \ldots & & \ldots \\ \underline{A}_{(n)} & = & A_{i_1 i_2 \ldots i_n}\,\underline{e}_{i_1} \otimes \underline{e}_{i_2} \otimes \ldots \otimes \underline{e}_{i_n} \end{array}\right\} \tag{1.6}$$

Die Ausdrücke $\underline{e}_i \otimes \underline{e}_j \otimes \ldots$ bilden die so genannte Tensorbasis. Analog zur linearen Unabhängigkeit der Basisvektoren $\underline{e}_1$, $\underline{e}_2$ und $\underline{e}_3$, hier ist die Gleichung

$$\lambda_i\,\underline{e}_i = \lambda_1\,\underline{e}_1 + \lambda_2\,\underline{e}_2 + \lambda_3\,\underline{e}_3 = \underline{0}$$

lediglich für $\lambda_1 = \lambda_2 = \lambda_3 = 0$ erfüllt, gilt für die Tensorbasis

$$\lambda_{i_1 i_2 \ldots i_n}\,\underline{e}_{i_1} \otimes \underline{e}_{i_2} \otimes \ldots \otimes \underline{e}_{i_n} = \underline{0}_{(n)}$$

nur dann, wenn sämtliche 3^n Zahlen $\lambda_{i_1 i_2 \ldots i_n}$ gleich null sind. An den Darstellungen (1.5) und (1.6) werden in den Abschn. 1.3 bis 1.5 die Tensoroperationen erklärt.

Unter Beachtung der *Einstein*schen Summationskonvention besitzt ein Tensor zweiter Stufe $\underline{\underline{A}}$ in ausgeschriebener Form die Komponentendarstellung

$$\begin{aligned} \underline{\underline{A}} &= A_{ij}\, \underline{e}_i \otimes \underline{e}_j \\ &= A_{1j}\, \underline{e}_1 \otimes \underline{e}_j + A_{2j}\, \underline{e}_2 \otimes \underline{e}_j + A_{3j}\, \underline{e}_3 \otimes \underline{e}_j \\ &= A_{11}\, \underline{e}_1 \otimes \underline{e}_1 + A_{12}\, \underline{e}_1 \otimes \underline{e}_2 + A_{13}\, \underline{e}_1 \otimes \underline{e}_3 \\ &+ A_{21}\, \underline{e}_2 \otimes \underline{e}_1 + A_{22}\, \underline{e}_2 \otimes \underline{e}_2 + A_{23}\, \underline{e}_2 \otimes \underline{e}_3 \\ &+ A_{31}\, \underline{e}_3 \otimes \underline{e}_1 + A_{32}\, \underline{e}_3 \otimes \underline{e}_2 + A_{33}\, \underline{e}_3 \otimes \underline{e}_3 \end{aligned}$$

Im Raum $\boldsymbol{R}^3$ beträgt sowohl die Anzahl der Komponenten als auch der Koordinaten für einen Tensor n-ter Stufe 3^n.

Tensoren zweiter Stufe, deren Koordinaten sich nur durch die Reihenfolge der Indizes unterscheiden, werden in Analogie zu den Matrizen als **transponiert** bezeichnet.

$$\left.\begin{aligned} \underline{\underline{A}} &= A_{ij}\, \underline{e}_i \otimes \underline{e}_j \\ \underline{\underline{A}}^T &= A_{ji}\, \underline{e}_i \otimes \underline{e}_j \\ (A^T)_{ij} &= A_{ji} \end{aligned}\right\} \tag{1.7}$$

Ein wichtiger Tensor zweiter Stufe ist der **Einheitstensor**

$$\underline{\underline{I}} = \delta_{ij}\, \underline{e}_i \otimes \underline{e}_j \tag{1.8}$$

dessen Koordinaten δ_{ij} (vgl. (1.3)) die **Einheitsmatrix**

$$\boldsymbol{I} = \begin{pmatrix} 1 & 0 & 0 \\ 0 & 1 & 0 \\ 0 & 0 & 1 \end{pmatrix} \tag{1.9}$$

bilden.

Wird die *Einstein*sche Summationskonvention unter Beachtung von (1.3) auf das Monom[1]

$$A_{ij}\, \delta_{jk} = A_{ik}$$

angewendet, ist sofort zu erkennen, dass sich das *Kronecker*-Symbol zum Austausch der Indizes eignet (→ **Substitutionssymbol**). Dabei wird der in der Tensorkoordinate und im *Kronecker*-Symbol gleiche Index in der Tensorkoordinate durch den verbleibenden Index des *Kronecker*-Symbols ersetzt, wobei Letzteres nicht mehr auftritt. Ein weiteres Beispiel ist die Spurbildung.

$$\operatorname{sp} \underline{\underline{A}} = A_{ij}\, \delta_{ij} = A_{ii} = A_{jj} = A_{11} + A_{22} + A_{33} \tag{1.10}$$

[1] Das obige Monom enthält nur Tensorkoordinaten, die selbst Zahlenwerte darstellen, so dass Multiplikationen im üblichen Sinn erfolgen.

1.3 Tensorkoordinatentransformation

Unter der **Tensorkoordinatentransformation** wird der Zusammenhang zwischen den Koordinaten eines Tensors bezüglich zweier unterschiedlicher Basissysteme verstanden.

Als Sonderfall werden zwei gegeneinander verdrehte, orthonormierte Basissysteme betrachtet, deren Basisvektoren im Weiteren die Achsen zweier kartesischer Koordinatensysteme aufspannen (Abb. 1.3).

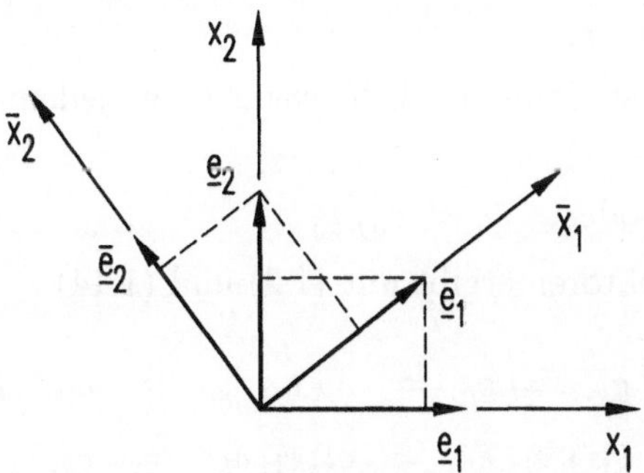

Abb. 1.3: Orthonormierte Basissysteme und zugehörige kartesische Koordinatenachsen

Werden die „neuen" Basisvektoren $\bar{\underline{e}}_i$ durch Komponenten in der „alten" Basis $\underline{e}_j$ ausgedrückt (z. B. $\bar{\underline{e}}_1$ in Abb. 1.3), entstehen die Zusammenhänge

$$\begin{aligned} \bar{\underline{e}}_1 &= \cos(\bar{\underline{e}}_1, \underline{e}_1)\, \underline{e}_1 + \cos(\bar{\underline{e}}_1, \underline{e}_2)\, \underline{e}_2 \\ \bar{\underline{e}}_2 &= \cos(\bar{\underline{e}}_2, \underline{e}_1)\, \underline{e}_1 + \cos(\bar{\underline{e}}_2, \underline{e}_2)\, \underline{e}_2 \end{aligned}$$

bzw. allgemein

$$\bar{\underline{e}}_i = \cos(\bar{\underline{e}}_i, \underline{e}_j)\, \underline{e}_j \tag{1.11}$$

Analog gilt für die Zerlegung der „alten" Basisvektoren $\underline{e}_i$ in Komponenten bezüglich der „neuen" Basisvektoren $\bar{\underline{e}}_j$ (z. B. $\underline{e}_2$ in Abb. 1.3)

$$\underline{e}_i = \cos(\underline{e}_i, \bar{\underline{e}}_j)\, \bar{\underline{e}}_j \tag{1.12}$$

Bei Einführung von Transformationskoeffizienten

$$\left.\begin{aligned} c_{ij} &= \cos(\bar{\underline{e}}_i, \underline{e}_j) = \cos(\underline{e}_j, \bar{\underline{e}}_i) \\ c_{ji} &= \cos(\bar{\underline{e}}_j, \underline{e}_i) = \cos(\underline{e}_i, \bar{\underline{e}}_j) \end{aligned}\right\} \tag{1.13}$$

deren jeweils erster Index sich immer auf das Basissystem $\underline{\bar{e}}_i$ bzw. $\underline{\bar{e}}_j$ bezieht, folgen mit (1.11) und (1.12)

$$\left.\begin{aligned} \underline{\bar{e}}_i &= c_{ij}\,\underline{e}_j \\ \underline{e}_i &= c_{ji}\,\underline{\bar{e}}_j \end{aligned}\right\} \tag{1.14}$$

Der in (1.14) doppelt auftretende Index j ($\rightarrow$ Auslösung einer Summation) wird als **stummer Index** bezeichnet. Indizes, welche in jedem Monom nur einmal vorkommen (z. B. i in (1.14)), heißen **freie Indizes**. Stumme Indizes dürfen beliebig ausgetauscht werden.

Beispiel: $\underline{\bar{e}}_i = c_{ik}\,\underline{e}_k = c_{il}\,\underline{e}_l$

Ein Austausch freier Indizes ist dann möglich, wenn er in jedem Monom in gleicher Weise geschieht.

Beispiel: $\underline{\bar{e}}_m = c_{mj}\,\underline{e}_j$ oder $\underline{\bar{e}}_n = c_{nj}\,\underline{e}_j$

Das Skalarprodukt der Basisvektoren ergibt mit (1.2) und (1.14)

$$\begin{aligned} \delta_{ij} &= \underline{\bar{e}}_i \cdot \underline{\bar{e}}_j = c_{ik}\,\underline{e}_k \cdot c_{jl}\,\underline{e}_l = c_{ik}\,c_{jl}\,\delta_{kl} = c_{ik}\,c_{jk} \\ \delta_{ij} &= \underline{e}_i \cdot \underline{e}_j = c_{ki}\,\underline{\bar{e}}_k \cdot c_{lj}\,\underline{\bar{e}}_l = c_{ki}\,c_{lj}\,\delta_{kl} = c_{ki}\,c_{kj} \end{aligned}$$

Die Transformationskoeffizienten

$$c_{ik}\,c_{jk} = c_{ki}\,c_{kj} = \delta_{ij} \tag{1.15}$$

bilden laut (1.15) eine **eigentlich orthogonale Matrix**, welche durch die Eigenschaften

$$\boldsymbol{C}\,\boldsymbol{C}^T = \boldsymbol{C}^T\boldsymbol{C} = \boldsymbol{I} \qquad \text{und} \qquad \det \boldsymbol{C} = 1$$

ausgezeichnet ist.

Ein Vektor $\underline{A}$ stellt bei Erfüllung der **Invarianzbedingung**

$$\underline{A} = A_i\,\underline{e}_i = \bar{A}_j\,\underline{\bar{e}}_j = \underline{\bar{A}} \tag{1.16}$$

einen Tensor erster Stufe dar.[2] Analog gilt für Tensoren n-ter Stufe

$$\left.\begin{aligned} \underline{A}_{(n)} &= A_{i_1 i_2 \ldots i_n}\,\underline{e}_{i_1} \otimes \underline{e}_{i_2} \otimes \ldots \otimes \underline{e}_{i_n} \\ &= \bar{A}_{j_1 j_2 \ldots j_n}\,\underline{\bar{e}}_{j_1} \otimes \underline{\bar{e}}_{j_2} \otimes \ldots \otimes \underline{\bar{e}}_{j_n} = \underline{\bar{A}}_{(n)} \end{aligned}\right\} \tag{1.17}$$

[2]In (1.16) werden die Koordinaten von $\underline{A}$ auf der Grundlage der Invarianzbedingung bezüglich zweier unterschiedlicher Basissysteme betrachtet. Für die Basisvektoren $\underline{e}_i$ und $\underline{\bar{e}}_j$ (vgl. Abb. 1.3 und (1.14)) trifft die Invarianzbedingung nicht zu. Sie stellen deshalb keine Tensoren erster Stufe dar.

Durch Einsetzen von (1.14) in die Invarianzbedingung (1.16)

$$\left.\begin{array}{rcccccc} \underline{A} & = & \underline{\bar{A}_j\,\bar{\underline{e}}_j} & = & A_i\,\underline{e}_i & = & \underline{A_i\,c_{ji}\,\bar{\underline{e}}_j} \\ & = & \underline{A_j\,\underline{e}_j} & = & \bar{A}_i\,\bar{\underline{e}}_i & = & \underline{\bar{A}_i\,c_{ij}\,\underline{e}_j} \end{array}\right\} \tag{1.18}$$

das „**Ausheben**" der in den unterstrichenen Monomen gleichen Basis und einen anschließenden Indexaustausch ($i \to j,\ j \to i$) werden die Transformationsbeziehungen für die Koordinaten eines Tensors erster Stufe bezüglich zweier, gegeneinander verdrehter orthonormierter Basissysteme erhalten.

$$\left.\begin{array}{rcl} \bar{A}_i & = & c_{ij}\,A_j \\ A_i & = & c_{ji}\,\bar{A}_j \end{array}\right\} \tag{1.19}$$

Die Anwendung von (1.19) auf den Ortsvektor $\underline{r} = x_i\,\underline{e}_i = \bar{x}_i\,\bar{\underline{e}}_i$ führt mit

$$\bar{x}_i = c_{ij}\,x_j \qquad \text{und} \qquad x_i = c_{ji}\,\bar{x}_j$$

auf

$$c_{ij} = \frac{\partial \bar{x}_i}{\partial x_j} \qquad \text{sowie} \qquad c_{ji} = \frac{\partial x_i}{\partial \bar{x}_j} \tag{1.20}$$

Sind die Koordinatentransformationen zwischen zwei kartesischen Systemen $\bar{x}_i = \bar{x}_i(x_j)$ und $x_i = x_i(\bar{x}_j)$ bekannt, lassen sich die Transformationskoeffizienten c_{ij} und c_{ji} mittels (1.20) berechnen.

Für Tensoren höherer Stufe werden zu (1.19) analoge Transformationsbeziehungen

$$\left.\begin{array}{rclrcl} \bar{A}_{ij} & = & c_{ik}\,c_{jl}\,A_{kl} & A_{ij} & = & c_{ki}\,c_{lj}\,\bar{A}_{kl} \\ \bar{A}_{ijk} & = & c_{il}\,c_{jm}\,c_{kn}\,A_{lmn} & A_{ijk} & = & c_{li}\,c_{mj}\,c_{nk}\,\bar{A}_{lmn} \\ \bar{A}_{ij\ldots} & = & c_{iq}\,c_{jr}\,\ldots\,A_{qr\ldots} & A_{ij\ldots} & = & c_{qi}\,c_{rj}\,\ldots\,\bar{A}_{qr\ldots} \end{array}\right\} \tag{1.21}$$

erhalten.

Aus der Invarianzbedingung (1.16) bzw. (1.17) folgt damit, dass sich die Koordinaten eines Tensors n-ter Stufe, die ein System von 3^n Zahlen bilden, beim Übergang von einer zu einer anderen orthonormierten Basis entsprechend (1.19) und (1.21) transformieren.

Ein Tensor, der in jedem orthonormierten Basissystem die gleichen Koordinaten besitzt, wird als **isotroper** Tensor bezeichnet.

$$\bar{A}_{ij\ldots} = A_{ij\ldots} \tag{1.22}$$

Beispiel: $\quad \bar{\delta}_{ij} = c_{ik}\,c_{jl}\,\delta_{kl} = c_{ik}\,c_{jk} = \delta_{ij}$

1.4 Tensoralgebra

1.4.1 Tensoraddition

Die Tensoraddition ist nur für Tensoren gleicher Stufe definiert. So gilt z. B. für Tensoren zweiter Stufe:

$$\left.\begin{array}{l}\text{Symbolische Schreibweise:}\\ \underline{\underline{A}} + \underline{\underline{B}} = \underline{\underline{C}}\\[2ex] \text{Komponentenschreibweise mit gleicher Basis:}\\ A_{ij}\; \underline{e}_i \otimes \underline{e}_j \;+\; B_{ij}\; \underline{e}_i \otimes \underline{e}_j \;=\; C_{ij}\; \underline{e}_i \otimes \underline{e}_j\\[2ex] \text{Koordinatenschreibweise:}\\ A_{ij} + B_{ij} \;=\; C_{ij}\end{array}\right\} \tag{1.23}$$

Der Übergang von der Komponenten- zur Koordinatenschreibweise geschieht durch Ausheben der in allen Monomen **gleichen Basis** (vgl. bereits (1.18) und (1.19)).

Jeder allgemeine Tensor zweiter Stufe kann additiv in einen symmetrischen und einen antimetrischen Tensor zerlegt werden. Diese Aufspaltung ist eindeutig.

$$\left.\begin{array}{lcl} \underline{\underline{A}} &=& \underline{\underline{A}}^s + \underline{\underline{A}}^a\\[2ex] \underline{\underline{A}}^s &=& \frac{1}{2}\left(\underline{\underline{A}} + \underline{\underline{A}}^T\right) \;=\; A^s_{ij}\; \underline{e}_i \otimes \underline{e}_j\\[1ex] A^s_{ij} &=& \frac{1}{2}\left(A_{ij} + A_{ji}\right)\\[2ex] \underline{\underline{A}}^a &=& \frac{1}{2}\left(\underline{\underline{A}} - \underline{\underline{A}}^T\right) \;=\; A^a_{ij}\; \underline{e}_i \otimes \underline{e}_j\\[1ex] A^a_{ij} &=& \frac{1}{2}\left(A_{ij} - A_{ji}\right)\end{array}\right\} \tag{1.24}$$

Während der symmetrische Tensor die sechs voneinander unabhängigen Koordinaten

$$A^s_{ij} = A^s_{ji} \tag{1.25}$$

besitzt, existieren beim antimetrischen Tensor nur die drei unabhängigen Koordinaten

$$A^a_{ij} = -A^a_{ji} \tag{1.26}$$

Bei Verwendung der symbolischen Schreibweise zeichnen sich ein symmetrischer Tensor durch

$$\underline{\underline{A}} = \underline{\underline{A}}^T$$

und ein antimetrischer Tensor durch

$$\underline{\underline{A}} = -\underline{\underline{A}}^T$$

aus (vgl. dazu (1.7)).

In der Matrizenalgebra gelten analoge Regeln für die Addition sowie für die Zerlegung in eine symmetrische und eine antimetrische Matrix.

Eine zweite additive und ebenfalls eindeutige Zerlegung eines Tensors zweiter Stufe besteht in der Aufspaltung in einen isotropen Tensor und einen **Deviator**, dessen **Spur** A^d_{ii} definitionsgemäß gleich null ist.

$$A_{ij} = A\,\delta_{ij} + A^d_{ij} \tag{1.27}$$

Damit führt die Spurbildung (vgl. (1.10)) von (1.27) auf

$$A_{ii} = 3\,A$$

so dass der Deviator zu

$$A^d_{ij} = A_{ij} - \tfrac{1}{3}\,A_{mm}\,\delta_{ij} \tag{1.28}$$

erhalten wird. Der isotrope Tensor

$$A^k_{ij} = \tfrac{1}{3}\,A_{mm}\,\delta_{ij} \tag{1.29}$$

wird auch als **Kugelanteil** bezeichnet.

1.4.2 Tensormultiplikation

Das **tensorielle Produkt** zweier Tensoren, in der Regel einfach als Produkt bezeichnet, wird derart gebildet, dass die Koordinaten und die Tensorbasis des Linksfaktors m-ter Stufe mit den Koordinaten und der Tensorbasis des Rechtsfaktors n-ter Stufe unter Beachtung der Reihenfolge der Basisvektoren multipliziert werden. Damit entsteht ein **Produkttensor** $(m+n)$-ter Stufe mit 3^{m+n} Koordinaten.

Beispiel: Produkt eines Tensors erster Stufe mit einem Tensor zweiter Stufe

$$\left.\begin{array}{l}
\text{Symbolische Schreibweise:} \\
\underline{A} \otimes \underline{\underline{B}} \;=\; \underline{\underline{\underline{C}}} \\[1ex]
\text{Komponentenschreibweise mit gleicher Basis:} \\
A_i\, \underline{e}_i \otimes B_{jk}\, \underline{e}_j \otimes \underline{e}_k \;=\; A_i\, B_{jk}\, \underline{e}_i \otimes \underline{e}_j \otimes \underline{e}_k \;=\; C_{ijk}\, \underline{e}_i \otimes \underline{e}_j \otimes \underline{e}_k \\[1ex]
\text{Koordinatenschreibweise:} \\
A_i\, B_{jk} \;=\; C_{ijk}
\end{array}\right\} \quad (1.30)$$

Der Beweis, dass die Stufe des Produkttensors $m + n$ beträgt, sei beispielhaft für zwei von null verschiedene Vektoren dargestellt. Bezüglich einer gegebenen Basis gelte

$$A_i\, B_j \;=\; C_{ij} \qquad (1.31)$$

Mit (1.19)

$$\bar{A}_i \;=\; c_{ik}\, A_k \qquad \text{sowie} \qquad \bar{B}_j \;=\; c_{jl}\, B_l$$

folgt

$$\bar{A}_i\, \bar{B}_j \;=\; c_{ik}\, A_k\, c_{jl}\, B_l \;=\; c_{ik}\, c_{jl}\, A_k\, B_l \;=\; c_{ik}\, c_{jl}\, C_{kl} \;=\; \bar{C}_{ij} \qquad (1.32)$$

Das Ergebnis entspricht gerade den Transformationsbeziehungen (1.21) für die Koordinaten eines Tensors zweiter Stufe und bestätigt damit die obige Behauptung (1.31).

Skalarprodukte von Tensoren, welche durch eine entsprechende Anzahl von Punkten gekennzeichnet werden, beziehen sich auf die von innen benachbarten Basisvektoren. Sie führen gegenüber dem tensoriellen Produkt zu einer Verringerung der Stufe des Produkttensors (vgl. dazu (1.2)).

1. Beispiel: **Einfaches Skalarprodukt (inneres Produkt)**

$$\left.\begin{array}{rcl}
A_{ij}\, \underline{e}_i \otimes \underline{e}_j \cdot B_{kl}\, \underline{e}_k \otimes \underline{e}_l &=& A_{ij}\, B_{kl}\, \underline{e}_i \otimes \underline{e}_j \cdot \underline{e}_k \otimes \underline{e}_l \\
&=& A_{ij}\, B_{kl}\, \delta_{jk}\, \underline{e}_i \otimes \underline{e}_l \\
&=& A_{ij}\, B_{jl}\, \underline{e}_i \otimes \underline{e}_l \\
&=& C_{il}\, \underline{e}_i \otimes \underline{e}_l
\end{array}\right\} \quad (1.33)$$

Daraus folgen in der symbolischen Schreibweise

$$\underline{\underline{A}} \cdot \underline{\underline{B}} \;=\; \underline{\underline{C}} \qquad (1.34)$$

und in der Koordinatenschreibweise

$$A_{ij}\, B_{jl} \;=\; C_{il} \tag{1.35}$$

Für $i = l = 1$ als Beispiel entsteht

$$C_{11} \;=\; A_{11}\, B_{11} + A_{12}\, B_{21} + A_{13}\, B_{31}$$

so dass (1.35) der Regel für das Matrizenprodukt entspricht.

2. Beispiel: **Doppeltes Skalarprodukt**

$$\left.\begin{aligned} \underline{\underline{A}} \cdot\cdot\, \underline{\underline{B}} &= A_{ij}\, \underline{e}_i \otimes \underline{e}_j \cdot\cdot\, B_{kl}\, \underline{e}_k \otimes \underline{e}_l \\ &= A_{ij}\, B_{kl}\, \underline{e}_j \cdot \underline{e}_k\; \underline{e}_i \cdot \underline{e}_l \\ &= A_{ij}\, B_{kl}\, \delta_{jk}\, \delta_{il} \\ &= A_{ij}\, B_{ji} \end{aligned}\right\} \tag{1.36}$$

Jedes Skalarprodukt verringert die Stufe des Produkttensors um zwei.

Unter der **Überschiebung** wird das Gleichsetzen unterschiedlicher Indizes von Links- und Rechtsfaktor in der Koordinatenschreibweise verstanden, wodurch eine Summation ausgelöst wird.

Beispiel: $A_{ij}\, B_{kl} \;\rightarrow$ (einfache) Überschiebung $\rightarrow\; A_{ij}\, B_{jl} = C_{il}$

Damit ist die (einfache) Überschiebung der Einfügung eines Skalarproduktes äquivalent (vgl. (1.33) und (1.35)).

Der Begriff Überschiebung wird auch dann verwendet, wenn die Koordinaten eines Tensors derart mit Koordinaten eines zweiten Tensors multipliziert werden, dass damit eine oder mehrere Summationen verbunden sind.

Dagegen handelt es sich um eine (einfache) **Verjüngung**, wenn in der Koordinatenschreibweise zwei Indizes eines Tensors gleichgesetzt werden.

Beispiele: $A_{ijk} \;\rightarrow\; j = k \;\rightarrow\; A_{ijj} = A_{i11} + A_{i22} + A_{i33} = B_i$

$\delta_{ij} \;\rightarrow\; i = j \;\rightarrow\; \delta_{ii} = 1 + 1 + 1 = 3$

Folglich besitzt der Ergebnistensor eine um zwei verringerte Stufe.

Die bereits benutzte Spurbildung (vgl. (1.10)) entspricht der soeben eingeführten Verjüngung.

$$\operatorname{sp} \underline{\underline{A}} \;=\; \underline{\underline{A}} \cdot\cdot\, \underline{\underline{I}} \;=\; A_{ii} \tag{1.37}$$

Mit der Tensoraddition und -multiplikation liegen einfache Beispiele für Tensorgleichungen vor. Bei Bezug auf eine einheitliche Basis zeichnen sich Tensorgleichungen in der Koordinatenschreibweise dadurch aus, dass in jedem Monom gleiche freie Indizes auftreten.

1.5 Hauptachsentransformation für symmetrische Tensoren zweiter Stufe

Ein Tensor zweiter Stufe, dessen Koordinatenmatrix (A_{ij}), die zu einer bestimmten orthonormierten Basis $\underline{e}_i$ gehört, diagonal ist, besitzt bezüglich anderer orthonormierter Basissysteme in Übereinstimmung mit (1.21) symmetrische Koordinatenmatrizen. In Umkehrung dieses Ergebnisses wird im Weiteren für den symmetrischen Tensor $\underline{\underline{A}} = A_{ij}\,\underline{e}_i \otimes \underline{e}_j = A_{ji}\,\underline{e}_i \otimes \underline{e}_j$ dasjenige orthonormierte Basissystem $\bar{\underline{e}}_i$ gesucht, in dem für die Tensorkoordinaten

$$\left.\begin{array}{lll} \bar{A}_{ij} = \bar{A}_{(ii)} = \bar{A}_{(jj)} & \text{für} \quad i=j & \text{und} \\ \bar{A}_{ij} = 0 & \text{für} \quad i \neq j & \\ \text{bzw.} & & \\ (\bar{A}_{ij}) = \begin{pmatrix} \bar{A}_{11} & 0 & 0 \\ 0 & \bar{A}_{22} & 0 \\ 0 & 0 & \bar{A}_{33} \end{pmatrix} & & \end{array}\right\} \tag{1.38}$$

gelten. In (1.38) sowie im Weiteren kennzeichnen die Klammern um die doppelt auftretenden Indizes das Aussetzen der Summation. Die Elemente der Diagonalmatrix (1.38) heißen **Hauptwerte** (Eigenwerte), während die speziellen Basisvektoren $\bar{\underline{e}}_i$, bezüglich deren (1.38) gilt, als **Eigenvektoren** bezeichnet werden. Sie spannen die **Hauptachsen** (Haupt-, Eigenrichtungen) auf.

Den Ausgangspunkt zur Bestimmung der Hauptwerte und der Eigenvektoren bildet die Tensorkoordinatentransformation (1.21)

$$\bar{A}_{ij} = c_{ik}\, c_{jl}\, A_{kl}$$

die mit den Transformationskoeffizienten c_{im} überschoben wird.

$$c_{im}\, \bar{A}_{ij} = c_{im}\, c_{ik}\, c_{jl}\, A_{kl}$$

Unter Berücksichtigung von (1.15) und der Verwendung des *Kronecker*-Symbols als Substitutionssymbol entsteht die Beziehung

$$c_{im}\, \bar{A}_{ij} = c_{jl}\, A_{ml}$$

die bei Anwendung auf das Hauptachsensystem (vgl. (1.38)) die Form

$$c_{im}\, \bar{A}_{(ii)} = c_{il}\, A_{ml}$$

annimmt. Ein Indexaustausch mit δ_{ml} führt schließlich auf

$$c_{il}\left(A_{ml} - \delta_{ml}\, \bar{A}_{(ii)}\right) = 0 \tag{1.39}$$

mit den Hauptwerten $\bar{A}_{(ii)}$ und den Transformationskoeffizienten c_{il}, die gleichzeitig die Koordinaten der Eigenvektoren $\bar{\underline{e}}_i = c_{il}\,\underline{e}_l$ darstellen, als Unbekannten. In ausgeschriebener Form (Summation über l und Setzen von $m = 1, 2, 3$) lautet (1.39)

$$\begin{pmatrix} A_{11} - \bar{A}_{(ii)} & A_{12} & A_{13} \\ A_{12} & A_{22} - \bar{A}_{(ii)} & A_{23} \\ A_{13} & A_{23} & A_{33} - \bar{A}_{(ii)} \end{pmatrix} \begin{pmatrix} c_{i1} \\ c_{i2} \\ c_{i3} \end{pmatrix} = \begin{pmatrix} 0 \\ 0 \\ 0 \end{pmatrix} \tag{1.40}$$

Mit (1.39) bzw. (1.40) liegen drei lineare und homogene Gleichungssysteme zur Bestimmung derjenigen Richtungskoeffizienten c_{il} vor, welche die Transformation vom Ausgangs- in das Hauptachsensystem beschreiben. Eine nichttriviale Lösung wird nur dann erhalten, wenn

$$\det\left(A_{ml} - \delta_{ml}\,\bar{A}_{(ii)}\right) = 0 \tag{1.41}$$

gilt. Aus der Entwicklung dieser Determinante resultiert die **charakteristische Gleichung**

$$-\bar{A}^3_{(ii)} + I_1^A\,\bar{A}^2_{(ii)} - I_2^A\,\bar{A}_{(ii)} + I_3^A = 0 \tag{1.42}$$

mit den drei Hauptwerten $\bar{A}_{(ii)}$ als Wurzeln. Für sie werden die neuen Bezeichnungen A_1, A_2 und A_3 eingeführt. In der Regel erfolgt die Reihung $A_1 \geq A_2 \geq A_3$. Ohne Beweis sei hervorgehoben, dass ein symmetrischer Tensor zweiter Stufe stets drei **reelle** Hauptwerte besitzt.

Die Koeffizienten I_1^A, I_2^A und I_3^A der charakteristischen Gleichung (1.42) sind von der Orientierung des Ausgangssystems unabhängige Zahlenwerte und heißen deshalb **Invarianten** des Tensors zweiter Stufe $\underline{\underline{A}}$. Ihre Bedeutung ist vergleichbar mit jener des Betrages eines Vektors.

Darstellung der Invarianten bei allgemeiner Orientierung des Ausgangssystems:

$$\left.\begin{aligned} I_1^A &= A_{ii} \\ &= A_{11} + A_{22} + A_{33} \\ I_2^A &= \tfrac{1}{2}\left(A_{ii}\,A_{jj} - A_{ij}\,A_{ij}\right) \\ &= A_{11}\,A_{22} + A_{22}\,A_{33} + A_{33}\,A_{11} - A_{12}^2 - A_{23}^2 - A_{13}^2 \\ I_3^A &= \det\left(A_{ij}\right) \end{aligned}\right\} \tag{1.43}$$

Darstellung der Invarianten für ein mit den Hauptrichtungen zusammenfallendes Ausgangssystem:

$$\left.\begin{aligned} I_1^A &= A_1 + A_2 + A_3 \\ I_2^A &= A_1\,A_2 + A_2\,A_3 + A_3\,A_1 \\ I_3^A &= A_1\,A_2\,A_3 \end{aligned}\right\} \tag{1.44}$$

Werden die drei Hauptwerte $A_i = \bar{A}_{(ii)}$ in (1.39) bzw. (1.40) eingesetzt, lassen sich Verhältnisse der Transformationskoeffizienten c_{il} berechnen. Für deren eindeutige Ermittlung ist eine Nebenbedingung erforderlich. Sie wird aus der skalaren Multiplikation der Eigenvektoren $\underline{\bar{e}}_i = c_{il}\,\underline{e}_l$ jeweils mit sich selbst

$$\underline{\bar{e}}_{(i)} \cdot \underline{\bar{e}}_{(i)} = c_{(i)k}\,\underline{e}_k \cdot c_{(i)l}\,\underline{e}_l = 1$$

unter Berücksichtigung von (1.2) zu

$$c_{(i)l}\,c_{(i)l} = 1 \tag{1.45}$$

erhalten.

Bei der Realisierung einer Hauptachsentransformation (Eigenwertproblem) sind die folgenden Lösungsschritte auszuführen:

1. Berechnung der Invarianten aus den gegebenen A_{ij} mittels (1.43)
2. Bestimmung der reellen Hauptwerte A_1, A_2 und A_3 durch Lösung von (1.42)
3. Ermittlung der Transformationskoeffizienten c_{il} (Koordinaten der Eigenvektoren) durch Lösung von (1.39) bzw. (1.40) für jeden Hauptwert unter Berücksichtigung von (1.45)

An dieser Stelle sei noch einmal unterstrichen, dass die drei Hauptrichtungen entsprechend dem eingangs von Abschn. 1.5 formulierten Zugang aufeinander senkrecht stehen.

Für symmetrische Tensoren zweiter Stufe gelten die folgenden Sätze:[3]

- Sind alle drei Hauptwerte verschieden, dann existiert nur ein Hauptachsensystem.
- Tritt ein doppelter Hauptwert auf, sind alle orthogonalen Koordinatensysteme, deren eine Achse mit der Hauptrichtung des einfachen Hauptwertes zusammenfällt, Hauptachsensysteme.
- Bei einem dreifachen Hauptwert handelt es sich um einen isotropen Tensor. Jedes orthogonale System ist gleichzeitig Hauptachsensystem.

1.6 Tensorfelder, Differenzialoperationen

Besitzt ein Tensor von den Ortskoordinaten x_1, x_2 und x_3 abhängige Tensorkoordinaten, dann liegt ein **stationäres Tensorfeld** vor. Tritt eine zusätzliche Abhängigkeit von der Zeit t auf, wird das Tensorfeld als **instationär** bezeichnet. x_1, x_2, x_3 und t bilden die unabhängigen Variablen.

[3] H. SCHADE: Tensoranalysis. Berlin, New York: Walter de Gruyter 1997

Die z. B. bei der schiefen Biegung eines Balkens, dessen Achse mit der x_1-Koordinatenachse zusammenfällt, auftretenden Spannungen verkörpern im Falle zeitlich veränderlicher Schnittgrößen das spezielle instationäre Tensorfeld

$$\sigma_{ij} = \begin{pmatrix} \sigma_{11}(x_1, x_2, x_3, t) & \sigma_{12}(x_1, x_2, t) & \sigma_{13}(x_1, x_3, t) \\ \sigma_{12}(x_1, x_2, t) & 0 & 0 \\ \sigma_{13}(x_1, x_3, t) & 0 & 0 \end{pmatrix}$$

Wird das Tensorfeld zweiter Stufe $\underline{\underline{A}} = A_{ij}(\underline{x})\ \underline{e}_i \otimes \underline{e}_j$ nach den Ortskoordinaten x_k abgeleitet, entsteht wegen der Ortsunabhängigkeit der Basis der Ausdruck

$$\frac{\partial \underline{\underline{A}}}{\partial x_k} = \frac{\partial A_{ij}}{\partial x_k}\ \underline{e}_i \otimes \underline{e}_j \tag{1.46}$$

mit den $\partial A_{ij}/\partial x_k = A_{ij,k} = B_{ijk}$, die ein System von 3^3 Zahlen darstellen. Hier und im Weiteren wird die partielle Ableitung nach den Ortskoordinaten durch ein Komma abgekürzt. Durch tensorielle Multiplikation der Ableitung (1.46) von rechts mit den Basisvektoren $\underline{e}_k$ wird der **Gradient** von $\underline{\underline{A}}$ erhalten.

$$\left.\begin{aligned} \operatorname{grad} \underline{\underline{A}} &= \underline{\underline{B}} \\ \frac{\partial A_{ij}}{\partial x_k}\ \underline{e}_i \otimes \underline{e}_j \otimes \underline{e}_k &= A_{ij,k}\ \underline{e}_i \otimes \underline{e}_j \otimes \underline{e}_k \\ &= B_{ijk}\ \underline{e}_i \otimes \underline{e}_j \otimes \underline{e}_k \end{aligned}\right\} \tag{1.47}$$

Damit führt die Bildung des Gradienten eines Tensorfeldes auf ein neues Tensorfeld mit einer um eins höheren Stufe.

Der Gradient laut (1.47) unterliegt der Vereinbarung, dass der letzte Index der Tensorkoordinaten und -basis dem Differenziationsindex entspricht. Bei tensorieller Multiplikation von (1.46) mit den Basisvektoren $\underline{e}_k$ von links folgt der nicht betrachtete so genannte Linksgradient.

Mit Hilfe des **Nabla-Operators** als ein invarianter, partieller Ableitungsoperator mit Vektorcharakter

$$\underline{\nabla} = \frac{\partial}{\partial x_i}(\ldots)\ \underline{e}_i = \frac{\partial}{\partial \bar{x}_i}(\ldots)\ \underline{\bar{e}}_i = \underline{\bar{\nabla}} \tag{1.48}$$

kann der Gradient durch ein Tensorprodukt ersetzt werden.

$$\operatorname{grad} \underline{A}_{(n)} = \underline{A}_{(n)} \otimes \underline{\nabla} \tag{1.49}$$

Beispiel: Tensorfeld zweiter Stufe

$$\begin{aligned} \operatorname{grad} \underline{\underline{A}} &= \underline{\underline{A}} \otimes \underline{\nabla} &&= A_{ij}\ \underline{e}_i \otimes \underline{e}_j \otimes \frac{\partial}{\partial x_k}\ \underline{e}_k \\ &= A_{ij,k}\ \underline{e}_i \otimes \underline{e}_j \otimes \underline{e}_k &&= B_{ijk}\ \underline{e}_i \otimes \underline{e}_j \otimes \underline{e}_k \end{aligned}$$

Im Sonderfall der Multiplikation mit einem Skalarfeld gilt

$$\operatorname{grad} A = A \otimes \underline{\nabla} = \underline{\nabla} \otimes A$$

Übereinstimmend mit Abschn. 1.4.2 ist das Ergebnis der skalaren Multiplikation eines Tensors zweiter Stufe $\underline{\underline{A}}$ mit dem Nabla-Operator $\underline{\nabla}$ ein Tensor erster Stufe.

$$\left.\begin{aligned} \underline{\underline{A}} \cdot \underline{\nabla} &= A_{ij}\, \underline{e}_i \otimes \underline{e}_j \cdot \frac{\partial}{\partial x_k}\, \underline{e}_k \\ &= A_{ij,k}\, \delta_{jk}\, \underline{e}_i \\ &= A_{ij,j}\, \underline{e}_i \end{aligned}\right\} \tag{1.50}$$

1.7 Flächenvektor, Gaußscher Integralsatz

Das in Abb. 1.4 eingezeichnete Element der Oberfläche A des abgeschlossenen Gebietes mit dem Volumen V besitzt die Größe dA und eine durch seinen Normaleneinheitsvektor $\underline{n}$ festgelegte Richtung.

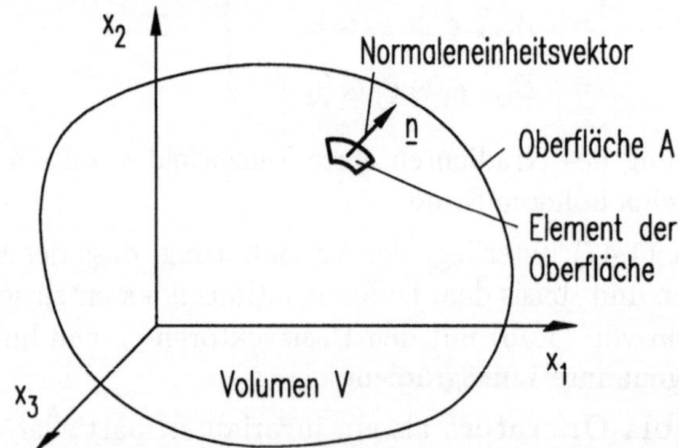

Abb. 1.4: Abgeschlossenes Gebiet mit dem Volumen V und der Oberfläche A

Als **Flächenvektor** $d\underline{A}$ wird das Produkt aus Größe dA und Normaleneinheitsvektor $\underline{n}$ bezeichnet.

$$d\underline{A} = \underline{n}\, dA \tag{1.51}$$

Es wird vereinbart, dass der Normaleneinheitsvektor $\underline{n}$ und der Flächenvektor $d\underline{A}$ eines Oberflächenelements immer aus dem geschlossenen Gebiet heraus gerichtet sind.

Wird das Integral über den Flächenvektor aller Elemente einer geschlossenen Fläche gebildet, ist dieses gleich null.

$$\oint d\underline{A} = \underline{0} \tag{1.52}$$

In Abb. 1.5 ist ein infinitesimales Tetraeder dargestellt, dessen Oberfläche aus der beliebig gerichteten Fläche dA mit dem Normaleneinheitsvektor $\underline{n}$ und den Flächen dA_i mit den zu den Koordinatenflächen senkrechten Normaleneinheitsvektoren $\underline{\tilde{e}}_i$ besteht.

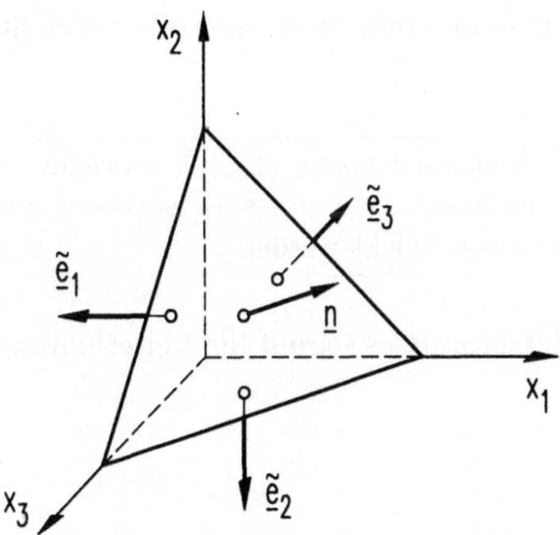

Abb. 1.5: Infinitesimales Tetraeder

Die Anwendung von (1.52) auf das Tetraederelement nach Abb. 1.5 führt auf

$$\underline{n}\, dA + dA_1\, \underline{\tilde{e}}_1 + dA_2\, \underline{\tilde{e}}_2 + dA_3\, \underline{\tilde{e}}_3 = \underline{0}$$

bzw.

$$(n_1\, \underline{e}_1 + n_2\, \underline{e}_2 + n_3\, \underline{e}_3)\, dA - dA_1\, \underline{e}_1 - dA_2\, \underline{e}_2 - dA_3\, \underline{e}_3 = \underline{0}$$

In der Koordinatenschreibweise resultiert daraus der Zusammenhang

$$n_i\, dA = dA_i \tag{1.53}$$

welcher mit der Koordinatenschreibweise von (1.51) übereinstimmt.

Die Koordinaten dA_i eines Flächenvektors $d\underline{A}$ stellen die Beträge seiner Projektionen auf die Koordinatenebenen dar.

Sind die Koordinaten eines Tensorfeldes $\underline{B}_{(n)}(\underline{x})$ in einem bestimmten Gebiet mit dem Volumen V und der Oberfläche A (Integrationsgebiet, vgl. Abb. 1.4) stetig differenzierbar, dann lautet der **Gaußsche Integralsatz**

$$\left.\begin{array}{l} \int\limits_V \underline{B}_{(n)}(\underline{x}) \cdot \underline{\nabla}\, dV = \int\limits_A \underline{B}_{(n)}(\underline{x}) \cdot \underline{n}\, dA \\ \text{bzw. in Koordinatenschreibweise} \\ \int\limits_V B_{i_1 \ldots i_n, i_n}\, dV = \int\limits_A B_{i_1 \ldots i_n}\, n_{i_n}\, dA \end{array}\right\} \qquad (1.54)$$

Ist die Oberfläche A nur stückweise stetig differenzierbar, besteht (1.54) aus mehreren Teilintegralen.

Das Volumenintegral über die Ortsableitungen eines Tensorfeldes kann durch ein Oberflächenintegral über die Randwerte dieses Tensorfeldes und die Richtung der Oberflächenelemente ausgedrückt werden.

Zum Beweis des *Gauß*schen Integralsatzes sei auf die weiterführende Literatur verwiesen.

Weiterführende Literatur:

J. Betten: Tensorrechnung für Ingenieure. Stuttgart: Teubner 1987

E. Klingbeil: Tensorrechnung für Ingenieure, 2., überarbeitete Aufl. Mannheim, Wien, Zürich: Bibliographisches Institut 1989

H. Schade: Tensoranalysis. Berlin, New York: Walter de Gruyter 1997

W. Schultz-Piszachich: Tensoralgebra und -analysis. Leipzig: BSB Teubner 1977

Taschenbuch der Mathematik. Ergänzende Kapitel zu I. N. Bronstein und K. A. Semendjajew. 19., völlig überarbeitete Aufl. Leipzig: BSB Teubner 1979

Teubner-Taschenbuch der Mathematik, Teil II, 7. Aufl. Stuttgart, Leipzig: Teubner 1995

Übungsaufgaben zum Kapitel 1 siehe Anhang A.1.

Kapitel 2

Grundgleichungen der linearen Elastizitätstheorie

2.1 Stoffunabhängige Gleichungen

2.1.1 Vorbemerkung

Die Beschreibung der stoffunabhängigen und der stoffabhängigen Gleichungen der linearen Elastizitätstheorie erfolgt unter der Voraussetzung, dass diese im Wesentlichen bereits aus der Festigkeitslehre bekannt sind. Obwohl zumeist ein anderer Zugang Verwendung findet, stellen die sich anschließenden Ausführungen quasi eine Wiederholung unter Nutzung des im Kapitel 1 behandelten Tensorkalküls dar.

2.1.2 Statische Grundlagen

2.1.2.1 Spannungsvektor, Spannungstensor

Am Körper K entsprechend Abb. 2.1a greifen auf seiner Oberfläche und im Inneren verteilte Kräfte an, welche in ihrer Gesamtheit das globale Gleichgewicht erfüllen. Die **volumenförmig verteilte Kraft** (Volumenkraft) als Folge von Fernfeldern (Gravitations-, Magnetfeld usw.) wird auf die Masse des betrachteten Körpers bezogen. Auf ein Masseelement $dm = \varrho\, dV$ wirkt damit die infinitesimale Kraft

$$d\underline{F}_{(m)}(\underline{x}) \;=\; \underline{f}(\underline{x})\, dm \;=\; \varrho(\underline{x})\, \underline{f}(\underline{x})\, dV \tag{2.1}$$

Beispiel: Schwerefeld der Erde

$$\underline{f}(\underline{x}) \;=\; \underline{g} \qquad\qquad d\underline{F}_{(m)}(\underline{x}) \;=\; \varrho(\underline{x})\, \underline{g}\, dV$$

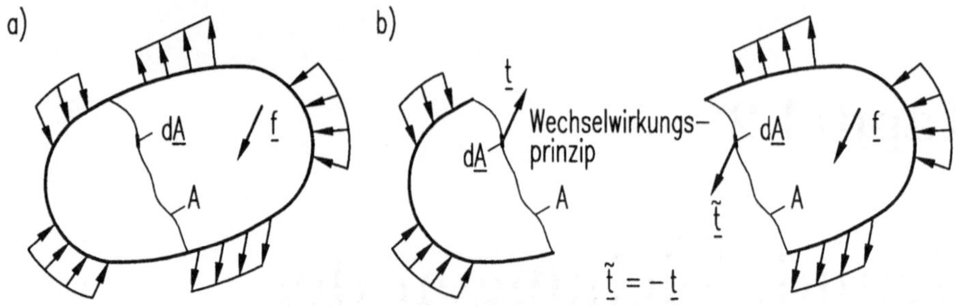

Abb. 2.1: a) Belasteter Körper im Gleichgewicht
b) Anwendung des Schnittprinzips

Durch Anwendung des Schnittprinzips wird in jedem Punkt $\underline{x}$ der Schnittfläche A ein **Spannungsvektor** $\underline{t}$ derart freigelegt, dass für die beiden Teilkörper (Abb. 2.1b) das Gleichgewicht erfüllt ist. Der Spannungsvektor $\underline{t}$ hängt nicht nur von der Belastung, sondern auch

- vom Ort $\underline{x}$ und
- von der Richtung des Flächenvektors $d\underline{A} = \underline{n}\, dA$

ab.

$$\underline{t} = \underline{t}(\underline{x}, \underline{n}) \tag{2.2}$$

Dem Spannungsvektor $\underline{t}$ lässt sich der Schnittkraftvektor

$$d\underline{F}(\underline{x}, \underline{n}) = \underline{t}(\underline{x}, \underline{n})\, dA$$

zuordnen. Im Allgemeinen fallen die Richtungen von $\underline{t}$ und $\underline{n}$ nicht zusammen, so dass sich der Spannungsvektor $\underline{t}$ bezüglich $d\underline{A}$ in eine Normal- und zwei Tangentialkomponenten zerlegen lässt (Abb. 2.2).

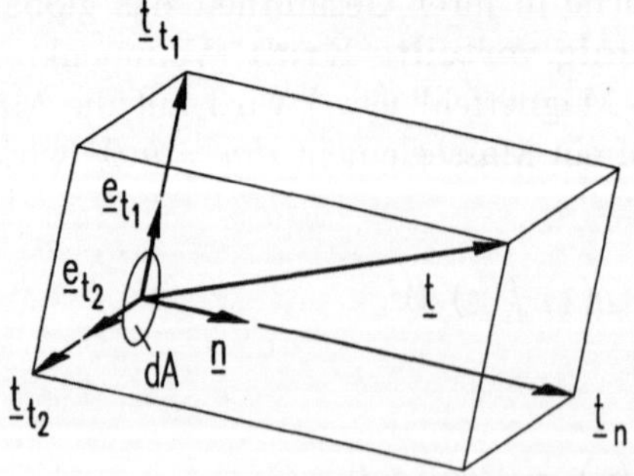

Abb. 2.2: Komponenten des Spannungsvektors bezüglich dA

$$\begin{aligned} \underline{t} &= \underline{t}_n + \underline{t}_{t_1} + \underline{t}_{t_2} \\ &= \sigma_{nn}\,\underline{n} + \sigma_{nt_1}\,\underline{e}_{t_1} + \sigma_{nt_2}\,\underline{e}_{t_2} \end{aligned}$$

Während σ_{nn} die **Normalspannung** (übertragene Normalkraft je Flächeneinheit) darstellt, werden σ_{nt_1} und σ_{nt_2} als **Schubspannungen** (übertragene Tangentialkräfte je Flächeneinheit) bezeichnet.

Im Sonderfall $\underline{n} = \underline{e}_1$, $\underline{e}_{t_1} = \underline{e}_2$ und $\underline{e}_{t_2} = \underline{e}_3$ gilt

$$\underline{t}_1 = \sigma_{11}\,\underline{e}_1 + \sigma_{12}\,\underline{e}_2 + \sigma_{13}\,\underline{e}_3 \tag{2.3}$$

Abbildung 2.3 enthält den Spannungsvektor $\underline{t}$ bezüglich der Schnittfläche $dA(\underline{x})$ sowie die Spannungsvektoren $\underline{t}_1$ und $\underline{t}_2$ in den Schnittflächen $dA_1(\underline{x})$ und $dA_2(\underline{x})$ mit den Normaleneinheitsvektoren $\underline{e}_1$ und $\underline{e}_2$. In den Schnittflächen mit entgegengesetzten Richtungen treten die Spannungsvektoren $\tilde{\underline{t}}_1$ und $\tilde{\underline{t}}_2$ auf, welche mit den $\underline{t}_i$ das Wechselwirkungsprinzip $\tilde{\underline{t}}_i = -\underline{t}_i$ erfüllen (vgl. Abb. 2.1b).

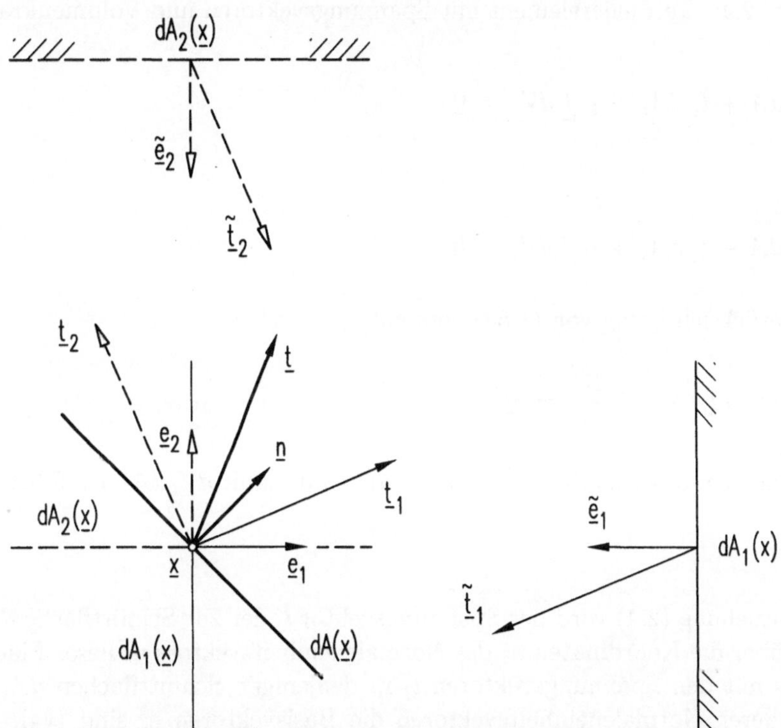

Abb. 2.3: Spannungsvektor bezüglich unterschiedlich gerichteter Schnittflächen im Punkt $\underline{x}$

Wird aus dem belasteten Körper K (Abb. 2.1a) unter Berücksichtigung der Zusammenhänge laut Abb. 2.3 ein Tetraederelement (Abb. 2.4) herausgeschnitten, lautet das Gleichgewicht für die am Tetraederelement angreifenden Kräfte

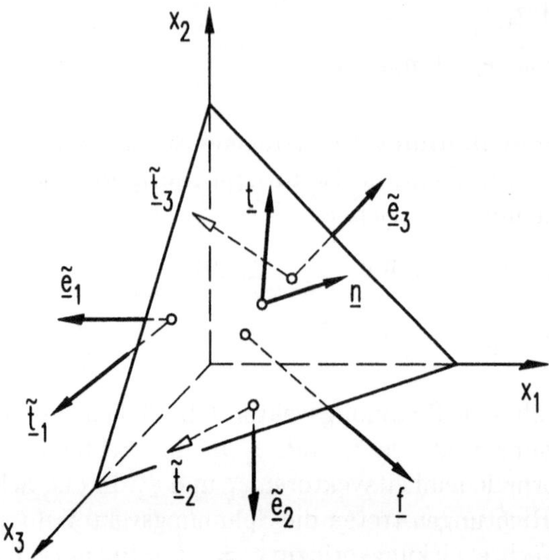

Abb. 2.4: Tetraederelement mit Spannungsvektoren und Volumenkraft

$$\underline{t}\, dA + \underline{\tilde{t}}_i\, dA_i + \varrho\, \underline{f}\, dV = \underline{0}$$

bzw.

$$\underline{t}\, dA - \underline{t}_i\, dA_i + \varrho\, \underline{f}\, dV = \underline{0}$$

Unter Berücksichtigung von (1.53) entsteht

$$\underline{t} - n_i\, \underline{t}_i + \varrho\, \underline{f}\, \frac{dV}{dA} = \underline{0}$$

Der Grenzübergang mit $dV \sim ds^3$, $dA \sim ds^2$ und damit $dV/dA \to 0$ führt auf

$$\underline{t} = n_i\, \underline{t}_i \tag{2.4}$$

In der Beziehung (2.4) wird der Spannungsvektor $\underline{t}$, der zur Schnittfläche $dA(\underline{x})$ gehört, über die Koordinaten n_i des Normaleneinheitsvektors $\underline{n}$ dieses Flächenelements mit den Spannungsvektoren $\underline{t}_i$ in denjenigen Schnittflächen dA_i verknüpft, deren Normaleneinheitsvektoren die Basisvektoren $\underline{e}_i$ sind (vgl. auch Abb. 2.3).

Durch Einsetzen der Komponentendarstellung der Spannungsvektoren (vgl. Abb. 2.2 und 2.3) unter Beachtung der bereits in (2.3) verwendeten neuen Schreibweise $t_{ij} = \sigma_{ij}$

$$\underline{t} = t_j\, \underline{e}_j \qquad \underline{t}_i = \sigma_{ij}\, \underline{e}_j$$

in (2.4) wird die **Cauchysche Formel**

$$t_j = \sigma_{ij} \, n_i \tag{2.5}$$

erhalten. Da die t_j und n_i Koordinaten von Tensoren erster Stufe sind, stellen die σ_{ij} die Koordinaten eines Tensors zweiter Stufe, des **Cauchyschen Spannungstensors**

$$\underline{\underline{\sigma}}(\underline{x}, t) = \sigma_{ij}(x_k, t) \; \underline{e}_i \otimes \underline{e}_j \tag{2.6}$$

dar.

Die mit (2.5) beschriebene lineare und homogene Abbildung zwischen zwei Tensoren erster Stufe durch einen Tensor zweiter Stufe heißt **Punkttransformation**.

Der erste Index i der Tensorkoordinaten σ_{ij} kennzeichnet die Richtung der Schnittfläche, der zweite Index j die Richtung der Spannungskomponente (Abb. 2.5).

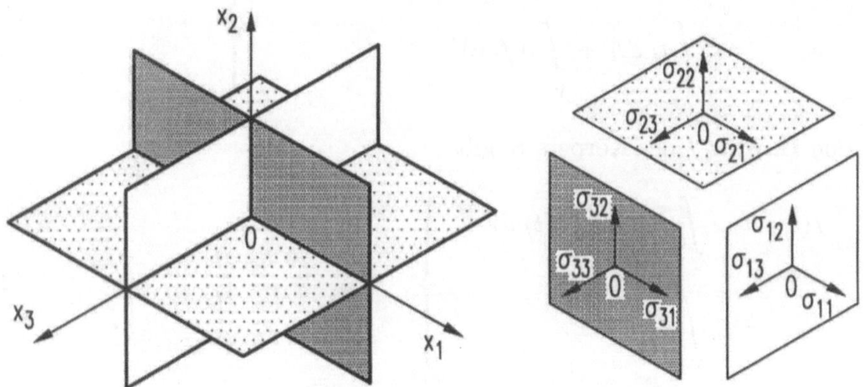

Abb. 2.5: Spannungen in Schnittflächen mit den Normaleneinheitsvektoren $\underline{n}_i$ gleich $\underline{e}_1$, $\underline{e}_2$ und $\underline{e}_3$

In den Schnittflächen mit den Normaleneinheitsvektoren $\underline{n}_i = \underline{\tilde{e}}_i = -\underline{e}_i$ sind die Spannungen entsprechend dem Wechselwirkungsprinzip gegenüber jenen in Abb. 2.5 entgegengesetzt gleich groß (vgl. auch Abb. 2.3).

2.1.2.2 Impulssatz

Der **Impulssatz** und der **Drehimpulssatz** sind zwei grundlegende Axiome der Mechanik. Diese lassen sich bekanntlich nicht ableiten, ihre Gültigkeit wird jedoch durch eine ständige Erfahrung bestätigt. Sie bilden damit die Grundlage für weitere Schlussfolgerungen.

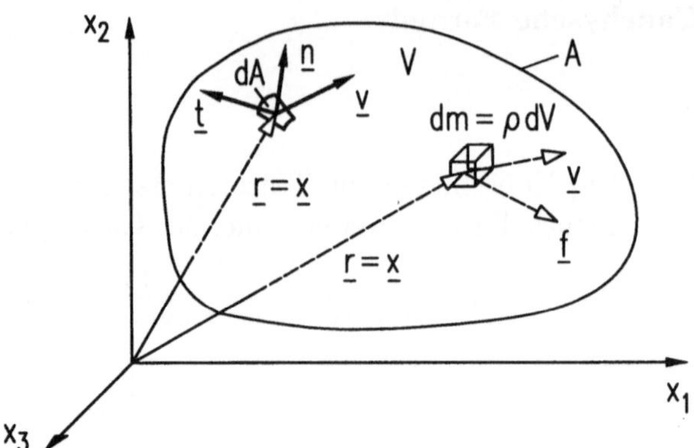

Abb. 2.6: Äußere Kräfte am Körper K mit der Oberfläche A und dem Volumen V

Die am Körper K angreifende, resultierende Kraft $\underline{F}$ lautet (Abb. 2.6)

$$\left.\begin{aligned} \underline{F}(t) &= \int\limits_A \underline{t}(\underline{x},t)\,dA + \int\limits_V \varrho(\underline{x},t)\,\underline{f}(\underline{x},t)\,dV \\ F_i &= \int\limits_A t_i\,dA + \int\limits_V \varrho\,f_i\,dV \end{aligned}\right\} \tag{2.7}$$

Für den **Impuls** $\underline{I}$ des Körpers K gilt

$$\left.\begin{aligned} \underline{I}(t) &= \int\limits_V \varrho(\underline{x},t)\,\underline{v}(\underline{x},t)\,dV \\ I_i &= \int\limits_V \varrho\,v_i\,dV \end{aligned}\right\} \tag{2.8}$$

Dabei repräsentiert $d\underline{I}(\underline{x},t) = \varrho(\underline{x},t)\,\underline{v}(\underline{x},t)\,dV$ den Impuls eines Masseelements $dm = \varrho\,dV$.

Entsprechend dem Impulssatz sind die resultierende Kraft $\underline{F}(t)$ und die materielle Zeitableitung $\dot{\underline{I}}(t)$ des Impulses äquivalent.

$$\left.\begin{aligned} \int\limits_A \underline{t}(\underline{x},t)\,dA + \int\limits_V \varrho(\underline{x},t)\,\underline{f}(\underline{x},t)\,dV &= \left(\int\limits_V \varrho(\underline{x},t)\,\underline{v}(\underline{x},t)\,dV\right)^{\cdot} \\ \int\limits_A t_i\,dA + \int\limits_V \varrho\,f_i\,dV &= \left(\int\limits_V \varrho\,v_i\,dV\right)^{\cdot} \end{aligned}\right\} \tag{2.9}$$

Unter Nutzung der *Cauchy*schen Formel (2.5) und des *Gauß*schen Integralsatzes (1.54) kann das Oberflächenintegral in (2.9) umgeformt werden.

$$\int_A t_i \, dA = \int_A \sigma_{ji} \, n_j \, dA = \int_V \sigma_{ji,j} \, dV \tag{2.10}$$

Mit der Vertauschbarkeit der Reihenfolge von Differenziation und Integration sowie der Beachtung der **Masseerhaltung** $(dm)^{\cdot} = (\varrho \, dV)^{\cdot} = 0$ folgt die rechte Seite von (2.9) zu

$$\left.\begin{aligned} \dot{I}_i &= \Big(\int_V \varrho \, v_i \, dV \Big)^{\cdot} = \int_V (\varrho \, v_i \, dV)^{\cdot} \\ &= \int_V \varrho \, \dot{v}_i \, dV = \int_V \varrho \, a_i \, dV \end{aligned}\right\} \tag{2.11}$$

Unter Berücksichtigung von (2.10) und (2.11) wird aus (2.9) die Beziehung

$$\int_V \Big[\sigma_{ji,j} + \varrho \, (f_i - a_i) \Big] \, dV = 0 \tag{2.12}$$

erhalten, welche eine notwendige und hinreichende Bedingung für das globale **Kräftegleichgewicht** darstellt.

Da das Kräftegleichgewicht für jedes beliebige Teilvolumen des Körpers K (Abb. 2.6) zutrifft, ergibt sich aus (2.12) die lokale Aussage

$$\sigma_{ji,j} + \varrho \, (f_i - a_i) = 0 \tag{2.13}$$

2.1.2.3 Drehimpulssatz

Das resultierende Moment $\underline{M}$ der am Körper K angreifenden Kräfte bezüglich des Koordinatenursprungs (Abb. 2.6) folgt unter Verwendung des bekannten Vektorprodukts $(\times)$ zu

$$\underline{M}(t) = \int_A \underline{r}(t) \times \underline{t}(\underline{x}, t) \, dA + \int_V \varrho(\underline{x}, t) \, \underline{r}(t) \times \underline{f}(\underline{x}, t) \, dV \tag{2.14}$$

Mit $d\underline{D} = \underline{r} \times d\underline{I}$ lautet der **Drehimpuls** $\underline{D}$ des Körpers K

$$\underline{D}(t) = \int_V \varrho(\underline{x}, t) \, \underline{r}(t) \times \underline{v}(\underline{x}, t) \, dV \tag{2.15}$$

In Analogie zum Impulssatz resultiert aus dem Drehimpulssatz die Äquivalenz des resultierenden Moments $\underline{M}(t)$ und der materiellen Zeitableitung $\dot{\underline{D}}(t)$ des Drehimpulses

$$\int_A \underline{r} \times \underline{t}\, dA + \int_V \varrho\, \underline{r} \times \underline{f}\, dV = \Big(\int_V \varrho\, \underline{r} \times \underline{v}\, dV\Big)^{\bullet} \tag{2.16}$$

Die voneinander unabhängigen Folgerungen (2.9) und (2.16) sind auch als **Eulersche Bewegungsgleichungen** bekannt.

Schließlich gilt für die materielle Zeitableitung $\dot{\underline{D}}$ des Drehimpulses (vgl. dazu (2.11))

$$\left.\begin{aligned} \dot{\underline{D}} &= \Big(\int_V \varrho\, \underline{r} \times \underline{v}\, dV\Big)^{\bullet} = \int_V (\varrho\, \underline{r} \times \underline{v}\, dV)^{\bullet} \\ &= \int_V \varrho\, (\underline{r} \times \underline{v})^{\bullet}\, dV = \int_V \varrho\, (\underline{v} \times \underline{v} + \underline{r} \times \underline{a})\, dV \\ \dot{\underline{D}}(t) &= \int_V \varrho(\underline{x}, t)\, \underline{r}(t) \times \underline{a}(\underline{x}, t)\, dV \end{aligned}\right\} \tag{2.17}$$

Mittels der Zusammenhänge $\underline{t} = \underline{t}_j\, n_j = \sigma_{ji}\, \underline{e}_i\, n_j$ (vgl. (2.4) ff.) und des *Gauß*schen Integralsatzes (1.54) lässt sich das Oberflächenintegral in (2.16) umwandeln.

$$\left.\begin{aligned} \int_A \underline{r} \times \underline{t}\, dA &= \int_A (\underline{r} \times \sigma_{ji}\, \underline{e}_i)\, n_j\, dA \\ &= \int_V (\underline{r} \times \sigma_{ji}\, \underline{e}_i)_{,j}\, dV \end{aligned}\right\} \tag{2.18}$$

Aus (2.16) bis (2.18) resultiert

$$\int_V \{\underline{r} \times [\sigma_{ji,j} + \varrho\,(f_i - a_i)]\, \underline{e}_i + \underline{r}_{,j} \times \sigma_{ji}\, \underline{e}_i\}\, dV = 0$$

sowie unter Berücksichtigung von (2.13) und $\underline{r}_{,j} = \partial(x_i\, \underline{e}_i)/\partial x_j = \delta_{ij}\, \underline{e}_i = \underline{e}_j$

$$\int_V (\underline{e}_j \times \sigma_{ji}\, \underline{e}_i)\, dV = 0 \tag{2.19}$$

(2.19) ist notwendig und hinreichend für die Erfüllung des globalen **Momentengleichgewichts**.

Da (2.19) für jedes beliebige Teilvolumen Gültigkeit besitzt, lautet das lokale Momentengleichgewicht in ausgeschriebener Form

$$
\begin{aligned}
\underline{e}_j \times \sigma_{ji}\, \underline{e}_i &= \underline{e}_1 \times \sigma_{1i}\, \underline{e}_i + \underline{e}_2 \times \sigma_{2i}\, \underline{e}_i + \underline{e}_3 \times \sigma_{3i}\, \underline{e}_i \\
&= \begin{vmatrix} \underline{e}_1 & \underline{e}_2 & \underline{e}_3 \\ 1 & 0 & 0 \\ \sigma_{11} & \sigma_{12} & \sigma_{13} \end{vmatrix} + \begin{vmatrix} \underline{e}_1 & \underline{e}_2 & \underline{e}_3 \\ 0 & 1 & 0 \\ \sigma_{21} & \sigma_{22} & \sigma_{23} \end{vmatrix} + \begin{vmatrix} \underline{e}_1 & \underline{e}_2 & \underline{e}_3 \\ 0 & 0 & 1 \\ \sigma_{31} & \sigma_{32} & \sigma_{33} \end{vmatrix} \\
&= -\,\underline{e}_2\, \sigma_{13} + \underline{e}_3\, \sigma_{12} + \underline{e}_1\, \sigma_{23} + \underline{e}_3(-\sigma_{21}) + \underline{e}_1(-\sigma_{32}) - \underline{e}_2(-\sigma_{31}) \\
&= (\sigma_{23} - \sigma_{32})\, \underline{e}_1 + (\sigma_{31} - \sigma_{13})\, \underline{e}_2 + (\sigma_{12} - \sigma_{21})\, \underline{e}_3 \\
&= 0
\end{aligned}
$$

mit der Schlussfolgerung

$$\sigma_{ij} = \sigma_{ji} \tag{2.20}$$

> Der *Cauchy*sche Spannungstensor $\underline{\underline{\sigma}}$ ist damit ein symmetrischer Tensor zweiter Stufe: $\underline{\underline{\sigma}} = \underline{\underline{\sigma}}^T$

Bei Verwendung des *Cauchy*schen Spannungstensors ist der Drehimpulssatz identisch erfüllt.

Die Symmetrie des Spannungstensors ist eine Folge der Voraussetzung, dass flächenförmig und volumenförmig verteilte Momente nicht auftreten.

Der Indexaustausch ($i \leftrightarrow j$) in der *Cauchy*schen Formel ermöglicht mit (2.20) die im Weiteren verwendete Darstellung

$$t_i = \sigma_{ij}\, n_j \tag{2.21}$$

2.1.2.4 Gleichgewichtsbedingungen

Für quasistatische Vorgänge ($\underline{a} \to \underline{0}$) entstehen aus (2.13) unter Beachtung von (2.20) die so genannten Gleichgewichtsbedingungen (Differenzialgleichungen für das Gleichgewicht) in der Koordinatenschreibweise

$$\sigma_{ij,j} + \varrho\, f_i = 0 \tag{2.22}$$

und in der symbolischen Darstellung

$$\underline{\underline{\sigma}} \cdot \underline{\nabla} + \varrho\, \underline{f} = \underline{0}$$

2.1.3 Geometrische Grundlagen

2.1.3.1 Bewegung, Verschiebung

In Abb. 2.7 sind der Ausgangszustand K_0 und der Momentanzustand K eines Körpers dargestellt. Die Lage eines materiellen Punktes (Teilchens) wird im Ausgangszustand K_0 durch den Ortsvektor

$$\underline{x}(t_0) = \overset{0}{\underline{x}} = \overset{0}{x}_1 \underline{e}_1 + \overset{0}{x}_2 \underline{e}_2 + \overset{0}{x}_3 \underline{e}_3$$

und im Momentanzustand durch den Ortsvektor

$$\underline{x}(t) = x_1(t) \underline{e}_1 + x_2(t) \underline{e}_2 + x_3(t) \underline{e}_3$$

beschrieben.

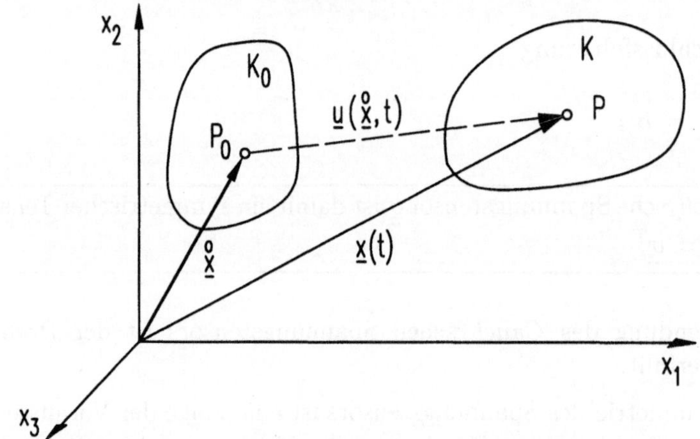

Abb. 2.7: Ausgangszustand K_0 und Momentanzustand K eines Körpers

Mit dem **Bewegungsgesetz**

$$\underline{x} = \underline{x}(\overset{0}{\underline{x}}, t) \tag{2.23}$$

wird der Zusammenhang zwischen den augenblicklichen Koordinaten x_i eines Teilchens zum Zeitpunkt t und seinen Ausgangskoordinaten $\overset{0}{x}_i$ hergestellt. Eine äquivalente Kennzeichnung der Bewegung ist mit dem **Verschiebungsvektor** möglich.

$$\underline{u} = \underline{u}(\overset{0}{\underline{x}}, t) = \underline{x}(\overset{0}{\underline{x}}, t) - \overset{0}{\underline{x}} \tag{2.24}$$

Als unabhängige Veränderliche werden die Koordinaten $\overset{0}{x}_i$ der Teilchen im Ausgangszustand sowie die Zeit t verwendet.

Bei einem starren Körper ändern sich während der Bewegung die Abstände der Teilchen untereinander nicht (**Starrkörperbewegung**).

2.1.3.2 Verzerrung, Rotation

Eine **Verzerrung** liegt dann vor, wenn sich der Abstand zwischen unmittelbar benachbarten Teilchen ändert.

Da aus dem Verschiebungsfeld allein nicht sofort erkennbar ist, ob die Bewegung mit oder ohne Verzerrung abläuft, muss eine geeignete Größe zur eindeutigen Unterscheidung definiert werden. Dazu wird im Weiteren die Änderung des Skalarprodukts der zwei materielle Linienelemente kennzeichnenden Vektoren entsprechend Abb. 2.8 betrachtet.

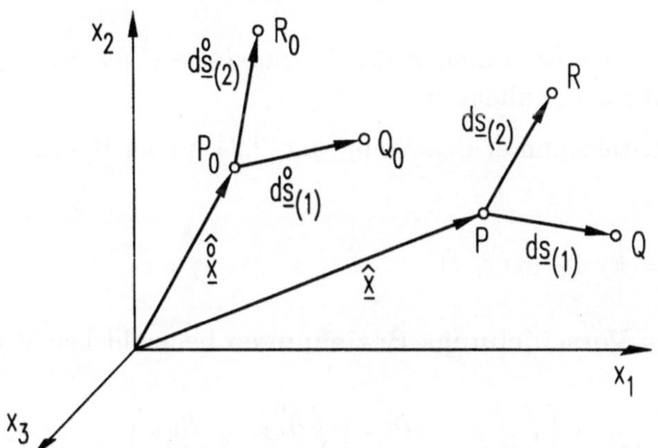

Abb. 2.8: Materielle Linienelemente im Ausgangs- ($d\overset{0}{\underline{s}}_{(1)}$, $d\overset{0}{\underline{s}}_{(2)}$) und im Momentanzustand ($d\underline{s}_{(1)}$, $d\underline{s}_{(2)}$)

Für die Differenz der Skalarprodukte wird der Ausdruck

$$d\underline{s}_{(1)} \cdot d\underline{s}_{(2)} - d\overset{0}{\underline{s}}_{(1)} \cdot d\overset{0}{\underline{s}}_{(2)} = dx_{k(1)}\, dx_{k(2)} - d\overset{0}{x}_{i(1)}\, d\overset{0}{x}_{i(2)}$$

erhalten, der sich unter Beachtung des Bewegungsgesetzes (2.23) folgendermaßen umformen lässt:

$$\begin{aligned} & d\underline{s}_{(1)} \cdot d\underline{s}_{(2)} - d\overset{0}{\underline{s}}_{(1)} \cdot d\overset{0}{\underline{s}}_{(2)} \\ = & \left.\frac{\partial x_k(\overset{0}{\underline{x}},t)}{\partial \overset{0}{x}_i}\right|_{\hat{\overset{0}{\underline{x}}}} d\overset{0}{x}_{i(1)} \left.\frac{\partial x_k(\overset{0}{\underline{x}},t)}{\partial \overset{0}{x}_j}\right|_{\hat{\overset{0}{\underline{x}}}} d\overset{0}{x}_{j(2)} - d\overset{0}{x}_{i(1)}\, \delta_{ij}\, d\overset{0}{x}_{j(2)} \\ = & \left(\left.\frac{\partial x_k(\overset{0}{\underline{x}},t)}{\partial \overset{0}{x}_i}\right|_{\hat{\overset{0}{\underline{x}}}} \left.\frac{\partial x_k(\overset{0}{\underline{x}},t)}{\partial \overset{0}{x}_j}\right|_{\hat{\overset{0}{\underline{x}}}} - \delta_{ij} \right) d\overset{0}{x}_{i(1)}\, d\overset{0}{x}_{j(2)} \end{aligned} \tag{2.25}$$

Da der auf der linken Seite der obigen Gleichung stehende Ausdruck eine skalare Größe darstellt, und auf der rechten Seite eine doppelte Überschiebung mit den Koordinaten zweier Vektoren ausgeführt wird, verkörpert das erste Monom in der runden Klammer die Koordinaten eines Tensors zweiter Stufe. Tritt keine Änderung des Skalarprodukts und damit keine Verzerrung auf, ist der in runden Klammern eingeschlossene Ausdruck gleich null. Er eignet sich damit als Maß für die Verzerrung und bildet zusammen mit dem Faktor $\frac{1}{2}$ die Koordinaten des **Lagrangeschen Verzerrungstensors**.

$$E_{ij}(\overset{0}{\underline{x}},t) = \frac{1}{2}\left[\frac{\partial x_k(\overset{0}{\underline{x}},t)}{\partial \overset{0}{x}_i}\,\frac{\partial x_k(\overset{0}{\underline{x}},t)}{\partial \overset{0}{x}_j} - \delta_{ij}\right] \tag{2.26}$$

Die Interpretation der Koordinaten des *Lagrange*schen Verzerrungstensors ist Inhalt der Aufgabe 2.5 (Anhang A.2).

Aus (2.26) entstehen unter Beachtung von (2.24) in der Koordinatenschreibweise

$$x_k(\overset{0}{x}_l,t) = \overset{0}{x}_k + u_k(\overset{0}{x}_l,t)$$

die **Verzerrungs-Verschiebungs-Beziehungen** bei endlichen Verzerrungen.

$$\begin{aligned} E_{ij}(\overset{0}{x}_l,t) &= \frac{1}{2}\left[\left(\frac{\partial \overset{0}{x}_k}{\partial \overset{0}{x}_i} + \frac{\partial u_k}{\partial \overset{0}{x}_i}\right)\left(\frac{\partial \overset{0}{x}_k}{\partial \overset{0}{x}_j} + \frac{\partial u_k}{\partial \overset{0}{x}_j}\right) - \delta_{ij}\right] \\ &= \frac{1}{2}\left[\left(\delta_{ki} + \frac{\partial u_k}{\partial \overset{0}{x}_i}\right)\left(\delta_{kj} + \frac{\partial u_k}{\partial \overset{0}{x}_j}\right) - \delta_{ij}\right] \end{aligned}$$

$$E_{ij}(\overset{0}{x}_l,t) = \frac{1}{2}\left(\frac{\partial u_i}{\partial \overset{0}{x}_j} + \frac{\partial u_j}{\partial \overset{0}{x}_i} + \frac{\partial u_k}{\partial \overset{0}{x}_i}\,\frac{\partial u_k}{\partial \overset{0}{x}_j}\right) \tag{2.27}$$

Mit der Einführung des linearen, auf den Ausgangszustand bezogenen Verzerrungstensors

$$\tilde{\varepsilon}_{ij}(\overset{0}{x}_l,t) = \frac{1}{2}\left(\frac{\partial u_i}{\partial \overset{0}{x}_j} + \frac{\partial u_j}{\partial \overset{0}{x}_i}\right)$$

und des linearen, auf den Ausgangszustand bezogenen Drehtensors

$$\tilde{w}_{ij}(\overset{0}{x}_l,t) = \frac{1}{2}\left(\frac{\partial u_i}{\partial \overset{0}{x}_j} - \frac{\partial u_j}{\partial \overset{0}{x}_i}\right)$$

kann der *Lagrange*sche Verzerrungstensor (2.27) in die Form

$$E_{ij} = \tilde{\varepsilon}_{ij} + \tfrac{1}{2}\left(\tilde{\varepsilon}_{ki} + \tilde{w}_{ki}\right)\left(\tilde{\varepsilon}_{kj} + \tilde{w}_{kj}\right)$$

gebracht werden. Der *Lagrange*sche Verzerrungstensor E_{ij} darf nur dann durch seinen linearen Anteil $\tilde{\varepsilon}_{ij}$ ersetzt werden, wenn sowohl der lineare Verzerrungstensor $\tilde{\varepsilon}_{ij}$ als auch der lineare Drehtensor $\tilde{w}_{ij}$ klein von gleicher Ordnung sind. Das ist zum Beispiel im Fall großer Verschiebungen bei Balken, Platten und Schalen nicht erfüllt. Die Einhaltung der obigen Forderung bedingt kleine Verschiebungen *und* kleine **Verschiebungsgradienten** $u_{i,j}$. Der Unterschied zwischen den Koordinaten von Teilchen im Ausgangszustand ($\overset{0}{\underline{x}}$) und im Momentanzustand ($\underline{x}$) ist bei kleinen Verschiebungen vernachlässigbar. In der auf diese Weise folgenden, **geometrisch linearen Theorie** ergeben sich die Koordinaten des **linearen Verzerrungstensors**[1] zu

$$\varepsilon_{ij}(x_k, t) = \tfrac{1}{2}\left(u_{i,j} + u_{j,i}\right) \tag{2.28}$$

und jene des **linearen Drehtensors** zu

$$w_{ij}(x_k, t) = \tfrac{1}{2}\left(u_{i,j} - u_{j,i}\right) \tag{2.29}$$

Während der Verzerrungstensor $\underline{\underline{\varepsilon}}$ symmetrisch ist, handelt es sich beim Drehtensor $\underline{\underline{w}}$ um einen antimetrischen Tensor.

$$\varepsilon_{ij} = \varepsilon_{ji} \qquad \underline{\underline{\varepsilon}} = \underline{\underline{\varepsilon}}^T \tag{2.30}$$

$$w_{ij} = -\,w_{ji} \qquad \underline{\underline{w}} = -\,\underline{\underline{w}}^T \tag{2.31}$$

Die relative Verschiebung eines Punktes gegenüber einem unmittelbar benachbarten Punkt beträgt

$$du_i = u_{i,j}\,dx_j \tag{2.32}$$

Wird der darin auftretende Verschiebungsgradient $u_{i,j}$ in einen symmetrischen und einen antimetrischen Teil zerlegt, entsteht das Ergebnis

$$du_i = \left[\tfrac{1}{2}\left(u_{i,j} + u_{j,i}\right) + \tfrac{1}{2}\left(u_{i,j} - u_{j,i}\right)\right] dx_j$$

Dabei entsprechen der Verzerrungstensor ε_{ij} laut (2.28) dem symmetrischen und der Drehtensor w_{ij} laut (2.29) dem antimetrischen Anteil des Verschiebungsgradienten.

---

[1] $\varepsilon_{ij} = 0$ ist *nur* in der geometrisch linearen Theorie notwendig und hinreichend für das Vorliegen einer Starrkörperbewegung.

Im Weiteren soll der Sonderfall einer dehnungsfreien Schubverzerrung für das 2-D-Problem ($\varepsilon_{11} = \varepsilon_{22} = 0$) analysiert werden (Abb. 2.9). Das beliebig orientierte, materielle Linienelement $d\underline{x}$ erfährt im Allgemeinen sowohl eine Längenänderung als auch eine Drehung. Unter Berücksichtigung von $u_{1,1} = u_{2,2} = 0$ lauten die Verschiebungszuwüchse entsprechend (2.32)

$$\left.\begin{aligned} du_1 &= u_{1,2}\, dx_2 = u_{1,2} \sin\varphi\, dr \\ du_2 &= u_{2,1}\, dx_1 = u_{2,1} \cos\varphi\, dr \end{aligned}\right\} \qquad (2.33)$$

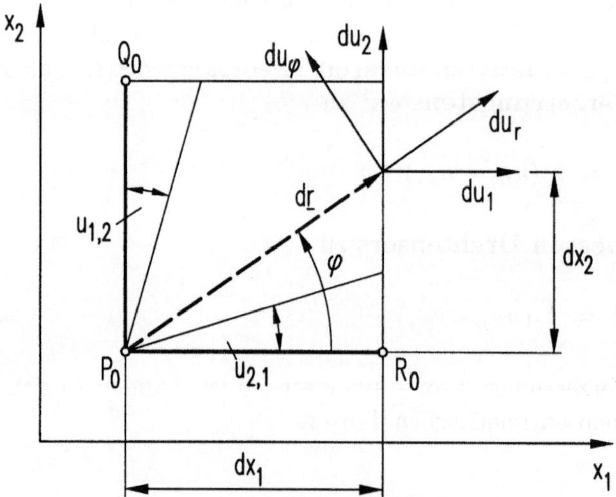

Abb. 2.9: Ebene Schubverzerrung bei $\varepsilon_{11} = \varepsilon_{22} = 0$

Auf der Grundlage der Transformationsbeziehungen (1.19), der Transformationskoeffizienten

$$c_{ij} = \begin{pmatrix} \cos\varphi & \sin\varphi \\ -\sin\varphi & \cos\varphi \end{pmatrix}$$

der Gleichungen (2.33) sowie der Zusammenhänge $du_r = d\bar{u}_1$ und $du_\varphi = d\bar{u}_2$ werden die Verschiebungszuwüchse in radialer und tangentialer Richtung erhalten.

$$\left.\begin{aligned} du_r &= \cos\varphi\, du_1 + \sin\varphi\, du_2 = \tfrac{1}{2}(u_{1,2} + u_{2,1}) \sin 2\varphi\, dr \\ du_\varphi &= -\sin\varphi\, du_1 + \cos\varphi\, du_2 = (u_{2,1} \cos^2\varphi - u_{1,2} \sin^2\varphi)\, dr \end{aligned}\right\} \qquad (2.34)$$

Da eine Drehung materieller Fasern nur bei $du_\varphi \neq 0$ auftritt, wird du_r im Weiteren nicht mehr betrachtet.

1. Beispiel: Reiner Schub mit $u_{1,2} = u_{2,1}$

$$w_{12} = \tfrac{1}{2}(u_{1,2} - u_{2,1}) = 0$$

$$du_\varphi = (\cos^2\varphi - \sin^2\varphi)\, u_{1,2}\, dr$$

$$du_\varphi(\varphi < \frac{\pi}{4}) > 0, \quad du_\varphi(\varphi = \frac{\pi}{4}) = 0, \quad du_\varphi(\varphi > \frac{\pi}{4}) < 0$$

Mit Ausnahme der unter $\pi/4$ geneigten Faser drehen sich die übrigen Fasern trotz $w_{12} = 0$.

Aus dem betrachteten Beispiel folgt zusätzlich, dass sich andere Zustände mit $u_{1,2} \neq u_{2,1}$ bei $\gamma_{12} = 2\,\varepsilon_{12} = \text{const}$ nur in der Drehung unterscheiden.

2. Beispiel: Starre Drehung mit $u_{1,2} = -\,u_{2,1}$

$$w_{12} = \tfrac{1}{2}\,(u_{1,2} - u_{2,1}) = -\,u_{2,1} = -\,w_{21}$$

$$du_\varphi = u_{2,1}\, dr = w_{21}\, dr = -\,w_{12}\, dr$$

2.1.3.3 Kompatibilitätsbedingungen

Die Verschiebungen bilden ein stetig differenzierbares Feld, da sich die materiellen Teilchen bei einer Verformung gegenseitig nicht durchdringen können und zusätzlich ein Auseinanderreißen nicht auftreten soll (**Axiom der Kontinuität**).

Ist das Verschiebungsfeld $\underline{u}(\underline{x}, t)$ bekannt, lassen sich auf der Grundlage von (2.28) und (2.29) die Verzerrungen ε_{ij} sowie die Drehungen w_{ij} *eindeutig* berechnen. Sollen jedoch umgekehrt aus den sechs Verzerrungen die drei Verschiebungen durch Integration[2] von (2.28) ermittelt werden, dann sind bestimmte Forderungen einzuhalten, um die stetige Differenzierbarkeit des Verschiebungsfeldes zu gewährleisten. Bei diesen Forderungen handelt es sich um Integrabilitätsbedingungen, deren anschauliche Bedeutung darin besteht, dass auch die verzerrten Teilchen lückenlos und ohne Durchdringungen zusammenpassen müssen.

Diese so genannten **Kompatibilitätsbedingungen** werden aus (2.28) durch Elimination der Verschiebungen erhalten. Dazu werden die Verzerrungs-Verschiebungs-Beziehungen (2.28) in geeigneter Weise nach den Ortskoordinaten abgeleitet und die entstehenden Gleichungen

$$\varepsilon_{ij,kl} = \tfrac{1}{2}(u_{i,jkl} + u_{j,ikl}) \quad | +$$

$$\varepsilon_{kl,ij} = \tfrac{1}{2}\,(u_{k,lij} + u_{l,kij}) \quad | +$$

$$\varepsilon_{il,jk} = \tfrac{1}{2}\,(u_{i,ljk} + u_{l,ijk}) \quad | -$$

---

[2] Die obigen Integrationen führen auf unbekannte Funktionen der nicht integrierten Variablen.

sowie

$$\varepsilon_{jk,il} = \tfrac{1}{2}(u_{j,kil} + u_{k,jil}) \qquad | -$$

aufsummiert:

$$\varepsilon_{ij,kl} + \varepsilon_{kl,ij} - \varepsilon_{il,jk} - \varepsilon_{jk,il} = 0 \tag{2.35}$$

Es handelt sich hierbei um $3^4 = 81$ Gleichungen, von denen jedoch nur sechs zu unterschiedlichen Aussagen führen.

$$\left.\begin{array}{ll} i=j=1, k=l=2: & \varepsilon_{11,22}+\varepsilon_{22,11}-2\,\varepsilon_{12,12}=0 \\ i=j=2, k=l=3: & \varepsilon_{22,33}+\varepsilon_{33,22}-2\,\varepsilon_{23,23}=0 \\ i=j=3, k=l=1: & \varepsilon_{33,11}+\varepsilon_{11,33}-2\,\varepsilon_{13,13}=0 \\ i=j=1, k=2, l=3: & \varepsilon_{11,23}+\varepsilon_{23,11}-\varepsilon_{13,12}-\varepsilon_{12,13}=0 \\ i=j=2, k=3, l=1: & \varepsilon_{22,13}+\varepsilon_{13,22}-\varepsilon_{12,23}-\varepsilon_{23,12}=0 \\ i=j=3, k=2, l=1: & \varepsilon_{33,12}+\varepsilon_{12,33}-\varepsilon_{13,23}-\varepsilon_{23,13}=0 \end{array}\right\} \tag{2.36}$$

Dabei wurden die Symmetrie des Verzerrungstensors und die Vertauschbarkeit der Differenziationsreihenfolge berücksichtigt. Die Einhaltung dieser sechs **klassischen Kompatibilitätsbedingungen** von *de Saint Venant* ist notwendig und hinreichend für die Existenz eines stetig differenzierbaren, wegen der Überlagerung von Starrkörperverschiebungen aber nicht eindeutigen Verschiebungsfeldes.

An dieser Stelle soll nur kurz darauf verwiesen werden, dass sich die klassischen Kompatibilitätsbedingungen (2.36) in der Form

$$\boldsymbol{D}\,\boldsymbol{\varepsilon} = \boldsymbol{0}$$

$$\text{mit} \quad \boldsymbol{\varepsilon} = (\varepsilon_{11}\ \varepsilon_{22}\ \varepsilon_{33}\ 2\varepsilon_{12}\ 2\varepsilon_{23}\ 2\varepsilon_{13})^T$$

darstellen lassen. Darin verkörpert $\boldsymbol{D}$ eine spezielle Differenzialmatrix mit dem Rang 3, so dass zwischen den sechs Differenzialgleichungen (2.36) Abhängigkeiten bestehen. Es ist jedoch möglich, zwei voneinander unabhängige Gruppen von drei Gleichungen, die jeweils alle sechs Verzerrungen enthalten und die klassischen Kompatibilitätsbedingungen (2.36) erfüllen, zu formulieren.[3]

[3] C. P. FILIPICH: A brief discussion about the reduction of the classical compatibility equations. Int. J. Mech. Eng. Educ. 27 (1999) 1, 63–70

2.2 Stoffabhängige Gleichungen

2.2.1 Begründung der Notwendigkeit stoffabhängiger Gleichungen

In den stoffunabhängigen Gleichungen des Abschn. 2.1 treten die folgenden **konstitutiven Variablen** auf:

- 6 Spannungskomponenten σ_{ij}[4]
- 3 Verschiebungskomponenten u_i
- 6 Verzerrungskomponenten ε_{ij}
- Dichte ϱ

Wegen der Beschränkung auf geometrisch lineare Probleme (vgl. auch Abschn. 2.1.3.2) darf die Dichte ϱ näherungsweise als konstant angenommen werden.

Bei den im Weiteren betrachteten Bewegungen sind neben den mechanischen auch thermische Belastungen zulässig. Es wird jedoch vorausgesetzt, dass die Temperaturänderung $\vartheta = T - T_0$ mit T als aktueller und T_0 als Ausgangstemperatur gegeben ist. Damit besitzt das Feldproblem einen rein mechanischen Charakter.

Den 15 konstitutiven Variablen σ_{ij}, u_i und ε_{ij}, die von den Ortskoordinaten x_k und der Zeit t abhängen, stehen als stoffunabhängige Gleichungen

- 3 Gleichgewichtsbedingungen (2.13) und
- 6 Verzerrungs-Verschiebungs-Beziehungen (2.28)

gegenüber. Zur eindeutigen Lösung des Feldproblems werden 6 weitere Gleichungen benötigt, welche die Materialeigenschaften kennzeichnen. Auf Grund ihrer direkten Messbarkeit eignet sich die Verschiebung als unabhängige konstitutive Variable. Um Starrkörperverschiebungen, die keine Spannungsänderungen bewirken, auszuschließen, werden die Verschiebungen durch die Verzerrungen ersetzt, so dass das Materialverhalten letztendlich durch die gegenseitige Abhängigkeit von Spannungen und Verzerrungen beschrieben wird.

2.2.2 Linearelastisches Materialverhalten

Elastizität im technischen Sinn liegt vor,

- wenn bei Wegnahme der Belastung der spannungslose, verzerrungsfreie Ausgangszustand eingenommen wird,

[4] Statt der korrekten Bezeichnung Koordinate wird im Weiteren der übliche Begriff Komponente verwendet.

- die Be- und Entlastung im einachsigen Spannungszustand auf der gleichen Kurve verlaufen,
- die Belastungsgeschwindigkeit ohne Einfluss ist (→ skleronomes Materialverhalten) und
- nur der spannungslose Ausgangs- sowie der Endzustand eine physikalische Bedeutung besitzen (keine Abhängigkeit vom Belastungsweg).

Im zunächst betrachteten isothermen Fall existieren damit umkehrbar eindeutige Beziehungen zwischen den Spannungen und Verzerrungen.

$$\sigma_{ij} = F_{ij}(\varepsilon_{kl}) \qquad \varepsilon_{ij} = G_{ij}(\sigma_{kl})$$

Bestünde eine Abhängigkeit vom Belastungsweg, wäre der physikalisch unsinnige Fall denkbar, dass bei Entlastung mehr Arbeit abgegeben wird als für die Belastung erforderlich war. Damit erfolgt die Beschreibung der mechanischen Arbeit durch ein wegunabhängiges Integral.

$$W = \int_{\varepsilon_{ij}=0}^{\varepsilon_{ij}^E} \sigma_{ij}\, d\varepsilon_{ij} \tag{2.37}$$

Der Integrand muss deshalb ein vollständiges Differenzial sein, so dass sich die Spannungen σ_{ij} als partielle Ableitungen der mechanischen Arbeit (Formänderungsarbeit) $W(\varepsilon_{mn})$ nach den Verzerrungen ε_{ij} ergeben.

$$\sigma_{ij} = \frac{\partial W(\varepsilon_{mn})}{\partial \varepsilon_{ij}} \tag{2.38}$$

Zusätzlich gilt

$$\frac{\partial^2 W(\varepsilon_{mn})}{\partial \varepsilon_{ij}\, \partial \varepsilon_{kl}} = \frac{\partial^2 W(\varepsilon_{mn})}{\partial \varepsilon_{kl}\, \partial \varepsilon_{ij}} \tag{2.39}$$

Für ein **linearelastisches, anisotropes Material** kann die Formänderungsarbeit zu

$$W = \tfrac{1}{2}\, E_{mnop}\, \varepsilon_{mn}\, \varepsilon_{op} \tag{2.40}$$

angesetzt werden. Die Koordinaten E_{mnop} des **Elastizitätstensors** vierter Stufe sind Materialkonstanten, welche die Richtungsabhängigkeit des mechanischen Verhaltens charakterisieren. Durch Einsetzen von (2.40) in (2.38)

$$\sigma_{ij} = \frac{\partial \left(\frac{1}{2}\, E_{mnop}\, \varepsilon_{mn}\, \varepsilon_{op}\right)}{\partial \varepsilon_{ij}}$$

werden die Spannungen zu

$$\begin{aligned}\sigma_{ij} &= \tfrac{1}{2}\, E_{mnop}\, (\delta_{mi}\, \delta_{nj}\, \varepsilon_{op} + \varepsilon_{mn}\, \delta_{oi}\, \delta_{pj}) \\ &= \tfrac{1}{2}\, (E_{ijop}\, \varepsilon_{op} + E_{mnij}\, \varepsilon_{mn})\end{aligned}$$

erhalten. Nach Umbenennung der stummen Indizes

$$\sigma_{ij} = \tfrac{1}{2}\, (E_{ijkl} + E_{klij})\, \varepsilon_{kl}$$

sowie unter Berücksichtigung der aus (2.39) resultierenden Symmetrie des Elastizitätstensors in seinen Indexpaaren

$$E_{ijkl} = E_{klij} \tag{2.41}$$

lautet die endgültige Form der Spannungs-Verzerrungs-Beziehungen bei linearer Elastizität

$$\sigma_{ij} = E_{ijkl}\, \varepsilon_{kl} \tag{2.42}$$

Weitere „Symmetriebedingungen" für den Elastizitätstensor werden aus der Symmetrie des Spannungstensors $\sigma_{ij} = \sigma_{ji}$ sowie des Verzerrungstensors $\varepsilon_{kl} = \varepsilon_{lk}$ erhalten.

$$E_{ijkl} = E_{jikl} = E_{ijlk} \tag{2.43}$$

Der Elastizitätstensor besitzt folglich statt 81 nur 21 voneinander unabhängige Materialkonstanten.

Mit

$$\boldsymbol{\varepsilon} = (\varepsilon_{11}\ \ \varepsilon_{22}\ \ \varepsilon_{33}\ \ 2\,\varepsilon_{12}\ \ 2\,\varepsilon_{23}\ \ 2\,\varepsilon_{13})^T$$

und

$$\boldsymbol{E} = \begin{pmatrix} E_{1111} & E_{1122} & E_{1133} & E_{1112} & E_{1123} & E_{1113} \\ E_{1122} & E_{2222} & E_{2233} & E_{2212} & E_{2223} & E_{2213} \\ E_{1133} & E_{2233} & E_{3333} & E_{3312} & E_{3323} & E_{3313} \\ E_{1112} & E_{2212} & E_{3312} & E_{1212} & E_{1223} & E_{1213} \\ E_{1123} & E_{2223} & E_{3323} & E_{1223} & E_{2323} & E_{2313} \\ E_{1113} & E_{2213} & E_{3313} & E_{1213} & E_{2313} & E_{1313} \end{pmatrix} \tag{2.44}$$

lässt sich die Formänderungsarbeit (2.40) in der Matrizenschreibweise

$$W = \tfrac{1}{2}\, \boldsymbol{\varepsilon}^T\, \boldsymbol{E}\, \boldsymbol{\varepsilon} \tag{2.45}$$

angeben. Entsprechend dem zweiten Hauptsatz der Thermodynamik muss die Formänderungsarbeit (2.45) für beliebige $\boldsymbol{\varepsilon} \neq \mathbf{0}$ positiv sein. Das ist nur dann der Fall, wenn die Elastizitätsmatrix $\boldsymbol{E}$ positiv definit ist. Daraus ergeben sich Einschränkungen für die Größe der Materialkonstanten[5] (vgl. auch S. 41 unten).

[5] H. ALTENBACH, J. ALTENBACH, R. RIKARDS: Einführung in die Mechanik der Laminat- und Sandwichtragwerke. Stuttgart: Deutscher Verlag für Grundstoffindustrie 1996

2.2.3 Thermoelastizität

Bei einer Temperaturänderung $\vartheta = T - T_0$ (vgl. Abschn. 2.2.1) treten **Wärmedehnungen** gemäß

$$\varepsilon_{ij}^{\vartheta} = \alpha_{ij}\,\vartheta \tag{2.46}$$

auf, wobei die α_{ij} die Koordinaten des **Wärmedehnungstensors** verkörpern. Bei einem homogenen Temperaturfeld ϑ und ortsunabhängigen α_{ij} können sich die Wärmedehnungen frei ausbilden. Damit werden keine **Wärmespannungen** erzeugt.

Infolge der vorausgesetzten Linearität besitzt das **Superpositionsprinzip** Gültigkeit, so dass sich die Gesamtverzerrungen additiv aus elastischen und thermischen Anteilen zusammensetzen.

$$\varepsilon_{ij} = \varepsilon_{ij}^{\sigma} + \varepsilon_{ij}^{\vartheta} \tag{2.47}$$

Mit den invertierten Spannungs-Verzerrungs-Beziehungen (2.42) und (2.46) entsteht der Zusammenhang

$$\varepsilon_{ij} = (E^{-1})_{ijkl}\,\sigma_{kl} + \alpha_{ij}\,\vartheta \tag{2.48}$$

Darin verkörpern die $(E^{-1})_{ijkl}$ die Koordinaten des inversen Elastizitätstensors, der auch **Nachgiebigkeitstensor** heißt. Durch doppeltes Überschieben von (2.48) mit den Koordinaten E_{ijmn} des Elastizitätstensors und einen anschließenden Indexaustausch erfolgt die Auflösung nach den Spannungen[6]

$$\sigma_{ij} = E_{ijkl}\,\varepsilon_{kl} - \beta_{ij}\,\vartheta \tag{2.49}$$

mit

$$\beta_{ij} = E_{ijkl}\,\alpha_{kl} \tag{2.50}$$

Dabei führt die gleiche Begründung wie für den Elastizitätstensor auch beim Wärmedehnungstensor α_{ij} und dem daraus abgeleiteten Tensor β_{ij} laut (2.50) auf die Symmetrien

$$\alpha_{ij} = \alpha_{ji} \qquad \beta_{ij} = \beta_{ji} \tag{2.51}$$

Im vorliegenden Fall sind die mechanische und die thermische Anisotropie durch 21 E_{ijkl} und 6 α_{ij} bzw. 6 β_{ij} gekennzeichnet.

Die Beschränkung auf Linearität bedeutet, dass die Materialkonstanten E_{ijkl} und α_{ij} zwar von der Ausgangstemperatur T_0 abhängen, aber nicht von der

[6] Die Gleichungen (2.48) und (2.49) werden im Weiteren als Elastizitätsbeziehung bezeichnet.

Temperaturänderung $\vartheta = T - T_0$ beeinflusst werden. Deshalb sind nur kleine Temperaturänderungen erfassbar.

Mit (2.47) lässt sich die Formänderungsarbeit (vgl. (2.37) und (2.40)), die auch als elastisches Potenzial bezeichnet wird, für das thermoelastische Problem angeben.

$$\begin{aligned} W &= \tfrac{1}{2} E_{ijkl} \left(\varepsilon_{ij} - \varepsilon_{ij}^{\vartheta}\right) \left(\varepsilon_{kl} - \varepsilon_{kl}^{\vartheta}\right) \\ &= \tfrac{1}{2} E_{ijkl} \left(\varepsilon_{ij} - \alpha_{ij}\, \vartheta\right) \left(\varepsilon_{kl} - \alpha_{kl}\, \vartheta\right) \end{aligned}$$

2.2.4 Orthotropie, transversale Isotropie, Isotropie

Der technisch wichtige Sonderfall der **Orthotropie** entsteht zum Beispiel dann, wenn in eine homogene und isotrope Matrix kreuzweise Fasern mit einem anderen Materialverhalten eingebettet werden.

> Bei Orthotropie gibt es drei aufeinander senkrecht stehende Ebenen, bezüglich deren die Materialeigenschaften symmetrisch sind. Wird ein mit der Materie verbundenes, kartesisches Koordinatensystem x_i eingeführt, dessen Achsen mit den Schnittlinien der obigen Ebenen (**Orthotropieachsen**) zusammenfallen, muss das Materialverhalten invariant gegenüber der Richtungsumkehr jeweils einer Achse oder der Drehung um jeweils eine Achse mit dem Winkel π sein.

In der Abb. 2.10 ist der oben genannte Sachverhalt widergespiegelt.

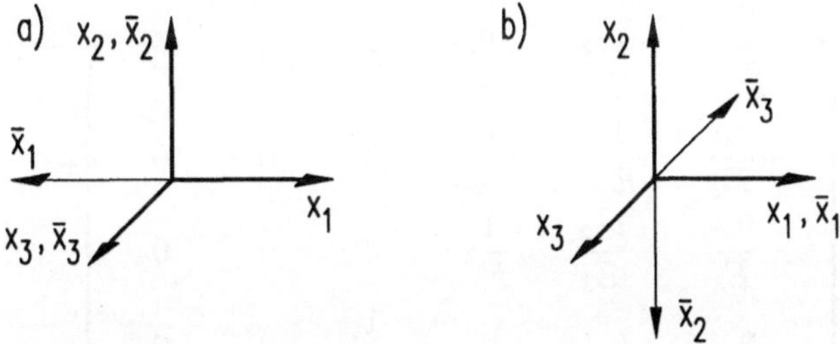

Abb. 2.10: a) Richtungsumkehr einer Orthotropieachse
b) Drehung um die Orthotropieachse x_1 mit dem Winkel π

Die Materialkonstanten im Ausgangs- und im neuen System (vgl. (1.21))

$$\left.\begin{aligned} &\bar{E}_{ijkl} = c_{im}\, c_{jn}\, c_{ko}\, c_{lp}\, E_{mnop} \\ &\text{sowie} \\ &\bar{\beta}_{ij} = c_{ik}\, c_{jl}\, \beta_{kl} \end{aligned}\right\} \qquad (2.52)$$

sind folglich sowohl für die Symmetriegruppe (Transformationskoeffizienten) bei Richtungsumkehr einer Orthotropieachse

$$\boldsymbol{C}_1 = \begin{pmatrix} -1 & 0 & 0 \\ 0 & 1 & 0 \\ 0 & 0 & 1 \end{pmatrix} \qquad \boldsymbol{C}_2 = \begin{pmatrix} 1 & 0 & 0 \\ 0 & -1 & 0 \\ 0 & 0 & 1 \end{pmatrix} \qquad \boldsymbol{C}_3 = \begin{pmatrix} 1 & 0 & 0 \\ 0 & 1 & 0 \\ 0 & 0 & -1 \end{pmatrix}$$

als auch für die Symmetriegruppe bei Drehung um eine Orthotropieachse mit dem Winkel π

$$\boldsymbol{C}_4 = \begin{pmatrix} 1 & 0 & 0 \\ 0 & -1 & 0 \\ 0 & 0 & -1 \end{pmatrix} \quad \boldsymbol{C}_5 = \begin{pmatrix} -1 & 0 & 0 \\ 0 & 1 & 0 \\ 0 & 0 & -1 \end{pmatrix} \quad \boldsymbol{C}_6 = \begin{pmatrix} -1 & 0 & 0 \\ 0 & -1 & 0 \\ 0 & 0 & 1 \end{pmatrix}$$

gleich. Damit reduziert sich die Anzahl der voneinander unabhängigen Materialkonstanten auf $9\,E_{ijkl}$ sowie auf $3\,\beta_{ij}$ bzw. $3\,\alpha_{ij}$. Unter Verwendung der üblichen Ingenieurkonstanten lautet die Elastizitätsbeziehung in der Darstellungsform (2.48)

$$\begin{pmatrix} \varepsilon_{11} \\ \varepsilon_{22} \\ \varepsilon_{33} \\ 2\,\varepsilon_{12} \\ 2\,\varepsilon_{23} \\ 2\,\varepsilon_{13} \end{pmatrix} = \boldsymbol{N} \begin{pmatrix} \sigma_{11} \\ \sigma_{22} \\ \sigma_{33} \\ \sigma_{12} \\ \sigma_{23} \\ \sigma_{13} \end{pmatrix} + \begin{pmatrix} \alpha_1 \\ \alpha_2 \\ \alpha_3 \\ 0 \\ 0 \\ 0 \end{pmatrix} \vartheta \tag{2.53}$$

mit der Nachgiebigkeitsmatrix

$$\boldsymbol{N} = \begin{pmatrix} \frac{1}{E_1} & -\frac{\nu_{12}}{E_1} & -\frac{\nu_{13}}{E_1} & 0 & 0 & 0 \\ -\frac{\nu_{21}}{E_2} & \frac{1}{E_2} & -\frac{\nu_{23}}{E_2} & 0 & 0 & 0 \\ -\frac{\nu_{31}}{E_3} & -\frac{\nu_{32}}{E_3} & \frac{1}{E_3} & 0 & 0 & 0 \\ 0 & 0 & 0 & \frac{1}{G_{12}} & 0 & 0 \\ 0 & 0 & 0 & 0 & \frac{1}{G_{23}} & 0 \\ 0 & 0 & 0 & 0 & 0 & \frac{1}{G_{13}} \end{pmatrix}$$

sowie $\nu_{21} = \dfrac{E_2}{E_1}\,\nu_{12}$, $\nu_{31} = \dfrac{E_3}{E_1}\,\nu_{13}$ und $\nu_{32} = \dfrac{E_3}{E_2}\,\nu_{23}$.

Besitzen die in der Matrix eingebetteten Fasern eine einheitliche Ausrichtung (z. B. Orientierung in x_3-Richtung), dann verhält sich das Material in der dazu senkrechten Ebene (hier x_1, x_2-Ebene) isotrop. Dieser Fall wird als **transversale Isotropie** bezeichnet. Das Materialverhalten ist dann invariant gegenüber Drehungen des Koordinatensystems um eine Achse parallel zu den Fasern (hier x_3-Achse, vgl. Abb. 2.11).

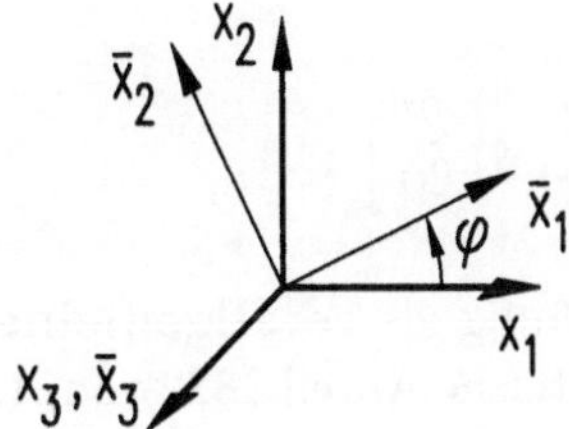

Abb. 2.11: Drehung der materiellen Achsen um x_3

Aus (2.52) und der Symmetriegruppe

$$\boldsymbol{C}_7 = \begin{pmatrix} \cos\varphi & \sin\varphi & 0 \\ -\sin\varphi & \cos\varphi & 0 \\ 0 & 0 & 1 \end{pmatrix}$$

ergeben sich die folgenden Änderungen gegenüber (2.53):

$$E_1 = E_2, \quad \nu_{13} = \nu_{23}, \quad 2\,G_{12} = \frac{E_1}{1+\nu_{12}}, \quad G_{13} = G_{23}, \quad \alpha_1 = \alpha_2$$

(Reduzierung der Anzahl der Materialkonstanten auf 7).

Metallische Werkstoffe besitzen in guter Näherung richtungsunabhängige mechanische und thermische Eigenschaften. Bei der somit vorliegenden **mechanischen** und **thermischen Isotropie** gelten die Zusammenhänge (2.52) für jede orthogonale Transformation. Der Elastizitätstensor E_{ijkl} und der Wärmedehnungstensor α_{ij} ($\to \beta_{ij}$) sind deshalb isotrope Tensoren (vgl. (1.22)).

$$\left.\begin{aligned} E_{ijkl} &= \frac{E}{1+\nu}\left[\frac{1}{2}\left(\delta_{ik}\,\delta_{jl} + \delta_{il}\,\delta_{jk}\right) + \frac{\nu}{1-2\nu}\,\delta_{ij}\,\delta_{kl}\right] \\ \beta_{ij} &= \frac{E\,\alpha}{1-2\nu}\,\delta_{ij} \end{aligned}\right\} \qquad (2.54)$$

Sie enthalten insgesamt nur noch drei Materialkonstanten. Im Einzelnen handelt es sich um den Elastizitätsmodul E und die Querkontraktionszahl ν mit dem bekannten Zusammenhang für den Gleitmodul $G = E/2(1+\nu)$ sowie den linearen Wärmeausdehnungskoeffizienten α.

Aus der Forderung einer positiv definiten Elastizitätsmatrix (vgl. Abschn. 2.2.2) resultieren die Einschränkungen

$$E > 0 \qquad \text{und} \qquad -1 < \nu \leq 0{,}5$$

Das Einsetzen von (2.54) in (2.49) führt auf

$$\sigma_{ij} = \frac{E}{1+\nu}\left(\varepsilon_{ij} + \frac{\nu}{1-2\nu}\,\varepsilon_{kk}\,\delta_{ij}\right) - \frac{E\,\alpha}{1-2\nu}\,\delta_{ij}\,\vartheta \tag{2.55}$$

bzw. nach Umstellung

$$\varepsilon_{ij} = \frac{1}{E}\Big[(1+\nu)\,\sigma_{ij} - (\nu\,\sigma_{kk} - E\,\alpha\,\vartheta)\,\delta_{ij}\Big] \tag{2.56}$$

Die Gleichungen (2.55) und (2.56) werden häufig als **verallgemeinertes Hookesches Gesetz** bezeichnet, obwohl der elastische Anteil 1822 von *A. L. Cauchy* formuliert wurde.

Weiterführende Literatur:

H. Altenbach, J. Altenbach, R. Rikards: Einführung in die Mechanik der Laminat- und Sandwichtragwerke. Stuttgart: Deutscher Verlag für Grundstoffindustrie 1996

J. Betten: Kontinuumsmechanik: Elastisches und inelastisches Verhalten isotroper und anisotroper Stoffe. 2., erw. Aufl. Berlin, Heidelberg: Springer 2001

O. Bruhns, T. Lehmann: Elemente der Mechanik II: Elastostatik. Braunschweig, Wiesbaden: Vieweg 1994

K. Girkmann: Flächentragwerke, 6. Aufl., unveränd. Nachdr. Wien: Springer 1986

H. Göldner (Hrsg.): Höhere Festigkeitslehre, Band 1. Leipzig: Fachbuchverlag 1979

H. Göldner (Hrsg.): Höhere Festigkeitslehre, Band 2, 3., durchgesehene Aufl. Leipzig, Köln: Fachbuchverlag 1992

D. Groß, W. Hauger, W. Schnell, P. Wriggers: Technische Mechanik, Band 4, 4. Aufl. Berlin, Heidelberg: Springer 2002

Übungsaufgaben zum Kapitel 2 siehe Anhang A.2.

Kapitel 3

Analytische Lösung des Randwertproblems der linearen Elastizitätstheorie

3.1 Motivation

Durch die Entwicklung der numerischen Verfahren wie der Methode der finiten Elemente (FEM) und der Methode der Randelemente (BEM) vor allem in den letzten 40 Jahren haben die analytischen Lösungsmethoden an Bedeutung verloren. Wesentliche Voraussetzungen für die richtige Anwendung der in kommerzieller Software umgesetzten numerischen Verfahren sind

- die fehlerfreie Formulierung von Randbedingungen und
- das Erkennen von Gradienten der Feldgrößen z. B. infolge großer Querschnittsänderungen und konzentrierter Lasteinleitungen.

Die Darstellung der erforderlichen Grundlagen ist das Ziel der folgenden, kurzen Einführung in die analytische Lösung des Elastizitätsproblems.

3.2 Randwertprobleme der linearen Elastizitätstheorie

Das System der Feldgleichungen besteht aus

- den Gleichgewichtsbedingungen

$$\sigma_{ij,j} + \varrho f_i = 0 \qquad \forall \underline{x} \in V \tag{3.1}$$

– den Verzerrungs-Verschiebungs-Beziehungen (Kinematik)[1]

$$\varepsilon_{ij} = \tfrac{1}{2}\,(u_{i,j} + u_{j,i}) \qquad \forall \underline{x} \in V \tag{3.2}$$

– und der Elastizitätsbeziehung

$$\sigma_{ij} = E_{ijkl}\,\varepsilon_{kl} - \beta_{ij}\,\vartheta \qquad \forall \underline{x} \in V \tag{3.3}$$

Es wurde in Abschn. 2.2.1 darauf hingewiesen, dass die Änderung der Dichte ϱ infolge der geometrischen Linearität vernachlässigbar ist, und die Temperaturänderung $\vartheta = T - T_0$ eine bekannte Belastung darstellt.

Beim 3-D-Problem der linearen Elastizitätstheorie stehen für die Berechnung der 15 konstitutiven Variablen σ_{ij}, u_i und ε_{ij}, welche von den Ortskoordinaten $\underline{x}$ und der Zeit t (unabhängige Variable) abhängen, 15 Gleichungen, davon 9 als partielle Differenzialgleichungen, zur Verfügung.

Neben den Feldgleichungen (3.1) bis (3.3) müssen die konstitutiven Variablen auf der Oberfläche A des Gebietes mit dem Volumen V, welches das Bauteil verkörpert, vorgegebene Randbedingungen (vgl. Abb. 3.1) erfüllen.

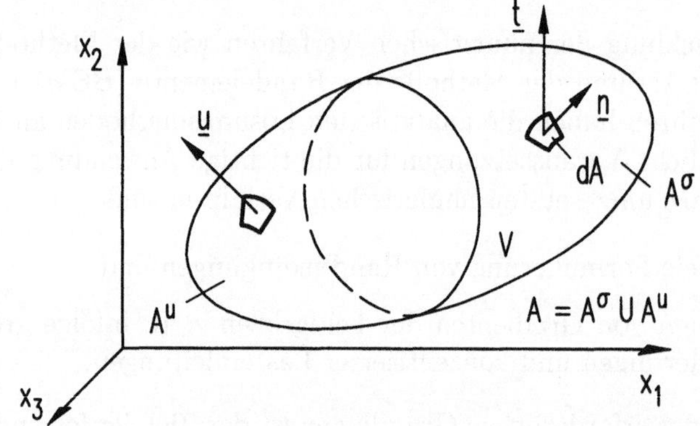

Abb. 3.1: Spannungs- und Verschiebungsrandbedingungen

Dabei handelt es sich um

– die Spannungsrandbedingungen (vgl. (2.5))

$$t_i = \sigma_{ij}\,n_j = p_i \qquad \forall \underline{x} \in A^\sigma \tag{3.4}$$

– und die Verschiebungsrandbedingungen

$$u_i = \overline{u}_i \qquad \forall \underline{x} \in A^u \tag{3.5}$$

[1] Im Abschn. 3.3 werden anstelle von (3.2) die Kompatibilitätsbedingungen (2.36) verwendet.

mit den gegebenen Randwerten p_i und $\overline{u}_i$.

In der klassischen Elastizitätstheorie werden die Spannungen σ_{ij} linear mit den Verzerrungen ε_{ij} verknüpft. Dabei sind die *Cauchy*schen Spannungen σ_{ij} und deren Ableitungen eigentlich Funktionen der augenblicklichen Koordinaten x_k, während die Verzerrungen $\tilde{\varepsilon}_{ij}$ als linearer Anteil des **Lagrangeschen Verzerrungstensors** von den Koordinaten $\overset{0}{x}_k$ der Teilchen im Ausgangszustand abhängen (vgl. dazu Abschn. 2.1.3.2). Die Formulierung der Randbedingungen erfolgt am undeformierten Körper, obwohl die unbekannten Verschiebungen u_i dessen Lage und Form natürlich beeinflussen. Dieser Mix von unterschiedlichen Betrachtungen erweist sich jedoch bei der vereinbarten Beschränkung auf kleine Verschiebungen und Verschiebungsgradienten als zulässig.[2]

Sind auf der gesamten Oberfläche A die Randspannungen p_i gegeben, liegt ein **Spannungsrandwertproblem** vor.

$$t_i = \sigma_{ij}\, n_j = p_i \qquad \forall \underline{x} \in A$$

Analog handelt es sich bei

$$u_i = \overline{u}_i \qquad \forall \underline{x} \in A$$

um ein **Verschiebungsrandwertproblem**.

Der in Abb. 3.1 dargestellte Fall heißt **gemischtes Randwertproblem**.

$$\left.\begin{array}{ll} t_i = \sigma_{ij}\, n_j = p_i & \forall \underline{x} \in A^\sigma \\ u_i = \overline{u}_i & \forall \underline{x} \in A^u \end{array}\right\} \quad \text{mit } A = A^\sigma \cup A^u$$

Häufig kommen auch Dreierkombinationen der 6 möglichen Randwerte auf A vor (Beispiel für die allgemeine Form des gemischten Randwertproblems – reibungsfreier Kontakt mit einem starren Körper: $u_n = 0$, $\sigma_{nt_1} = \sigma_{nt_2} = 0$, vgl. Abb. 2.2).

Die Randbedingungen unterliegen gewissen Restriktionen.

- So dürfen die Randspannungen und Randverschiebungen zusammen mit den Volumenkräften weder zu einer Verletzung
  - der Stetigkeit der Verschiebungen noch
  - der geometrischen Linearität

  führen.
- Bei der allgemeinen Form des gemischten Randwertproblems müssen die Randwerte widerspruchsfrei aufgestellt werden. Wegen der Kopplung von Spannungen und Verzerrungen über die Elastizitätsbeziehung sind die Randspannungen t_i und die Randverschiebungen u_i nicht voneinander unabhängig.

[2] A. C. ERINGEN: Mechanics of continua, 2. Aufl. Huntington, New York: R. E. Krieger Publishing Company 1980

Am Beispiel des Kragträgers (Abb. 3.2) wird offensichtlich, dass am freien Ende entweder nur die Kraft F oder die Verschiebung u vorgegeben werden kann. So führt eine definierte Kraft F zu einer ganz bestimmten Verschiebung u, während eine geforderte Verschiebung u einer zugehörigen Kraft F bedarf.

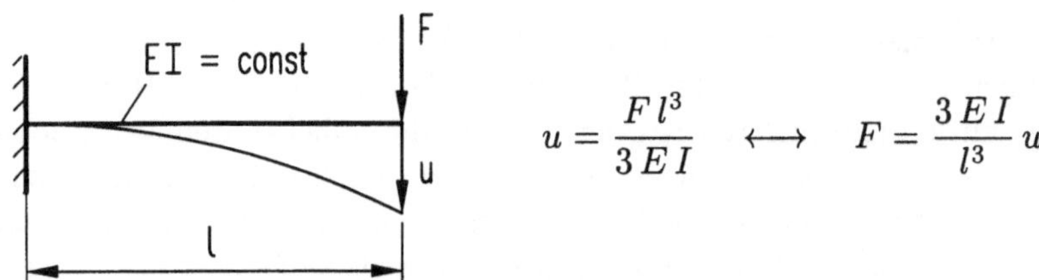

$$u = \frac{F\,l^3}{3\,E\,I} \quad \longleftrightarrow \quad F = \frac{3\,E\,I}{l^3}\,u$$

Abb. 3.2: Kragträger mit Einzelkraft

- Im Fall des Spannungsrandwertproblems ist von den Randspannungen und den Volumenkräften das globale Gleichgewicht zu erfüllen.

3.3 Spannungsformulierung bei Isotropie

3.3.1 Ebener Spannungszustand

Sind auf dem gesamten Rand A (vgl. Abb. 3.1) die Spannungsrandbedingungen

$$t_i \;=\; \sigma_{ij}\, n_j \qquad \forall \underline{x} \in A$$

bekannt, erweist es sich als vorteilhaft, die Verzerrungen und Verschiebungen aus den Feldgleichungen zu eliminieren. Diese Vorgehensweise soll nur für die Sonderfälle **ebener Spannungszustand** (ESZ) und **ebener Verzerrungszustand** (EVZ) dargestellt werden.

Ein ESZ liegt näherungsweise in **Scheiben** vor. Scheiben besitzen eine ebene Mittelfläche und eine konstante oder nur schwach veränderliche Dicke h, die klein gegenüber den anderen Abmessungen der Scheibe ist. Die Belastung liegt in der Mittelfläche, die im Weiteren in der Ebene $x_3 = 0$ angeordnet wird. An den Rändern $x_3 = \pm\, h/2$ existieren die Randbedingungen $\sigma_{33} = \sigma_{13} = \sigma_{23} = 0$, so dass diese Spannungskomponenten im Inneren der Scheibe gegenüber den anderen Spannungskomponenten, welche nicht von x_3 abhängen, vernachlässigt werden dürfen.

Mit den verbleibenden Spannungen σ_{11}, σ_{22} und σ_{12} reduzieren sich die Gleichgewichtsbedingungen (3.1) zu

$$\left.\begin{aligned} \sigma_{11,1} + \sigma_{12,2} + \varrho\, f_1 &= 0 \\ \sigma_{12,1} + \sigma_{22,2} + \varrho\, f_2 &= 0 \end{aligned}\right\} \qquad (3.6)$$

Das verallgemeinerte *Hooke*sche Gesetz (2.56) lautet nunmehr[3]

$$\left.\begin{aligned} \varepsilon_{11} &= \frac{1}{E}(\sigma_{11} - \nu\,\sigma_{22}) + \alpha\,\vartheta \\ \varepsilon_{22} &= \frac{1}{E}(\sigma_{22} - \nu\,\sigma_{11}) + \alpha\,\vartheta \\ \varepsilon_{33} &= -\frac{\nu}{E}(\sigma_{11} + \sigma_{22}) + \alpha\,\vartheta \\ \varepsilon_{12} &= \frac{\sigma_{12}}{2G}, \quad \varepsilon_{23} = \varepsilon_{13} = 0 \end{aligned}\right\} \tag{3.7}$$

Wie die Spannungen sind auch die Verzerrungen nur Funktionen von x_1 und x_2.

Anstelle der Kinematik (3.2) werden die für den ESZ vereinfachten Kompatibilitätsbedingungen (2.36)

$$\left.\begin{aligned} \varepsilon_{11,22} + \varepsilon_{22,11} - 2\,\varepsilon_{12,12} &= 0 \\ \varepsilon_{33,22} &= 0 \\ \varepsilon_{33,11} &= 0 \\ \varepsilon_{33,12} &= 0 \end{aligned}\right\} \tag{3.8}$$

verwendet.

Wird die von *G. B. Airy* (⋆ 1801, † 1892) eingeführte, stetig differenzierbare Spannungsfunktion $F = F(x_1, x_2)$, aus der sich die Spannungen entsprechend den Vorschriften

$$\left.\begin{aligned} \sigma_{11} &= F_{,22} \\ \sigma_{22} &= F_{,11} \\ \sigma_{12} &= -F_{,12} - \varrho\, f_1\, x_2 - \varrho\, f_2\, x_1 \end{aligned}\right\} \tag{3.9}$$

ableiten lassen, genutzt, ist das Gleichgewicht (3.6) für konstante Volumenkräfte f_1 und f_2 identisch erfüllt. Neben (3.9) stehen damit nur noch das verallgemeinerte *Hooke*sche Gesetz (3.7) und die Kompatibilitätsbedingungen (3.8) zur Verfügung.

Durch Einsetzen von (3.7) unter Beachtung von (3.9) in die erste Gleichung von (3.8) wird die partielle Differenzialgleichung

$$\left[\frac{1}{E}(F_{,22} - \nu\,F_{,11})\right]_{,22} + (\alpha\,\vartheta)_{,22} + \left[\frac{1}{E}(F_{,11} - \nu\,F_{,22})\right]_{,11}$$
$$+ (\alpha\,\vartheta)_{,11} + 2\left[\frac{(1+\nu)}{E}(F_{,12} + \varrho\,f_1\,x_2 + \varrho\,f_2\,x_1)\right]_{,12} = 0$$

[3] Mit $\sigma_{33} = 0$ folgt aus (2.56) $\varepsilon_{33} \neq 0$.

erhalten, die für ortsunabhängige Materialkonstanten E, ν und α

$$F_{,1111} + 2\,F_{,1122} + F_{,2222} + \alpha\,E\,(\vartheta_{,11} + \vartheta_{,22}) = 0 \tag{3.10}$$

lautet. Mit dem *Laplace*-Operator im ebenen Fall

$$\Delta(\,) = (\,)_{,11} + (\,)_{,22} = (\,)_{,kk} \qquad \text{für } k = 1,2 \tag{3.11}$$

und

$$\left.\begin{aligned} \Delta\Delta(\,) &= \Big[(\,)_{,11} + (\,)_{,22}\Big]_{,11} + \Big[(\,)_{,11} + (\,)_{,22}\Big]_{,22} \\ &= (\,)_{,kkll} \qquad \text{für } k,l = 1,2 \end{aligned}\right\} \tag{3.12}$$

ist eine kompakte Darstellung von (3.10) möglich.

$$\left.\begin{aligned} \Delta\Delta F &= -\,\alpha\,E\,\Delta\vartheta \\ \Delta\Delta F &= 0 \qquad \text{für } \Delta\vartheta = 0 \end{aligned}\right\} \tag{3.13}$$

Für eine konkrete Aufgabe liegt eine Lösung dann vor, wenn eine Spannungsfunktion F gefunden wird, welche der Differenzialgleichung (3.13) genügt, und die zu F gehörigen Spannungen laut (3.9) auf dem gesamten Rand A die Spannungsrandbedingungen (3.4) erfüllen.

Die über (3.7) mit den Spannungen verknüpfte Verzerrungskomponente $\varepsilon_{33} = \varepsilon_{33}(x_1, x_2)$ verstößt im Allgemeinen gegen die zweite bis vierte Kompatibilitätsbedingung (3.8), welche bisher noch nicht betrachtet wurden. Der ESZ ist, vgl. eingangs, eine Näherung, die jedoch eine genügende Genauigkeit besitzt.

3.3.2 Ebener Verzerrungszustand

Der EVZ zeichnet sich dadurch aus, dass die Verschiebungskomponente u_3 gleich null ist und die beiden anderen Verschiebungskomponenten u_1 und u_2 nicht von x_3 abhängen.

$$u_1 = u_1(x_1, x_2), \qquad u_2 = u_2(x_1, x_2), \qquad u_3 = 0 \tag{3.14}$$

Bedingungen für ein derartiges Verschiebungsfeld sind die Unveränderlichkeit der Geometrie des Bauteils und der Belastung (einschließlich ϑ) in x_3-Richtung sowie eine verschwindende Volumenkraftkomponente f_3. Außerdem muss eine Lagerung vorhanden sein, die eine Ausbildung von u_3 verhindert.

Mit (3.14) folgt aus der Kinematik (3.2)

$$\varepsilon_{i3} = \varepsilon_{3j} = 0 \tag{3.15}$$

Die übrigen Verzerrungskomponenten sind nur Funktionen von x_1 und x_2.

Das verallgemeinerte *Hooke*sche Gesetz (2.56) führt mit $\varepsilon_{33} = 0$ auf

$$\sigma_{33} = \nu\,(\sigma_{11} + \sigma_{22}) - E\,\alpha\,\vartheta \tag{3.16}$$

Werden die modifizierten Materialkonstanten

$$\overline{E} = \frac{E}{1-\nu^2}, \qquad \overline{\nu} = \frac{\nu}{1-\nu}, \qquad \overline{\alpha} = (1+\nu)\,\alpha \tag{3.17}$$

definiert, sind das verallgemeinerte *Hooke*sche Gesetz des ESZ (3.7) und des EVZ gleichartig aufgebaut

$$\left.\begin{aligned} \varepsilon_{11} &= \frac{1}{\overline{E}}\,(\sigma_{11} - \overline{\nu}\,\sigma_{22}) + \overline{\alpha}\,\vartheta \\ \varepsilon_{22} &= \frac{1}{\overline{E}}\,(\sigma_{22} - \overline{\nu}\,\sigma_{11}) + \overline{\alpha}\,\vartheta \\ \varepsilon_{12} &= \frac{1+\overline{\nu}}{\overline{E}}\,\sigma_{12} \end{aligned}\right\} \tag{3.18}$$

wobei (3.16) an die Stelle der 3. Gleichung von (3.7) tritt.

Aus der gegenüber (3.6) zusätzlichen Gleichgewichtsbedingung

$$\sigma_{33,3} = 0$$

resultiert die Unabhängigkeit der Spannung σ_{33} von x_3. Diese Aussage trifft auch auf die anderen Spannungskomponenten zu (vgl. (3.14) und (3.18)).

Zum EVZ gehört der (reduzierte) räumliche Spannungszustand

$$\sigma_{ij} = \begin{pmatrix} \sigma_{11} & \sigma_{12} & 0 \\ \sigma_{12} & \sigma_{22} & 0 \\ 0 & 0 & \sigma_{33} \end{pmatrix}$$

Von den Kompatibilitätsbedingungen (3.8) bleibt beim EVZ nur die erste Gleichung übrig, während die anderen identisch erfüllt sind. Damit lässt sich für den EVZ eine im Sinne der Elastizitätstheorie exakte Lösung erzielen.

Bis auf den Unterschied in den Materialkonstanten entsprechend (3.17) stimmen die Grundgleichungen des ESZ und des EVZ formal überein, so dass sich auch eine zu (3.13) analoge Differenzialgleichung für die Spannungsfunktion ergibt.

$$\Delta\Delta F = -\,\overline{\alpha}\,\overline{E}\,\Delta\vartheta \tag{3.19}$$

3.4 Verschiebungsformulierung

3.4.1 Grundgleichungen der Elastizitätstheorie in Zylinderkoordinaten

Bei Rotationskörpern lassen sich die Randbedingungen am einfachsten beschreiben, wenn zur Formulierung und Lösung des Randwertproblems als unabhängige Veränderliche die Zylinderkoordinaten r, φ, z (z gleich der Rotationsachse) mit den orthogonalen Basisvektoren $\underline{g}_r$, $\underline{g}_\varphi$, $\underline{g}_z$ Verwendung finden. Werden jedoch wie bei den kartesischen Koordinaten normierte Tangentenvektoren $\underline{e}_r$, $\underline{e}_\varphi$, $\underline{e}_z$ als Basis eingeführt, dann enthalten die im Weiteren angegebenen Gleichungen die **physikalischen Tensorkoordinaten**.

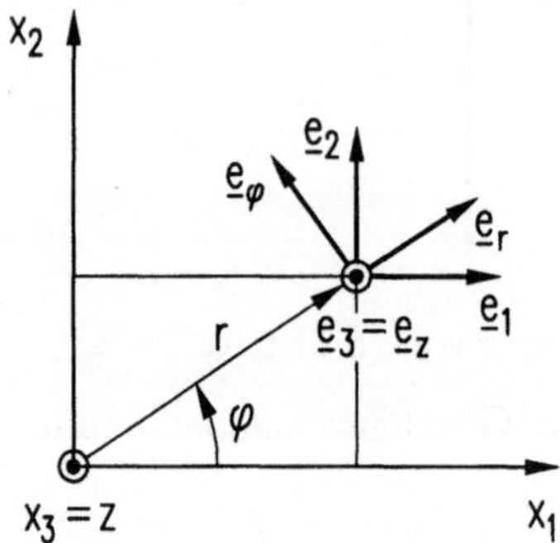

Abb. 3.3: Kartesische und Zylinderkoordinaten sowie orthonormierte Basissysteme

Aus Abb. 3.3 können die umkehrbar eindeutigen Koordinatentransformationen

$$\left.\begin{aligned} x_1 &= r\cos\varphi \\ x_2 &= r\sin\varphi \\ x_3 &= z \end{aligned}\right\} \tag{3.20}$$

und

$$\left.\begin{aligned} r &= \sqrt{x_1^2 + x_2^2} \\ \varphi &= \arctan\frac{x_2}{x_1} \\ z &= x_3 \end{aligned}\right\} \tag{3.21}$$

abgelesen werden.

Entsprechend der Definition (1.13) lauten die Transformationskoeffizienten

$$c_{ij} = \begin{pmatrix} \cos\varphi & \sin\varphi & 0 \\ -\sin\varphi & \cos\varphi & 0 \\ 0 & 0 & 1 \end{pmatrix} = \boldsymbol{C} \tag{3.22}$$

bzw.

$$c_{ji} = \begin{pmatrix} \cos\varphi & -\sin\varphi & 0 \\ \sin\varphi & \cos\varphi & 0 \\ 0 & 0 & 1 \end{pmatrix} = \boldsymbol{C}^T \tag{3.23}$$

Zwischen den Differenzialoperatoren existieren die Zusammenhänge

$$\left.\begin{aligned} (\,)_{,1} &= (\,)_{,r}\, r_{,1} + (\,)_{,\varphi}\, \varphi_{,1} + (\,)_{,z}\, z_{,1} \\ &= (\,)_{,r} \cos\varphi - (\,)_{,\varphi} \frac{1}{r} \sin\varphi \\ (\,)_{,2} &= (\,)_{,r}\, r_{,2} + (\,)_{,\varphi}\, \varphi_{,2} + (\,)_{,z}\, z_{,2} \\ &= (\,)_{,r} \sin\varphi + (\,)_{,\varphi} \frac{1}{r} \cos\varphi \\ (\,)_{,3} &= (\,)_{,z} \end{aligned}\right\} \tag{3.24}$$

In Zylinderkoordinaten besitzen der Verschiebungsvektor $\underline{\bar{u}}$, der Vektor der volumenförmig verteilten Kräfte $\underline{\bar{f}}$ sowie der Spannungstensor $\underline{\underline{\bar{\sigma}}}$ und der Verzerrungstensor $\underline{\underline{\bar{\varepsilon}}}$ den folgenden Aufbau.

$$\bar{u}_i = \begin{pmatrix} u_r \\ u_\varphi \\ u_z \end{pmatrix} \qquad \bar{f}_i = \begin{pmatrix} f_r \\ f_\varphi \\ f_z \end{pmatrix}$$

$$\bar{\sigma}_{ij} = \begin{pmatrix} \sigma_{rr} & \sigma_{r\varphi} & \sigma_{rz} \\ \sigma_{r\varphi} & \sigma_{\varphi\varphi} & \sigma_{\varphi z} \\ \sigma_{rz} & \sigma_{\varphi z} & \sigma_{zz} \end{pmatrix} \qquad \bar{\varepsilon}_{ij} = \begin{pmatrix} \varepsilon_{rr} & \varepsilon_{r\varphi} & \varepsilon_{rz} \\ \varepsilon_{r\varphi} & \varepsilon_{\varphi\varphi} & \varepsilon_{\varphi z} \\ \varepsilon_{rz} & \varepsilon_{\varphi z} & \varepsilon_{zz} \end{pmatrix}$$

Gleichgewichtsbedingungen

Durch Einsetzen der Transformationsbeziehungen (1.19) und (1.21) der Form

$$\begin{aligned} f_i &= c_{ji}\, \bar{f}_j \\ \sigma_{ij} &= c_{ki}\, c_{lj}\, \bar{\sigma}_{kl} \end{aligned}$$

in die Differenzialgleichungen für das Gleichgewicht (3.1) werden nach einigen Zwischenrechnungen unter Berücksichtigung von (3.23) und (3.24) die Gleichgewichtsbedingungen in Zylinderkoordinaten erhalten.

$$\left.\begin{aligned}
\sigma_{rr,r} + \frac{1}{r}\,\sigma_{r\varphi,\varphi} + \sigma_{rz,z} + \frac{1}{r}\,(\sigma_{rr} - \sigma_{\varphi\varphi}) + \varrho\, f_r &= 0\\
\sigma_{r\varphi,r} + \frac{1}{r}\,\sigma_{\varphi\varphi,\varphi} + \sigma_{\varphi z,z} + \frac{2}{r}\,\sigma_{r\varphi} + \varrho\, f_\varphi &= 0\\
\sigma_{rz,r} + \frac{1}{r}\,\sigma_{\varphi z,\varphi} + \sigma_{zz,z} + \frac{1}{r}\,\sigma_{rz} + \varrho\, f_z &= 0
\end{aligned}\right\} \tag{3.25}$$

Verzerrungs-Verschiebungs-Beziehungen (Kinematik)

Den Ausgangspunkt bildet die Transformation (vgl. (1.21))

$$\bar{\varepsilon}_{ij} = c_{ik}\, c_{jl}\, \varepsilon_{kl}$$

Werden in diese die Kinematik (3.2), die Transformation (vgl. (1.19))

$$u_i = c_{ji}\, \bar{u}_j$$

die Differenzialoperatoren (3.24) sowie die Transformationskoeffizienten (3.22) und (3.23) eingeführt, entstehen nach einigen Zwischenschritten die Verzerrungs-Verschiebungs-Beziehungen in Zylinderkoordinaten.

$$\left.\begin{aligned}
\varepsilon_{rr} &= u_{r,r} & \gamma_{r\varphi} &= 2\,\varepsilon_{r\varphi} = \frac{1}{r}\,u_{r,\varphi} + u_{\varphi,r} - \frac{u_\varphi}{r}\\
\varepsilon_{\varphi\varphi} &= \frac{u_r}{r} + \frac{1}{r}\,u_{\varphi,\varphi} & \gamma_{\varphi z} &= 2\,\varepsilon_{\varphi z} = u_{\varphi,z} + \frac{1}{r}\,u_{z,\varphi}\\
\varepsilon_{zz} &= u_{z,z} & \gamma_{rz} &= 2\,\varepsilon_{rz} = u_{r,z} + u_{z,r}
\end{aligned}\right\} \tag{3.26}$$

Elastizitätsbeziehung

Die Elastizitätsbeziehung der allgemeinen Darstellung (2.48)/(2.49) bzw. für den Sonderfall der mechanischen und thermischen Isotropie (2.55)/(2.56) bleibt nach der Tensorkoordinatentransformation in ihrer Struktur unverändert. Es sind lediglich die Tensorkoordinaten im neuen System $\bar{\sigma}_{ij}$, $\bar{\varepsilon}_{ij}$, $\bar{\beta}_{ij}$ und $\bar{E}_{ijkl}$ zu verwenden. Während sich also im allgemeinen Fall auch die Materialtensoren entsprechend (1.21) transformieren, müssen bei Isotropie in (2.55)/(2.56) lediglich $i, j = 1, 2, 3$ durch $i, j = r, \varphi, z$ ausgetauscht werden.

3.4.2 Das axialsymmetrische Problem

3.4.2.1 Definition, Grundgleichungen

Ein **axialsymmetrisches Problem** liegt vor, wenn das Bauteil ein Rotationskörper ist und die Belastung der Axialsymmetrie genügt.[4]

$$\left.\begin{array}{l} \left.\begin{array}{lcl} p_r &=& p_r(r,z) \\ p_\varphi &=& 0 \\ p_z &=& p_z(r,z) \end{array}\right\} \quad \forall \underline{x} \in A \\ \\ \left.\begin{array}{lcl} f_r &=& f_r(r,z) \\ f_\varphi &=& 0 \\ f_z &=& f_z(r,z) \\ \vartheta &=& \vartheta(r,z) \end{array}\right\} \quad \forall \underline{x} \in V \end{array}\right\} \tag{3.27}$$

Jeder Schnitt $\varphi = \text{const}$ ist damit ein Symmetrieschnitt ($\rightarrow (\;)_{,\varphi} = 0$). Für die Verschiebungskomponenten gilt dann

$$u_r = u_r(r,z), \qquad u_\varphi = 0, \qquad u_z = u_z(r,z) \tag{3.28}$$

Mit (3.28) vereinfacht sich die Kinematik (3.26) zu

$$\left.\begin{array}{lcllcl} \varepsilon_{rr} &=& u_{r,r} & \varepsilon_{r\varphi} &=& 0 \\ \varepsilon_{\varphi\varphi} &=& \dfrac{u_r}{r} & \varepsilon_{\varphi z} &=& 0 \\ \varepsilon_{zz} &=& u_{z,z} & \varepsilon_{rz} &=& \frac{1}{2}\left(u_{r,z} + u_{z,r}\right) \end{array}\right\} \tag{3.29}$$

Wird im Weiteren **Isotropie** angenommen (vgl. (2.55)), resultiert aus $\varepsilon_{r\varphi} = \varepsilon_{\varphi z} = 0$ auch $\sigma_{r\varphi} = \sigma_{\varphi z} = 0$, so dass der Spannungstensor σ_{ij} die spezielle Darstellung

$$\sigma_{ij} = \begin{pmatrix} \sigma_{rr} & 0 & \sigma_{rz} \\ 0 & \sigma_{\varphi\varphi} & 0 \\ \sigma_{rz} & 0 & \sigma_{zz} \end{pmatrix} \tag{3.30}$$

annimmt. Der Spannungszustand ist folglich ebenfalls axialsymmetrisch. Wie beim 2-D-Problem werden der Verzerrungs- und der Spannungszustand eindeu-

[4] In den Begriff Drehsymmetrie wird auch die reine Torsion ($\rightarrow u_\varphi \neq 0$) einbezogen (vgl. z. B. H. GÖLDNER, Höhere Festigkeitslehre, Bd. 1). An anderer Stelle tritt dieser Fall unter der Bezeichnung Rotationssymmetrie auf, wobei dort nur das ebene Problem behandelt wurde (D. GROSS u. a., Technische Mechanik, Bd. 4). S. auch weiterführende Literatur zum Kapitel 2.

tig durch die Verschiebungen u_r und u_z definiert, es tritt lediglich die zusätzliche Spannung $\sigma_{\varphi\varphi}$ auf.

Die Gleichgewichtsbedingungen (3.25) reduzieren sich unter Beachtung von (3.30) und $(\ )_{,\varphi} = 0$ zu

$$\left.\begin{aligned} \sigma_{rr,r} + \sigma_{rz,z} + \frac{1}{r}(\sigma_{rr} - \sigma_{\varphi\varphi}) + \varrho f_r &= 0 \\ \sigma_{rz,r} + \sigma_{zz,z} + \frac{1}{r}\sigma_{rz} + \varrho f_z &= 0 \end{aligned}\right\} \tag{3.31}$$

Das verallgemeinerte *Hooke*sche Gesetz (2.55) lautet nunmehr

$$\begin{pmatrix} \sigma_{rr} \\ \sigma_{\varphi\varphi} \\ \sigma_{zz} \\ \sigma_{rz} \end{pmatrix} = \boldsymbol{E} \left[\begin{pmatrix} \varepsilon_{rr} \\ \varepsilon_{\varphi\varphi} \\ \varepsilon_{zz} \\ \varepsilon_{rz} \end{pmatrix} - \alpha\,\vartheta \begin{pmatrix} 1 \\ 1 \\ 1 \\ 0 \end{pmatrix} \right] \tag{3.32}$$

mit der speziellen Elastizitätsmatrix

$$\boldsymbol{E} = \frac{E}{(1+\nu)(1-2\nu)} \begin{pmatrix} 1-\nu & \nu & \nu & 0 \\ \nu & 1-\nu & \nu & 0 \\ \nu & \nu & 1-\nu & 0 \\ 0 & 0 & 0 & 1-2\nu \end{pmatrix}$$

Durch Einsetzen von (3.32) in Verbindung mit (3.29) in (3.31) ist es möglich, ein Differenzialgleichungssystem für die Verschiebungen u_r und u_z zu formulieren. Wegen der eingeschränkten Relevanz wird darauf jedoch nicht eingegangen. Im Weiteren erfolgt aber eine gesonderte Darstellung der ebenen Fälle der Axialsymmetrie.

3.4.2.2 Ebener Spannungszustand

Der ESZ, der in Abschn. 3.3.1 definiert wurde, besitzt z. B. bei den rotierenden Kreis- und Kreisringscheiben eine praktische Bedeutung.

Gegenüber (3.27) treten folgende Änderungen auf:

$$p_r = p_r(r), \quad p_z = 0, \quad f_r = f_r(r), \quad f_z = 0, \quad \vartheta = \vartheta(r) \tag{3.33}$$

Während die Verschiebungskomponente u_r jetzt nur noch von r abhängt

$$u_r = u_r(r) \tag{3.34}$$

gilt für die Verschiebungskomponente u_z

$$u_z = u_z(r, z) \tag{3.35}$$

mit $u_z = 0$ in der Scheibenmittelfläche $z = 0$. Infolge (3.34) sind die Verzerrungen ε_{rr} und $\varepsilon_{\varphi\varphi}$ über der Scheibendicke konstant.

$$\varepsilon_{rr}(r) = u_{r,r} \qquad \varepsilon_{\varphi\varphi}(r) = \frac{u_r}{r} \tag{3.36}$$

Auf die Eigenschaften der Verschiebung u_z und der Verzerrungen

$$\varepsilon_{zz} = u_{z,z} \qquad \varepsilon_{rz}(r) = \tfrac{1}{2}\, u_{z,r} \tag{3.37}$$

wird nach der Darstellung des *Hooke*schen Gesetzes eingegangen.

Der Spannungstensor σ_{ij} laut (3.30) enthält nur noch die Hauptspannungen σ_{rr} und $\sigma_{\varphi\varphi}$, so dass lediglich eine Gleichgewichtsbedingung (vgl. (3.31)) übrig bleibt.

$$\sigma_{rr,r} + \frac{1}{r}\left(\sigma_{rr} - \sigma_{\varphi\varphi}\right) + \varrho\, f_r = 0 \tag{3.38}$$

Das Auflösen des verallgemeinerten *Hooke*schen Gesetzes (3.7) nach den Spannungen σ_{11} und σ_{22} sowie ein Indexaustausch $(1, 2, 3 \to r, \varphi, z)$ führen auf

$$\left.\begin{aligned}
\sigma_{rr} &= \frac{E}{1-\nu^2}\left(\varepsilon_{rr} + \nu\,\varepsilon_{\varphi\varphi}\right) - \frac{E\,\alpha}{1-\nu}\,\vartheta \\
\sigma_{\varphi\varphi} &= \frac{E}{1-\nu^2}\left(\varepsilon_{\varphi\varphi} + \nu\,\varepsilon_{rr}\right) - \frac{E\,\alpha}{1-\nu}\,\vartheta \\
\varepsilon_{zz} &= -\frac{\nu}{E}\left(\sigma_{rr} + \sigma_{\varphi\varphi}\right) + \alpha\,\vartheta
\end{aligned}\right\} \tag{3.39}$$

Da ε_{zz} wie σ_{rr} und $\sigma_{\varphi\varphi}$ in z-Richtung konstant sind, muss u_z (vgl. (3.37)) linear in z sein. Aus (2.56) folgt mit $\sigma_{rz} = 0$ auch $\varepsilon_{rz} = 0$. Wegen der Abhängigkeit der Dehnung ε_{zz} und ebenso der Verschiebung u_z von der Koordinate r ist jedoch $u_{z,r}$ (vgl. (3.37)) nicht zwangsläufig gleich null. Die damit nur näherungsweise gegebene Gültigkeit des ESZ wurde in Abschn. 3.3.1 diskutiert.

Nach Berücksichtigung der Kinematik (3.36) in (3.39) und dem Einsetzen der entstehenden Beziehungen

$$\left.\begin{aligned}
\sigma_{rr} &= \frac{E}{1-\nu^2}\left(u_{r,r} + \nu\,\frac{u_r}{r}\right) - \frac{E\,\alpha}{1-\nu}\,\vartheta \\
\sigma_{\varphi\varphi} &= \frac{E}{1-\nu^2}\left(\frac{u_r}{r} + \nu\,u_{r,r}\right) - \frac{E\,\alpha}{1-\nu}\,\vartheta
\end{aligned}\right\} \tag{3.40}$$

in das Gleichgewicht (3.38) wird eine gewöhnliche Differenzialgleichung für die radiale Verschiebungskomponente u_r erhalten.

$$u_{r,rr} + \frac{u_{r,r}}{r} - \frac{u_r}{r^2} - (1+\nu)\,\alpha\,\vartheta_{,r} + \frac{1-\nu^2}{E}\,\varrho\,f_r = 0$$

Diese lässt sich in eine für die Lösung günstigere, geschachtelte Darstellung umformen.

$$\left[\frac{1}{r}\,(r\,u_r)_{,r}\right]_{,r} = (1+\nu)\,\alpha\,\vartheta_{,r} - \frac{1-\nu^2}{E}\,\varrho\,f_r \tag{3.41}$$

3.4.2.3 Ebener Verzerrungszustand

Unter Verwendung kartesischer Koordinaten wurde der EVZ in Abschn. 3.3.2 behandelt. Bei Axialsymmetrie tritt er z. B. in dickwandigen Rohren auf, an deren Enden die Verschiebung u_z gleich null ist. Weil u_z dann an jeder Stelle des Bauteils verschwindet, gilt eine gleiche Aussage auch für ε_{zz} und ε_{rz} (vgl. dazu (3.37)).

Die Gleichgewichtsbedingung (3.38) bleibt unverändert. Aus der zweiten Beziehung von (3.31) resultiert die Unabhängigkeit der Normalspannung σ_{zz} von z.

Das verallgemeinerte *Hooke*sche Gesetz entsteht durch Übernahme von (3.16), die Auflösung der beiden ersten Gleichungen von (3.18) nach den Spannungen sowie einen Indexaustausch. Dabei enthalten die Beziehungen für σ_{rr} und $\sigma_{\varphi\varphi}$ die modifizierten Materialkonstanten entsprechend (3.17).

$$\left.\begin{aligned}
\sigma_{zz} &= \nu\,(\sigma_{rr} + \sigma_{\varphi\varphi}) - E\,\alpha\,\vartheta \\
\sigma_{rr} &= \frac{\overline{E}}{1-\overline{\nu}^2}\,(\varepsilon_{rr} + \overline{\nu}\,\varepsilon_{\varphi\varphi}) - \frac{\overline{E}\,\overline{\alpha}}{1-\overline{\nu}}\,\vartheta \\
\sigma_{\varphi\varphi} &= \frac{\overline{E}}{1-\overline{\nu}^2}\,(\varepsilon_{\varphi\varphi} + \overline{\nu}\,\varepsilon_{rr}) - \frac{\overline{E}\,\overline{\alpha}}{1-\overline{\nu}}\,\vartheta
\end{aligned}\right\} \tag{3.42}$$

Bis auf die Materialkonstanten und die Aussage zu σ_{zz} stimmen die Grundgleichungen des ESZ und des EVZ überein, so dass die Differenzialgleichung für u_r nunmehr

$$\left[\frac{1}{r}\,(r\,u_r)_{,r}\right]_{,r} = (1+\overline{\nu})\,\overline{\alpha}\,\vartheta_{,r} - \frac{1-\overline{\nu}^2}{\overline{E}}\,\varrho\,f_r = 0 \tag{3.43}$$

lautet.

3.5 Das Prinzip von de Saint Venant

Das **Prinzip von de Saint Venant** beinhaltet die Gleichheit der Spannungszustände in hinreichender Entfernung von der Lasteintragung auch für den Fall, dass an dieser Stelle unterschiedliche, jedoch statisch äquivalente Belastungen eingeleitet werden.

In Abb. 3.4a bildet die Belastung ein Gleichgewichtssystem. Dann klingen die Spannungen und Verzerrungen im schraffierten Gebiet rasch ab. Folglich ist das übrige Gebiet praktisch spannungs- und verzerrungsfrei. Analog führen zwei statisch äquivalente Belastungen (Abb. 3.4b, c) nur in der Nähe der Lasteintragung zu unterschiedlichen Spannungs- und Verzerrungszuständen.[5]

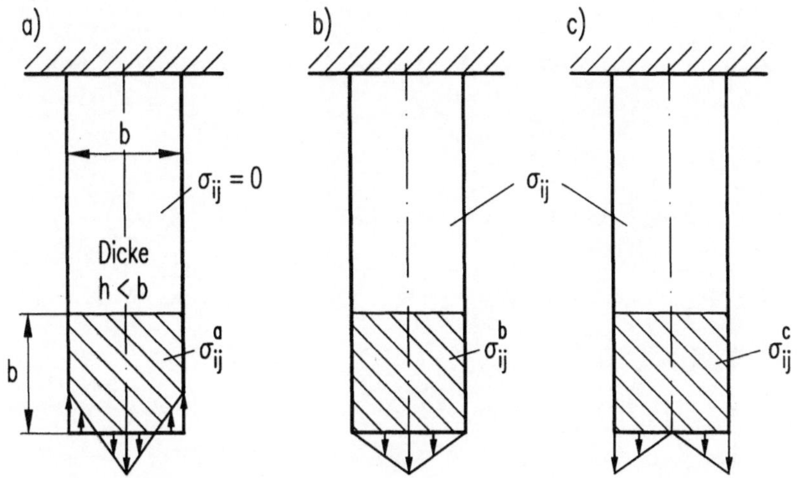

Abb. 3.4: Zugstab mit unterschiedlichen Belastungsformen

Diese Aussage besitzt ebenso für die numerischen Lösungsverfahren eine Bedeutung, wird doch z. B. in der Methode der finiten Elemente (vgl. Abschn. 4.3.3) die vorhandene Belastung durch statisch äquivalente Knotenkräfte ersetzt.

Weiterführende Literatur analog wie im Kapitel 2

Übungsaufgaben zum Kapitel 3 siehe Anhang A.3.

[5] vgl. z. B. K. GIRKMANN: Flächentragwerke, 6. Aufl., unveränd. Nachdr. Wien: Springer 1986

3.5 Das Prinzip von de Saint Venant

Das Prinzip von de Saint Venant beinhaltet die Gleichheit der Spannungs[illegible] [illegible]

[illegible]

Abb. 3.4 [illegible]

[illegible]

[illegible]

Kapitel 4

Allgemeine Lösungsmethoden

4.1 Prinzipe der Mechanik

4.1.1 Prinzip der virtuellen Verschiebungen

Im Abschn. 3.2 wurden die Randwertprobleme der linearen Elastizitätstheorie ausführlich beschrieben. Die Feldgleichungen bestehen aus

– den Gleichgewichtsbedingungen

$$\sigma_{ij,j} + \varrho f_i = 0 \qquad \forall \underline{x} \in V \tag{4.1}$$

– der Kinematik

$$\varepsilon_{ij} = \tfrac{1}{2}(u_{i,j} + u_{j,i}) \qquad \forall \underline{x} \in V \tag{4.2}$$

– und der Elastizitätsbeziehung

$$\sigma_{ij} = E_{ijkl}\, \varepsilon_{kl} - \beta_{ij}\, \vartheta \qquad \forall \underline{x} \in V \tag{4.3}$$

Neben diesen Feldgleichungen müssen die konstitutiven Variablen

– die Spannungsrandbedingungen

$$t_i = \sigma_{ij}\, n_j = p_i \qquad \forall \underline{x} \in A^\sigma \tag{4.4}$$

– und die Verschiebungsrandbedingungen

$$u_i = \overline{u}_i \qquad \forall \underline{x} \in A^u \tag{4.5}$$

erfüllen. Die geschlossene Lösung des Randwertproblems gelingt lediglich für relativ einfache Fälle (vgl. z. B. Abschn. 3.3 und 3.4).

Eine alternative Formulierung ist auf der Basis des Prinzips der virtuellen Verschiebungen möglich. Zu einer gegebenen Belastung gehören das wirkliche Spannungsfeld σ_{ij} und das wirkliche Verschiebungsfeld u_i. Ersteres erfüllt die Gleichgewichtsbedingungen (4.1), die im Weiteren mit einer beliebigen, stetigen Vektorfunktion

$$\underline{\eta}(\underline{x}) = \eta_i(x_j)\,\underline{e}_i \qquad \forall \underline{x} \in V \tag{4.6}$$

auch Testfunktion genannt, welche die Randbedingungen

$$\eta_i = 0 \qquad \forall \underline{x} \in A^u \tag{4.7}$$

erfüllt, überschoben werden.

$$(\sigma_{ij,j} + \varrho\, f_i)\,\eta_i = 0 \qquad \forall \underline{x} \in V$$

Nach der Integration über das Volumen V

$$\int_V (\sigma_{ij,j} + \varrho\, f_i)\,\eta_i\, dV = 0$$

der partiellen Integration

$$\int_V \sigma_{ij,j}\,\eta_i\, dV = \int_V (\sigma_{ij}\,\eta_i)_{,j}\, dV - \int_V \sigma_{ij}\,\eta_{i,j}\, dV$$

der Anwendung des *Gaußschen* Integralsatzes (1.54) unter Berücksichtigung der Randbedingungen (4.4) und (4.7) auf den Ausdruck

$$\int_V (\sigma_{ij}\,\eta_i)_{,j}\, dV = \int_A \sigma_{ij}\,\eta_i\, n_j\, dA = \int_{A^\sigma} p_i\,\eta_i\, dA$$

sowie unter Beachtung der Eigenschaft, dass die doppelte Überschiebung des symmetrischen Spannungstensors σ_{ij} mit dem allgemeinen Tensor zweiter Stufe $\eta_{i,j}$ gleich seiner doppelten Überschiebung mit dem symmetrischen Anteil $\eta^s_{i,j}$

$$\sigma_{ij}\,\eta_{i,j} = \sigma_{ij}\,\eta^s_{i,j} = \sigma_{ij}\,\tfrac{1}{2}\,(\eta_{i,j} + \eta_{j,i})$$

ist, wird das Zwischenergebnis

$$\int_V \sigma_{ij}\,\tfrac{1}{2}\,(\eta_{i,j} + \eta_{j,i})\, dV = \int_V \varrho\, f_i\,\eta_i\, dV + \int_{A^\sigma} p_i\,\eta_i\, dA \tag{4.8}$$

erhalten.

Die Koordinaten $\eta_i(x_j)$ der beliebigen Vektorfunktion $\underline{\eta}(\underline{x})$ (vgl. (4.6)) lassen sich als **virtuelle Verschiebungen** $\delta u_i(x_j)$ deuten.

$$\eta_i(x_j) = \delta u_i(x_j) \qquad \forall \underline{x} \in A \tag{4.9}$$

Letztere sind infinitesimal, kinematisch zulässig und gedacht. Im Gegensatz zum Verschiebungszuwachs du_i werden die virtuellen Verschiebungen δu_i mit dem Variationssymbol δ gekennzeichnet. Für die Variation $\delta(\ )$ gelten gleiche Rechenregeln wie für das Differenzial $d(\ )$.

Durch Überlagerung der wirklichen Verschiebungen u_i mit den virtuellen Verschiebungen δu_i entsteht das benachbarte **kinematisch zulässige Verschiebungsfeld** $\tilde{u}_i$.

$$\tilde{u}_i = u_i + \delta u_i$$

Kinematisch zulässige Verschiebungsfelder $\tilde{u}_i$ genügen der Stetigkeit, der Kinematik $\tilde{\varepsilon}_{ij} = \frac{1}{2}(\tilde{u}_{i,j} + \tilde{u}_{j,i})$ sowie den Randbedingungen $\tilde{u}_i = \overline{u}_i \ \forall \underline{x} \in A^u$. Damit bedeutet die kinematische Zulässigkeit der virtuellen Verschiebungen δu_i, dass sie die Randbedingungen (vgl. dazu (4.7))

$$\delta u_i = 0 \qquad \forall \underline{x} \in A^u \tag{4.10}$$

und die Kinematik

$$\left.\begin{aligned} \delta\varepsilon_{ij} &= \delta.\left[\tfrac{1}{2}\left(u_{i,j} + u_{j,i}\right)\right] \\ &= \tfrac{1}{2}\left(\delta u_{i,j} + \delta u_{j,i}\right) \end{aligned}\right\} \tag{4.11}$$

erfüllen. Unter Berücksichtigung von (4.9) und (4.11) entsteht aus (4.8) das **Prinzip der virtuellen Verschiebungen**.

$$\int\limits_V \sigma_{ij}\,\delta\varepsilon_{ij}\,dV = \int\limits_V \varrho\,f_i\,\delta u_i\,dV + \int\limits_{A^\sigma} p_i\,\delta u_i\,dA \tag{4.12}$$

Es ist auch als **schwache Formulierung des Gleichgewichts** bekannt. Im Gegensatz zum Gleichgewicht (4.1) treten die Spannungen direkt und nicht deren Ortsableitungen auf. Damit sind die Differenzierbarkeitsanforderungen schwächer.

Die Aussage des Prinzips der virtuellen Verschiebungen lautet: Erfüllen die Spannungen σ_{ij}, welche den Randbedingungen (4.4) genügen, und die Volumenkräfte ϱf_i das lokale Gleichgewicht (4.1), dann sind bei Überlagerung einer virtuellen Verschiebung δu_i ($\rightarrow$ virtuelle Verzerrungen $\delta\varepsilon_{ij}$) die **virtuelle in-**

nere Arbeit $\delta W_{(i)}$ und die **virtuelle äußere Arbeit** $\delta W_{(a)}$ gleich groß. In Umkehrung gilt:

> Wenn für eine virtuelle Verschiebung δu_i, welche den geometrischen Randbedingungen (4.10) genügt, die virtuelle innere und äußere Arbeit gleich groß sind, herrscht Gleichgewicht.

Das Prinzip der virtuellen Verschiebungen besitzt die folgenden Eigenschaften:

- Es gilt für beliebiges Materialverhalten.
- (4.12) enthält die Gleichgewichtsbedingungen (4.1) sowie die Kinematik (4.2) und ersetzt damit 9 partielle Differenzialgleichungen.
- Da in (4.12) keine Annahme über die Existenz eines Potenzials eingeht, ist es allgemein anwendbar.

Mit der Einführung von Matrizen für die Spannungen

$$\boldsymbol{\sigma} = (\sigma_{11} \;\; \sigma_{22} \;\; \sigma_{33} \;\; \sigma_{12} \;\; \sigma_{23} \;\; \sigma_{13})^T$$

die virtuellen Verzerrungen

$$\delta\boldsymbol{\varepsilon} = (\delta\varepsilon_{11} \;\; \delta\varepsilon_{22} \;\; \delta\varepsilon_{33} \;\; 2\,\delta\varepsilon_{12} \;\; 2\,\delta\varepsilon_{23} \;\; 2\,\delta\varepsilon_{13})^T$$

die virtuellen Verschiebungen

$$\delta\boldsymbol{u} = (\delta u_1 \;\; \delta u_2 \;\; \delta u_3)^T$$

die volumenförmig verteilten und auf die Masse bezogenen Kräfte

$$\boldsymbol{f} = (f_1 \;\; f_2 \;\; f_3)^T$$

und die Randspannungen

$$\boldsymbol{p} = (p_1 \;\; p_2 \;\; p_3)^T$$

kann das Prinzip der virtuellen Verschiebungen (4.12) in der Matrizenschreibweise angegeben werden.

$$\int\limits_V \boldsymbol{\sigma}^T \, \delta\boldsymbol{\varepsilon} \, dV = \int\limits_V \varrho \, \boldsymbol{f}^T \, \delta\boldsymbol{u} \, dV + \int\limits_{A^\sigma} \boldsymbol{p}^T \, \delta\boldsymbol{u} \, dA \qquad (4.13)$$

4.1.2 Prinzip vom Minimum des elastischen Gesamtpotenzials

Den Ausgangspunkt bildet das Prinzip der virtuellen Verschiebungen (4.12):

$$\underbrace{\int_V \sigma_{ij}\,\delta\varepsilon_{ij}\,dV}_{\delta W_{(i)}} \underbrace{-\int_V \varrho\, f_i\,\delta u_i\,dV - \int_{A^\sigma} p_i\,\delta u_i\,dA}_{-\,\delta W_{(a)}} = 0 \tag{4.14}$$

Mit dem in den Indexpaaren *mn* und *op* symmetrischen Elastizitätstensor E_{mnop} (vgl. (2.41)) lässt sich das **lokale innere Potenzial**

$$\pi_{(i)} = \tfrac{1}{2}\,E_{mnop}\,(\varepsilon_{mn} - \alpha_{mn}\,\vartheta)\,(\varepsilon_{op} - \alpha_{op}\,\vartheta) \tag{4.15}$$

definieren, aus dem mittels

$$\left.\begin{aligned} \frac{\partial\pi_{(i)}}{\partial\varepsilon_{ij}} &= \tfrac{1}{2}\,E_{mnop}\Big[\delta_{mi}\,\delta_{nj}\,(\varepsilon_{op} - \alpha_{op}\,\vartheta) + (\varepsilon_{mn} - \alpha_{mn}\,\vartheta)\,\delta_{oi}\,\delta_{pj}\Big] \\ &= \tfrac{1}{2}\Big[E_{ijop}\,(\varepsilon_{op} - \alpha_{op}\,\vartheta) + E_{mnij}\,(\varepsilon_{mn} - \alpha_{mn}\,\vartheta)\Big] \\ &= E_{ijkl}\,(\varepsilon_{kl} - \alpha_{kl}\,\vartheta) = E_{ijkl}\,\varepsilon_{kl} - E_{ijkl}\,\alpha_{kl}\,\vartheta \\ &= E_{ijkl}\,\varepsilon_{kl} - \beta_{ij}\,\vartheta = \sigma_{ij} \end{aligned}\right\} \tag{4.16}$$

die Elastizitätsbeziehung (4.3) folgt.

Auf der Grundlage von (4.14) und (4.16) wird der Zusammenhang zwischen der virtuellen inneren Arbeit $\delta W_{(i)}$ und der Variation $\delta\Pi_{(i)}$ des **globalen inneren Potenzials**

$$\left.\begin{aligned} \delta W_{(i)} &= \int_V \sigma_{ij}\,\delta\varepsilon_{ij}\,dV = \int_V \frac{\partial\pi_{(i)}}{\partial\varepsilon_{ij}}\,\delta\varepsilon_{ij}\,dV = \int_V \delta\pi_{(i)}\,dV \\ &= \delta\int_V \pi_{(i)}\,dV = \delta\Pi_{(i)} \end{aligned}\right\} \tag{4.17}$$

erhalten.

Wenn die eingeprägten Kräfte während der Ausbildung der Verschiebungen konstant sind, existiert das **globale äußere Potenzial**

$$\Pi_{(a)} = -\int_V \varrho\, f_j\, u_j\, dV - \int_{A^\sigma} p_j\, u_j\, dA \tag{4.18}$$

mit den **lokalen potenziellen Energiefunktionen**

$$\pi_{(f)} = -\varrho\, f_j\, u_j \qquad \text{und} \qquad \pi_{(p)} = -p_j\, u_j \tag{4.19}$$

Kräfte, welche nicht von den Verschiebungen abhängen, heißen **Totlasten**. Sie ergeben sich als negative partielle Ableitungen von (4.19) nach den Verschiebungen und sind ein Sonderfall der konservativen Kräfte.

$$-\frac{\partial \pi_{(f)}}{\partial u_i} = \varrho\, f_j\, \delta_{ji} = \varrho\, f_i \qquad\qquad -\frac{\partial \pi_{(p)}}{\partial u_i} = p_j\, \delta_{ji} = p_i$$

Die erste Variation des globalen äußeren Potenzials

$$\left.\begin{aligned} \delta\Pi_{(a)} &= \frac{\partial \Pi_{(a)}}{\partial u_i}\, \delta u_i = \int\limits_V \frac{\partial \pi_{(f)}}{\partial u_i}\, \delta u_i\, dV + \int\limits_{A^\sigma} \frac{\partial \pi_{(p)}}{\partial u_i}\, \delta u_i\, dA \\ &= -\int\limits_V \varrho\, f_i\, \delta u_i\, dV - \int\limits_{A^\sigma} p_i\, \delta u_i\, dA = -\delta W_{(a)} \end{aligned}\right\} \tag{4.20}$$

ist laut (4.14) gleich dem negativen Wert der virtuellen äußeren Arbeit.

Unter Beachtung von (4.17) und (4.20) nimmt (4.14) die neue Form

$$\left.\begin{aligned} \delta\Pi_{(i)} + \delta\Pi_{(a)} &= 0 \\ \delta\big(\Pi_{(i)} + \Pi_{(a)}\big) &= 0 \\ \delta\Pi &= 0 \end{aligned}\right\} \tag{4.21}$$

an, in welcher Π das **elastische Gesamtpotenzial** darstellt. Dabei verkörpert (4.21) die notwendige Bedingung für das Auftreten eines Extremwertes von Π.

Bei konservativen Systemen führt unter allen kinematisch zulässigen Verschiebungsfeldern $\tilde{u}_i$ das wirkliche Verschiebungsfeld u_i, hier liegt ein Gleichgewichtszustand vor, zu einem Extremwert des elastischen Gesamtpotenzials Π.

Das Gleichgewicht ist stabil, falls das elastische Gesamtpotenzial Π ein Minimum annimmt, also

$$\delta^2\Pi > 0 \tag{4.22}$$

gilt. Mit (4.20) folgt

$$\delta^2\Pi_{(a)} = \delta\big(\delta\Pi_{(a)}\big) = \frac{\partial(\delta\Pi_{(a)})}{\partial u_j}\, \delta u_j = 0 \tag{4.23}$$

Für die zweite Variation des globalen inneren Potenzials gilt bei Berücksichtigung von (4.17) sowie (4.16)

$$\left.\begin{aligned} \delta^2\Pi_{(i)} &= \delta\left(\delta\Pi_{(i)}\right) = \delta \int\limits_V \left(E_{ijkl}\,\varepsilon_{kl} - \beta_{ij}\,\vartheta\right) \delta\varepsilon_{ij}\, dV \\ &= \int\limits_V \frac{\partial\left(E_{ijkl}\,\varepsilon_{kl} - \beta_{ij}\,\vartheta\right)}{\partial\varepsilon_{mn}}\,\delta\varepsilon_{ij}\,\delta\varepsilon_{mn}\, dV \\ &= \int\limits_V E_{ijkl}\,\delta\varepsilon_{ij}\,\delta\varepsilon_{kl}\, dV \end{aligned}\right\} \tag{4.24}$$

Der Integrand von (4.24) stellt eine quadratische Form dar und ist bei einer positiv definiten Elastizitätsmatrix (vgl. (2.45) ff.) wegen $\delta\varepsilon_{ij} \neq 0$ größer null. Entsprechend (4.22) liegt damit **stabiles Gleichgewicht** vor.

4.1.3 Prinzip der virtuellen Kräfte

Da die praktische Anwendung des **Prinzips der virtuellen Kräfte** (PdvK) besonders im Zusammenhang mit numerischen Methoden wie der FEM schwieriger ist als jene des Prinzips der virtuellen Verschiebungen (PdvV), wird nur eine kurze Einführung gegeben. Viele Schritte der Entwicklung der beiden Prinzipe entsprechen einander.

Den Ausgangspunkt der Betrachtungen bildet der belastete Körper K mit den Spannungen $\sigma_{ij}(x_k, t)$ und den Verzerrungen $\varepsilon_{ij}(x_k, t)$. Dabei sind die Gleichgewichtsbedingungen (4.1), die Kinematik (4.2) sowie die Randbedingungen (4.4) und (4.5) erfüllt. Werden die Spannungen variiert (Bildung der **virtuellen Spannungen** $\delta\sigma_{ij}$), bleibt das Gleichgewicht nur dann erhalten, wenn die virtuellen Spannungen den Gleichgewichtsbedingungen

$$\delta\sigma_{ij,j} = 0 \qquad \forall \underline{x} \in V \tag{4.25}$$

und den Randbedingungen

$$\delta t_i = \delta\sigma_{ij}\, n_j = 0 \qquad \forall \underline{x} \in A^\sigma \tag{4.26}$$

genügen (volumenförmig verteilte virtuelle Kräfte δf_i existieren nicht).

Die virtuellen Spannungen $\delta\sigma_{ij}$ und die Verzerrungen ε_{ij} ergeben die **virtuelle innere Ergänzungsarbeit**

$$\delta W^*_{(i)} = \int\limits_V \delta\sigma_{ij}\,\varepsilon_{ij}\, dV = \int\limits_V \delta\boldsymbol{\sigma}^T \boldsymbol{\varepsilon}\, dV \tag{4.27}$$

während die virtuellen Randlasten δt_i unter Beachtung von (4.26) und die Randverschiebungen $\overline{u}_i$ die **virtuelle äußere Ergänzungsarbeit**

$$\left.\begin{aligned} \delta W^*_{(a)} &= \int_{A^u} \delta t_i \, \overline{u}_i \, dA = \int_{A^u} \delta\sigma_{ij} \, n_j \, \overline{u}_i \, dA \\ &= \int_{A^u} \delta\boldsymbol{\sigma}^T \boldsymbol{N}^T \overline{\boldsymbol{u}} \, dA \end{aligned}\right\} \tag{4.28}$$

mit

$$\boldsymbol{N} = \begin{pmatrix} n_1 & 0 & 0 & n_2 & 0 & n_3 \\ 0 & n_2 & 0 & n_1 & n_3 & 0 \\ 0 & 0 & n_3 & 0 & n_2 & n_1 \end{pmatrix} \tag{4.29}$$

bewirken.

Erfüllen die virtuellen Spannungen $\delta\sigma_{ij}$ das Gleichgewicht (4.25) und die virtuellen Randlasten δt_i die Randbedingungen (4.26), dann sind die virtuelle innere und die virtuelle äußere Ergänzungsarbeit gleich groß.

$$\left.\begin{aligned} \int_V \delta\sigma_{ij} \, \varepsilon_{ij} \, dV &= \int_{A^u} \delta t_i \, \overline{u}_i \, dA \\ &= \int_{A^u} \delta\sigma_{ij} \, n_j \, \overline{u}_i \, dA \\ \int_V \delta\boldsymbol{\sigma}^T \boldsymbol{\varepsilon} \, dV &= \int_{A^u} \delta\boldsymbol{t}^T \overline{\boldsymbol{u}} \, dA \\ &= \int_{A^u} \delta\boldsymbol{\sigma}^T \boldsymbol{N}^T \overline{\boldsymbol{u}} \, dA \end{aligned}\right\} \tag{4.30}$$

Umgekehrt gilt:

Gleichgewicht herrscht, wenn für die virtuellen Spannungen $\delta\sigma_{ij}$, welche den statischen Randbedingungen (4.26) genügen, die virtuelle innere und äußere Ergänzungsarbeit gleich groß sind.

Das PdvK ist ebenso wie das PdvV für beliebiges Materialverhalten gültig.

Bei der Lösung z. B. eines Randwertproblems der linearen Elastizitätstheorie lassen sich die Verzerrungen in (4.30) mittels der Elastizitätsbeziehung (4.3) eliminieren. Zur Formulierung des Ansatzes für ein **statisch zulässiges Spannungsfeld** $\boldsymbol{\sigma}^*$, welches den Gleichgewichtsbedingungen (4.1) sowie den Randbedingungen (4.4) genügt und die Basis für die Berechnung der virtuellen Spannungen bildet, werden häufig Spannungsfunktionen F benutzt.

$$\boldsymbol{\sigma}^* = \boldsymbol{S}\,F + \boldsymbol{s} \tag{4.31}$$

In (4.31) sind $\boldsymbol{S}$ ein linearer Differenzialoperator und $\boldsymbol{s}$ ein vorgegebener „Vektor". Da $\boldsymbol{\sigma}^*$ ein statisch zulässiges Spannungsfeld verkörpert, muss der Ansatz (4.31) das Gleichgewicht (4.1), hier in Matrizenschreibweise,

$$\boldsymbol{D}^T(\boldsymbol{S}\,F + \boldsymbol{s}) + \varrho\,\boldsymbol{f} = \boldsymbol{0} \tag{4.32}$$

mit dem Operator

$$\boldsymbol{D}^T = \begin{pmatrix} (\,)_{,1} & 0 & 0 & (\,)_{,2} & 0 & (\,)_{,3} \\ 0 & (\,)_{,2} & 0 & (\,)_{,1} & (\,)_{,3} & 0 \\ 0 & 0 & (\,)_{,3} & 0 & (\,)_{,2} & (\,)_{,1} \end{pmatrix} \tag{4.33}$$

erfüllen. Bei zweidimensionalen Problemen bietet sich die in Abschn. 3.3.1 eingeführte *Airy*sche Spannungsfunktion an.

$$\boldsymbol{\sigma}^* = \begin{pmatrix} \sigma_{11}^* \\ \sigma_{22}^* \\ \sigma_{12}^* \end{pmatrix} = \begin{pmatrix} (\,)_{,22} \\ (\,)_{,11} \\ -(\,)_{,12} \end{pmatrix} F + \begin{pmatrix} F_{vol} \\ F_{vol} \\ 0 \end{pmatrix}$$

Die wirklichen, volumenförmig verteilten Kräfte ergeben sich aus dem Volumenkraftpotenzial zu

$$\begin{aligned} \varrho\,f_1 &= -(F_{vol})_{,1} \\ \varrho\,f_2 &= -(F_{vol})_{,2} \end{aligned}$$

Damit ist auch die Berücksichtigung der vorhandenen, volumenförmig verteilten Kräfte möglich. Im Zusammenhang mit der Wahl von F ist zu beachten, dass die Randbedingungen (4.4) eingehalten werden.

4.2 Das Verfahren von Ritz

Im Weiteren wird das **Ritzsche Verfahren**[1] zur Erzeugung von Näherungslösungen behandelt. Diese Vorgehensweise bildet in leicht modifizierter Form einen möglichen Zugang zur Methode der finiten Elemente (s. Abschn. 4.3).

[1] W. RITZ: Über eine neue Methode zur Lösung gewisser Variationsprobleme. J. Reine Angew. Math. 135 (1909), 1–61

Grundlage des *Ritz*schen Verfahrens ist der Näherungsansatz für das Verschiebungsfeld

$$\tilde{u}_i(\underline{x}) = L_i(\underline{x}) + N_i^M(\underline{x})\, a_M \qquad \forall \underline{x} \in V \tag{4.34}$$

Hier und im Weiteren erstreckt sich die Summation über Großbuchstaben von eins bis zur Anzahl der Freiwerte a_M.

Die Funktionen $L_i(\underline{x})$ dienen der Erfüllung inhomogener Randbedingungen. Werden nur *Dirichlet*sche Randbedingungen betrachtet, gilt auf dem Teilrand A_1: $L_i(\underline{x}) = \overline{u}_i(\underline{x})$. Sind keine inhomogenen Randbedingungen vorgegeben, entfallen die $L_i(\underline{x})$. Auf dem Teilrand A_2 mit gegebenen homogenen Randbedingungen sind die $L_i(\underline{x})$ gleich null. Außerdem enthält der Ansatz (4.34) die problemangepassten und linear unabhängigen Funktionen $N_i^M(\underline{x})$, welche den gegebenen homogenen Randbedingungen genügen und auf dem Teilrand A_1 verschwinden. Dabei ergibt die Vereinigung der beiden Teilränder A_1 und A_2 denjenigen Bereich A^u der Oberfläche A, auf welchem die Verschiebungen vorgeschrieben sind ($A_1 \cup A_2 = A^u$, $A_1 \cap A_2 = 0$).[2] Der im betrachteten Gebiet stetige Ansatz (4.34) erfüllt alle vorgegebenen Randbedingungen für beliebige Ansatzfreiwerte a_M und entspricht damit einem kinematisch zulässigen Verschiebungsfeld (vgl. Abschn. 4.1.1). Mittels einer geeigneten Bestimmung der noch unbekannten Freiwerte a_M lässt sich der Verschiebungsansatz (4.34) bestmöglich dem wirklichen Verschiebungsfeld $\underline{u}(\underline{x})$ annähern.

Dazu wird der Ansatz (4.34) in das Prinzip der virtuellen Verschiebungen (4.12) eingesetzt, welches deshalb Verwendung findet, weil es im Gegensatz zum Prinzip vom Minimum des elastischen Gesamtpotenzials (4.21) keine Existenz von Potenzialen erfordert. Die virtuellen Verschiebungen $\delta u_i(\underline{x})$ können aus (4.34) durch Variation der Ansatzfreiwerte berechnet werden.

$$\begin{aligned} \delta u_i(\underline{x}) &= \frac{\partial \tilde{u}_i(\underline{x})}{\partial a_N}\, \delta a_N \\ &= N_i^M(\underline{x})\, \delta_{MN}\, \delta a_N \end{aligned}$$

$$\delta u_i(\underline{x}) = N_i^M(\underline{x})\, \delta a_M \tag{4.35}$$

Unter der Voraussetzung der Gültigkeit der Verzerrungs-Verschiebungs-Beziehungen (4.2) für kinematisch zulässige Verschiebungsfelder

$$\left.\begin{aligned} \tilde{\varepsilon}_{ij} &= \tfrac{1}{2}\left(\tilde{u}_{i,j} + \tilde{u}_{j,i}\right) \\ &= \tfrac{1}{2}\left(L_{i,j} + L_{j,i}\right) + \tfrac{1}{2}\left(N_{i,j}^M + N_{j,i}^M\right) a_M \\ &= A_{ij} + B_{ij}^M\, a_M \end{aligned}\right\} \tag{4.36}$$

[2] Die Aussagen gelten getrennt für jeweils $i = 1$, 2 oder 3.

folgen die virtuellen Verzerrungen zu

$$\left.\begin{aligned} \delta\varepsilon_{ij} &= \tfrac{1}{2}\left(N^{M}_{i,j} + N^{M}_{j,i}\right)\delta a_{M} \\ &= B^{M}_{ij}\,\delta a_{M} \end{aligned}\right\} \tag{4.37}$$

Bei Beschränkung auf linearelastisches Materialverhalten und der Berücksichtigung von (4.36) werden dem Verschiebungsfeld (→ Verzerrungsfeld) laut (4.34) Spannungen entsprechend (4.3) zugeordnet.

$$\sigma_{ij} = E_{ijkl}\left(A_{kl} + B^{M}_{kl}\,a_{M}\right) - \beta_{ij}\,\vartheta \tag{4.38}$$

Wegen der Ortsunabhängigkeit der Ansatzfreiwerte a_M und ihrer Variationen δa_M bzw. δa_L $(L, M = 1, 2, \ldots)$ kann das Prinzip der virtuellen Verschiebungen (4.12) zusammen mit (4.35), (4.37) und (4.38) in der Form

$$\delta a_{L}\left[\left(\int_{V} B^{L}_{ij}\,E_{ijkl}\,B^{M}_{kl}\,dV\right)a_{M} + \int_{V}(B^{L}_{ij}\,E_{ijkl}\,A_{kl} - \beta_{ij}\,B^{L}_{ij}\,\vartheta - \varrho\,f_i\,N^{L}_{i})\,dV - \int_{A^{\sigma}} p_i\,N^{L}_{i}\,dA\right] = 0$$

dargestellt werden. Da die virtuellen Änderungen δa_L der Ansatzfreiwerte beliebig und verschieden von null sind, muss der Klammerausdruck verschwinden. Daraus resultiert das lineare algebraische Gleichungssystem

$$K^{LM}\,a_{M} = f^{L} \tag{4.39}$$

zur Bestimmung der Ansatzfreiwerte a_M. Es enthält die **Steifigkeitsmatrix**

$$K^{LM} = \int_{V} B^{L}_{ij}\,E_{ijkl}\,B^{M}_{kl}\,dV \tag{4.40}$$

und den **Belastungsvektor**[3]

$$f^{L} = \int_{V}(\beta_{ij}\,B^{L}_{ij}\,\vartheta + \varrho\,f_i\,N^{L}_{i} - B^{L}_{ij}\,E_{ijkl}\,A_{kl})\,dV + \int_{A^{\sigma}} p_i\,N^{L}_{i}\,dA \tag{4.41}$$

Im Vergleich zur komplizierten, analytischen Lösung des Randwertproblems der linearen Elastizitätstheorie (vgl. Abschn. 3.2) erscheint die Anwendung des *Ritz*schen Verfahrens einfach, weil zur Berechnung der Koeffizientenmatrix und der rechten Seite (Elemente der Steifigkeitsmatrix und des Belastungsvektors)

[3] f^L verkörpert im eigentlichen Sinn eine Spaltenmatrix.

des linearen algebraischen Gleichungssystems (4.39) lediglich bestimmte Integrale auszuwerten sind. Als erheblicher Nachteil der Methode ist jedoch die Beschränkung auf Probleme zu nennen, die sich durch regelmäßige Grundgebiete, d. h. also in der Praxis durch eine einfache Geometrie der Bauteile, auszeichnen. Für allgemeinere Fälle ist es nahezu unmöglich, Ansatzfunktionen zu finden, welche alle Randbedingungen erfüllen. Des Weiteren darf nicht unerwähnt bleiben, dass die Genauigkeit der Lösung davon abhängt, wie sehr der Verschiebungsansatz (4.34) vom wirklichen Verschiebungsfeld $u_i(\underline{x})$ abweicht.

4.3 Methode der finiten Elemente

4.3.1 Einführung

Als wesentlicher Mangel des *Ritz*schen Verfahrens wurden die Schwierigkeiten bei der Formulierung kinematisch zulässiger Verschiebungsansätze für komplizierte Grundgebiete genannt. Die Idee zur Vermeidung dieser Probleme besteht darin, das Grundgebiet in endliche geometrische Strukturen einfacher Gestalt, die so genannten finiten Elemente, zu zerlegen (Diskretisierung, Vernetzung), vgl. Abb. 4.1, um dann auf der Elementebene einen problemangepassten Ansatz zu wählen. Für jeden Elementtyp ist dieser Ansatz unabhängig von der konkreten Elementgeometrie gleich. Damit wird die Erzeugung von Ansatzfunktionen systematisiert.

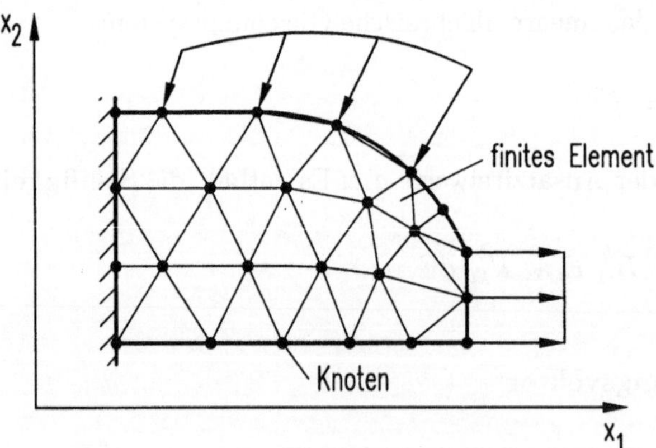

Abb. 4.1: Vernetzung eines zweidimensionalen Grundgebietes

Bei eindimensionalen Problemen werden linienförmige Elemente (Stab-, Balkenelemente) verwendet. Im zweidimensionalen Fall handelt es sich um Dreiecke oder Vierecke, im dreidimensionalen Fall dagegen um Tetraeder oder Hexaeder. Wie Abb. 4.1 entnommen werden kann, lassen sich auch komplizierte Ränder mit einfachen Elementen bei genügend feiner Vernetzung ausreichend genau approximieren.

Der bereits im Zusammenhang mit dem *Ritz*schen Verfahren behandelte Verschiebungszugang bildet auch bei der folgenden Einführung in die Methode der finiten Elemente (FEM) die Grundlage.

4.3.2 Verschiebungsansatz

Gegenüber dem *Ritz*schen Verfahren (vgl. dazu (4.34)) reduziert sich der Verschiebungsansatz in der Matrixdarstellung[4] auf

$$\tilde{\boldsymbol{u}}(\boldsymbol{x}) = \boldsymbol{N}(\boldsymbol{x})\,\boldsymbol{a} \tag{4.42}$$

Es wird später gezeigt, dass die Erfüllung inhomogener Randbedingungen auch ohne die in (4.34) enthaltenen Funktionen $L_i(x_j)$ möglich ist.

Werden die eindimensionalen, linearen Funktionen

$$\begin{aligned} \bar{g}_{(1)}(x_1) &= b_1 + x_1\, b_2 \\ \bar{g}_{(2)}(x_2) &= c_1 + x_2\, c_2 \end{aligned}$$

miteinander multipliziert, entsteht der **bilineare Ansatz**

$$\left.\begin{aligned} \tilde{u}_1(x_1, x_2) &= a_1 + x_1\, a_2 + x_2\, a_3 + x_1 x_2\, a_4 \\ \tilde{u}_2(x_1, x_2) &= a_5 + x_1\, a_6 + x_2\, a_7 + x_1 x_2\, a_8 \end{aligned}\right\} \tag{4.43}$$

zur Beschreibung eines zweidimensionalen Verschiebungsfeldes. Aus dem Vergleich mit (4.42) ergeben sich die Matrix der Ansatzfunktionen

$$\boldsymbol{N}(\boldsymbol{x}) = \begin{pmatrix} 1 & x_1 & x_2 & x_1x_2 & 0 & 0 & 0 & 0 \\ 0 & 0 & 0 & 0 & 1 & x_1 & x_2 & x_1x_2 \end{pmatrix}$$

und die Matrix der Ansatzfreiwerte

$$\boldsymbol{a} = (a_1\ a_2\ a_3\ a_4\ a_5\ a_6\ a_7\ a_8)^T$$

Da das Grundgebiet von der Gesamtheit der Elemente gebildet wird, sind von den Ansatzfunktionen beim Übergang von Element zu Element gewisse Stetigkeitsanforderungen zu erfüllen. Hier gibt es einerseits plausible physikalische Gründe, z. B. den Zusammenhang der Materie oder die Stetigkeit von Biegelinien und -flächen. Andererseits liegen für die geforderte Stetigkeit aber auch mathematische Gründe vor. Sie bestehen darin, dass die Ansätze zu einer für das Prinzip der virtuellen Arbeit oder das Prinzip vom Minimum des elastischen Gesamtpotenzials zulässigen Funktionenklasse gehören müssen. Zusätzlich sollen die Ansätze bei linearen Transformationen (z. B. Drehung des kartesischen

[4] Im Rahmen der FEM erweist sich die Matrizenschreibweise als vorteilhaft.

Koordinatensystems) ihre Form beibehalten, um dem Problem auch weiterhin angepasst zu sein. Das lässt sich mit vollständigen Polynomen oder Ansätzen wie (4.43) erreichen, welche für ein festes x_1 oder x_2 jeweils ein vollständiges Polynom der anderen Variablen darstellen.

Zur Erfüllung der Stetigkeitsforderung, im Folgenden auf die kinematisch zulässige Verschiebung $\tilde{\boldsymbol{u}}(\boldsymbol{x})$ beschränkt, eignet sich ein Ansatz der Form (4.42) nicht. Um die Stetigkeit vorerst zumindest in den gemeinsamen Knoten der Elemente (vgl. dazu die Abb. 4.1) zu erreichen, werden die Ansatzfreiwerte $\boldsymbol{a}$ durch die Knotenverschiebungskomponenten $\overset{e}{\boldsymbol{u}}$ eines Elements, welche neue Ansatzfreiwerte mit einer nunmehr physikalischen Bedeutung verkörpern, ausgedrückt. Das Einsetzen der Knotenpunktkoordinaten $\overset{i}{x}_1$, $\overset{i}{x}_2$ in (4.42) führt auf das lineare Gleichungssystem

$$\underset{(8\times 1)}{\overset{e}{\boldsymbol{u}}(\overset{i}{x}_1,\overset{i}{x}_2)} \;=\; \underset{(8\times 8)}{\overset{e}{\boldsymbol{N}}(\overset{i}{x}_1,\overset{i}{x}_2)}\;\underset{(8\times 1)}{\boldsymbol{a}} \;=\; \underset{(8\times 1)}{\overset{e}{\boldsymbol{u}}} \tag{4.44}$$

mit

$$\overset{e}{\boldsymbol{u}} = \begin{pmatrix} \overset{1}{u}_1 & \overset{2}{u}_1 & \overset{3}{u}_1 & \overset{4}{u}_1 & \overset{1}{u}_2 & \overset{2}{u}_2 & \overset{3}{u}_2 & \overset{4}{u}_2 \end{pmatrix}^T$$

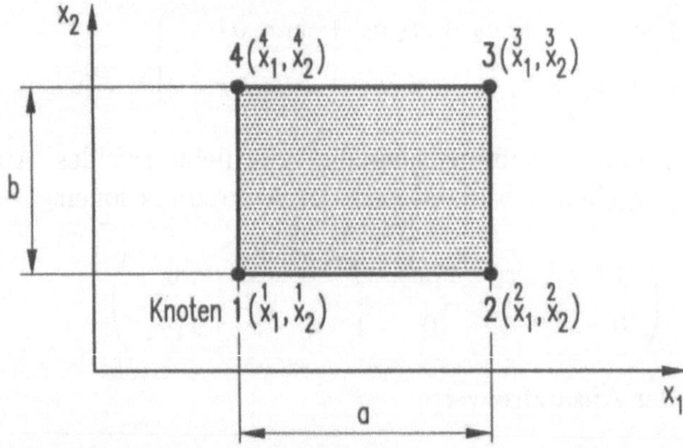

Abb. 4.2: 4-Knoten-Rechteck-Element

das nur dann eine eindeutige Lösung besitzt, wenn die Anzahl der Freiwerte $\boldsymbol{a}$ gleich jener der Knotenverschiebungskomponenten $\overset{e}{\boldsymbol{u}}$ ist. Damit wird deutlich, dass zum 4-Knoten-Rechteck-Element entsprechend Abb. 4.2 der bilineare Verschiebungsansatz (4.43) gehört. In (4.44) und im Weiteren kennzeichnet der hochgestellte Index e den Bezug auf ein Element, während die angegebenen Dimensionen der Matrizen für das 4-Knoten-Rechteck-Element gelten. Die Lösung von (4.44)

$$\boldsymbol{a} = \left[\overset{e}{\boldsymbol{N}}(\overset{i}{x}_1,\overset{i}{x}_2)\right]^{-1} \overset{e}{\boldsymbol{u}}$$

und das anschließende Einsetzen in (4.42) ergeben

$$\underset{(2\times 1)}{\overset{\mathrm{e}}{\boldsymbol{u}}(\boldsymbol{x})} \;=\; \underset{(2\times 8)}{\overset{\mathrm{e}}{\boldsymbol{N}}(\boldsymbol{x})} \; \underset{(8\times 8)}{\left[\overset{\mathrm{e}}{\boldsymbol{N}}(\overset{i}{x}_1,\overset{i}{x}_2)\right]^{-1}} \; \underset{(8\times 1)}{\overset{\mathrm{e}}{\boldsymbol{u}}}$$

bzw.

$$\overset{\mathrm{e}}{\boldsymbol{u}}(\boldsymbol{x}) \;=\; \underset{(2\times 8)}{\overset{\mathrm{e}}{\boldsymbol{G}}(\boldsymbol{x})} \; \overset{\mathrm{e}}{\boldsymbol{u}} \tag{4.45}$$

mit der **Matrix der Formfunktionen** $\overset{\mathrm{e}}{\boldsymbol{G}}(\boldsymbol{x})$. Sie enthält die **Formfunktionen** $l_i(\boldsymbol{x})$ und lautet für das 4-Knoten-Rechteck-Element[5]

$$\overset{\mathrm{e}}{\boldsymbol{G}}(\boldsymbol{x}) = \begin{pmatrix} l_1(\boldsymbol{x}) & l_2(\boldsymbol{x}) & l_3(\boldsymbol{x}) & l_4(\boldsymbol{x}) & 0 & 0 & 0 & 0 \\ 0 & 0 & 0 & 0 & l_1(\boldsymbol{x}) & l_2(\boldsymbol{x}) & l_3(\boldsymbol{x}) & l_4(\boldsymbol{x}) \end{pmatrix} \tag{4.46}$$

Bei Anwendung des Ansatzes (4.45) auf die Knotenpunkte mit den Koordinaten $\overset{i}{x}_1$ und $\overset{i}{x}_2$ (vgl. dazu auch (4.46)) folgt eine wichtige Eigenschaft der Formfunktionen $l_i(x_1, x_2)$:

$$l_i(\overset{j}{x}_1, \overset{j}{x}_2) \;=\; \begin{cases} 1 & \text{für } i = j \\ 0 & \text{für } i \neq j \end{cases} \tag{4.47}$$

Die zu einer Knotenverschiebungskomponente gehörende Formfunktion l_i ($i,\, j = 1, \ldots, \overset{\mathrm{e}}{n}$; $\overset{\mathrm{e}}{n}$ Anzahl der Knoten eines Elements) ist im betreffenden Knoten ($i = j$) gleich eins, in allen anderen Knoten ($i \neq j$) gleich null.

Längs der Seiten x_1 = const. bzw. x_2 = const. von 4-Knoten-Rechteck-Elementen sind die Verschiebungskomponenten $\tilde{u}_1$ und $\tilde{u}_2$ lineare Funktionen von x_1 bzw. x_2 (vgl. (4.43)). Ist die Verschiebungskompatibilität in den gemeinsamen Eckknoten benachbarter Elemente gewährleistet, dann liegt diese folglich auch an den gemeinsamen Rändern vor. Derartige Elemente werden als **kompatibel** bezeichnet. Ihre Ansatzfunktionen bilden für die vorliegende Aufgabe (Nutzung des Prinzips der virtuellen Verschiebungen) eine zulässige Funktionenklasse.

Wird die Verschiebung $\tilde{\boldsymbol{u}}(\boldsymbol{x})$ im gesamten Grundgebiet betrachtet, so setzt sich diese elementweise aus den Ansätzen (4.45) zusammen. Damit verkörpert die globale Darstellung $\tilde{\boldsymbol{u}}(\boldsymbol{x})$ die Vereinigungsmenge der Elementansätze. Wenn

[5] In Abschn. 4.3.5.1 werden die Formfunktionen l_i des 4-Knoten-Rechteck-Elements unter Verwendung lokaler Koordinaten ausführlich beschrieben.

alle Knotenvariablen durchgehend von $k = 1$ bis n (n Anzahl der Knoten im Grundgebiet) nummeriert werden, entsteht der globale Ansatz (vgl. auch (4.46))

$$\left.\begin{aligned} \tilde{\boldsymbol{u}}(\boldsymbol{x}) &= \bigcup_{k=1}^{n} \bar{\boldsymbol{l}}_k(\boldsymbol{x}) \overset{k}{\boldsymbol{u}} \\ \text{mit} \quad \bar{\boldsymbol{l}}_k(\boldsymbol{x}) &= \begin{pmatrix} \bar{l}_k(\boldsymbol{x}) & 0 & 0 \\ 0 & \bar{l}_k(\boldsymbol{x}) & 0 \\ 0 & 0 & \bar{l}_k(\boldsymbol{x}) \end{pmatrix} \end{aligned}\right\} \tag{4.48}$$

und den globalen Formfunktionen $\bar{l}_k(\boldsymbol{x})$ als Zusammensetzung (Vereinigung) jener Elementformfunktionen $l_i(\boldsymbol{x})$, welche im Knoten k gleich eins sind. Im Gegensatz zum klassischen Verfahren von *Ritz* (vgl. (4.34)) besitzen in der FEM die globalen Formfunktionen $\bar{l}_k(\boldsymbol{x})$ quasi einen lokalen Charakter. Sie sind nur in einem beschränkten Teilgebiet, den Elementen mit dem gemeinsamen Knoten k, verschieden von null.

Homogene und inhomogene Randbedingungen lassen sich mit dem Ansatz (4.48) durch Vorgabe der Werte der Knotenvariablen in den entsprechenden Knoten auf triviale Weise erfassen.

4.3.3 Anwendung des Verfahrens von Ritz auf ein Element

In diesem Abschnitt erfolgt die Behandlung eines Elements, welches sowohl einer mechanischen Belastung (volumenförmig verteilte Kräfte im Element, flächenförmig verteilte Kräfte auf der Oberfläche des Elements) als auch einer thermischen Belastung ausgesetzt ist. Auf das Problem des Auftretens von Schnittkräften beim Herauslösen von Elementen aus dem Grundgebiet wird in Abschn. 4.3.4 eingegangen.

Der Näherungsansatz für das Verschiebungsfeld beim Verfahren von *Ritz* wird in der FEM durch die Beziehung (4.45)

$$\underset{(3\times 1)}{\overset{e}{\boldsymbol{u}}(\boldsymbol{x})} = \underset{(3\times 3\overset{e}{n})}{\overset{e}{\boldsymbol{G}}(\boldsymbol{x})} \; \underset{(3\overset{e}{n}\times 1)}{\overset{e}{\boldsymbol{u}}}$$

ersetzt. Die Funktionen $L_i(\underline{x})$ (vgl. 4.3.2) entfallen, während die Rolle der Ansatzfunktionen $N_i^M(\underline{x})$ von der Matrix der Formfunktionen

$$\left.\begin{aligned} \overset{e}{\boldsymbol{G}}(\boldsymbol{x}) &= \begin{pmatrix} \boldsymbol{l}^T(\boldsymbol{x}) & \boldsymbol{0}^T & \boldsymbol{0}^T \\ \boldsymbol{0}^T & \boldsymbol{l}^T(\boldsymbol{x}) & \boldsymbol{0}^T \\ \boldsymbol{0}^T & \boldsymbol{0}^T & \boldsymbol{l}^T(\boldsymbol{x}) \end{pmatrix} \\ \text{mit} \quad \boldsymbol{l}^T &= (\, l_1 \;\; l_2 \; \ldots \; l_{\overset{e}{n}} \,) \\ \text{sowie} \quad \boldsymbol{0}^T &= (\, 0 \;\; 0 \; \ldots \; 0 \,) \end{aligned}\right\} \tag{4.49}$$

übernommen wird. Schließlich enthält der Ansatz (4.45) statt der bisherigen Freiwerte a_M die Knotenverschiebungskomponenten $\overset{e}{\boldsymbol{u}}$.

Durch Variation der Ansatzfreiwerte $\overset{e}{\boldsymbol{u}}$ entstehen die virtuellen Verschiebungen im Element.

$$\delta\overset{e}{\boldsymbol{u}}(\boldsymbol{x}) = \overset{e}{\boldsymbol{G}}(\boldsymbol{x})\,\delta\overset{e}{\boldsymbol{u}} \tag{4.50}$$

Werden die Verzerrungen $\tilde{\varepsilon}_{ij}$ in der Matrix (vgl. 4.1.1)

$$\tilde{\boldsymbol{\varepsilon}} = (\,\tilde{\varepsilon}_{11} \quad \tilde{\varepsilon}_{22} \quad \tilde{\varepsilon}_{33} \quad 2\,\tilde{\varepsilon}_{12} \quad 2\,\tilde{\varepsilon}_{23} \quad 2\,\tilde{\varepsilon}_{13}\,)^T$$

angeordnet und die **Differenzialmatrix** (vgl. (4.33))

$$\boldsymbol{D} = \begin{pmatrix} (\,)_{,1} & 0 & 0 \\ 0 & (\,)_{,2} & 0 \\ 0 & 0 & (\,)_{,3} \\ (\,)_{,2} & (\,)_{,1} & 0 \\ 0 & (\,)_{,3} & (\,)_{,2} \\ (\,)_{,3} & 0 & (\,)_{,1} \end{pmatrix} \tag{4.51}$$

eingeführt, ergeben sich die Verzerrungen und ihre ersten Variationen (virtuelle Verzerrungen) im Element (vgl. (4.36) und (4.37)) zu

$$\left.\begin{aligned} \underset{(6\times 1)}{\overset{e}{\tilde{\boldsymbol{\varepsilon}}}(\boldsymbol{x})} &= \underset{(6\times 3)}{\boldsymbol{D}}\;\underset{(3\times 3\overset{e}{n})}{\overset{e}{\boldsymbol{G}}(\boldsymbol{x})}\;\underset{(3\overset{e}{n}\times 1)}{\overset{e}{\boldsymbol{u}}} \\ &= \underset{(6\times 3\overset{e}{n})}{\overset{e}{\boldsymbol{B}}(\boldsymbol{x})}\;\underset{(3\overset{e}{n}\times 1)}{\overset{e}{\boldsymbol{u}}} \end{aligned}\right\} \tag{4.52}$$

$$\delta\overset{e}{\tilde{\boldsymbol{\varepsilon}}}(\boldsymbol{x}) = \overset{e}{\boldsymbol{B}}(\boldsymbol{x})\,\delta\overset{e}{\boldsymbol{u}} \tag{4.53}$$

Die Elastizitätsbeziehung (4.3) lautet mit

$$\boldsymbol{\sigma} = (\,\sigma_{11} \quad \sigma_{22} \quad \sigma_{33} \quad \sigma_{12} \quad \sigma_{23} \quad \sigma_{13}\,)^T$$

und

$$\boldsymbol{\beta} = (\,\beta_{11} \quad \beta_{22} \quad \beta_{33} \quad \beta_{12} \quad \beta_{23} \quad \beta_{13}\,)^T$$

sowie der Elastizitätsmatrix $\boldsymbol{E}$ nach (2.44) im Element

$$\overset{e}{\boldsymbol{\sigma}} = \overset{e}{\boldsymbol{E}}\,\overset{e}{\tilde{\boldsymbol{\varepsilon}}} - \overset{e}{\boldsymbol{\beta}}\,\vartheta \tag{4.54}$$

Bei Isotropie gelten für $\boldsymbol{E}$ und $\boldsymbol{\beta}$ die Vereinfachungen entsprechend (2.54). Durch Einsetzen von (4.52) in (4.54) werden die Elementspannungen

$$\overset{e}{\boldsymbol{\sigma}}(\boldsymbol{x}) = \overset{e}{\boldsymbol{E}}\ \overset{e}{\boldsymbol{B}}(\boldsymbol{x})\ \overset{e}{\boldsymbol{u}} - \overset{e}{\boldsymbol{\beta}}\ \vartheta \tag{4.55}$$

erhalten.[6]

Nach der Bereitstellung der zu Abschn. 4.2 analogen Grundgleichungen in der Matrizenschreibweise lassen sich in dieser auch die Beziehungen (4.39) bis (4.41) übernehmen.

FEM-Gleichung für ein Element

$$\overset{e}{\boldsymbol{K}}\ \overset{e}{\boldsymbol{u}} = \overset{e}{\boldsymbol{f}} \tag{4.56}$$

Elementsteifigkeitsmatrix

$$\overset{e}{\boldsymbol{K}} = \int\limits_{\overset{e}{V}} \overset{e}{\boldsymbol{B}}{}^T(\boldsymbol{x})\ \overset{e}{\boldsymbol{E}}\ \overset{e}{\boldsymbol{B}}(\boldsymbol{x})\, dV \tag{4.57}$$

Elementbelastungsvektor

$$\left.\begin{aligned} \overset{e}{\boldsymbol{f}} = & \int\limits_{\overset{e}{V}} \left[\overset{e}{\boldsymbol{B}}{}^T(\boldsymbol{x})\ \overset{e}{\boldsymbol{\beta}}\ \vartheta + \overset{e}{\varrho}\ \overset{e}{\boldsymbol{G}}{}^T(\boldsymbol{x})\ \overset{e}{\boldsymbol{f}}(\boldsymbol{x})\right] dV \\ & + \int\limits_{\overset{e}{A}{}^\sigma} \overset{e}{\boldsymbol{G}}{}^T(\boldsymbol{x})\ \overset{e}{\boldsymbol{p}}(\boldsymbol{x})\ dA \end{aligned}\right\} \tag{4.58}$$

Mit Hilfe von (4.58) werden den verteilten Belastungen statisch äquivalente Knotenkräfte zugeordnet.

4.3.4 FEM für das Grundgebiet

Nachdem in Abschn. 4.3.3 nur die Betrachtung eines einzelnen Elements erfolgte, müssen alle Elemente zum gegebenen Grundgebiet vereinigt werden. Dieser Zusammenbau wird nur in seinen Grundzügen beschrieben. Einzelheiten sind der weiterführenden Literatur und der Übungsaufgabe 4.3 im Anhang A.4 zu entnehmen.

Wenn zur Berechnung der Steifigkeitsmatrizen und Belastungsvektoren elementspezifische Koordinaten (vgl. Abschn. 4.3.5.1) Verwendung finden, wird in

[6] In Übereinstimmung mit dem Verschiebungsansatz (4.45) können $\boldsymbol{E}$ und $\boldsymbol{\beta}$ innerhalb eines Elements Funktionen von $\boldsymbol{x}$ sein (vgl. Abschn. 4.3.5.2).

einem ersten Schritt die Transformation in die globalen Koordinaten durchgeführt. Als nächster Schritt schließt sich eine zweckmäßige Nummerierung der Knoten des Grundgebietes von 1 bis n an (s. unten). Für die Vereinigung der Elemente bilden

- die Verschiebungskompatibilität und
- das Kräftegleichgewicht

in den Knoten die Grundlage. Dabei werden die Komponenten der entsprechenden Elemente der auf der Elementebene formulierten Steifigkeitsmatrizen und Belastungsvektoren in den jeweils gemeinsamen Knoten zusammengefasst. In Abschn. 4.3.3 wurden die Schnittkräfte deshalb nicht behandelt, weil diese wegen des Wechselwirkungsprinzips keine Rolle spielen. Dagegen sind in den gefesselten Knoten (zumeist Randknoten) die unbekannten Reaktionskräfte zu berücksichtigen, welche den eingeprägten Knotenkräften hinzugefügt werden. Als Ergebnis der Vereinigung aller Elemente ($\overset{\mathrm{E}}{n}$ Anzahl der Elemente)

$$\bigcup_{\overset{\mathrm{E}}{n}} \left(\overset{\mathrm{e}}{\boldsymbol{K}} \, \overset{\mathrm{e}}{\boldsymbol{u}} \right) = \bigcup_{\overset{\mathrm{E}}{n}} \overset{\mathrm{e}}{\boldsymbol{f}}$$

entsteht die FEM-Gleichung für das Grundgebiet mit der **Gesamtsteifigkeitsmatrix** $\boldsymbol{K}$ $(3n \times 3n)$, der Spaltenmatrix der Knotenverschiebungskomponenten $\boldsymbol{u}$ $(3n \times 1)$ und der Spaltenmatrix der Knotenkraftkomponenten $\boldsymbol{f}$ $(3n \times 1)$.

$$\boldsymbol{K}\,\boldsymbol{u} = \boldsymbol{f} \tag{4.59}$$

Wegen der Symmetrie der Elastizitätsmatrix $\boldsymbol{E}$ (2.44) sind die Elementsteifigkeitsmatrizen $\overset{\mathrm{e}}{\boldsymbol{K}}$ (4.57) und damit auch die Gesamtsteifigkeitsmatrix $\boldsymbol{K}$ symmetrisch. Außerdem besitzt die Gesamtsteifigkeitsmatrix $\boldsymbol{K}$ aufgrund der lokalen Eigenschaften der globalen Formfunktionen (vgl. Abschn. 4.3.2) eine Bandstruktur, deren **Bandbreite** von der Anzahl der Nebendiagonalen oberhalb und unterhalb der Hauptdiagonalen mit Matrixelementen verschieden von null gebildet wird. Durch eine optimale Nummerierung der Knotenpunkte besteht die Möglichkeit der Minimierung der Bandbreite. Außerdem handelt es sich bei den Elementsteifigkeitsmatrizen und der Gesamtsteifigkeitsmatrix um singuläre Matrizen, solange Starrkörperbewegungen noch nicht ausgeschlossen wurden.

Das FEM-Gleichungssystem enthält $3n$ Knotenverschiebungs- und $3n$ Knotenkraftkomponenten, von denen insgesamt $3n$ bekannt sind. Werden Symmetrieeigenschaften genutzt, ist auf das Ausschließen von Starrkörperverschiebungen zu achten. Im Ergebnis des Einbaus der Randbedingungen wird ein reguläres, algebraisches Gleichungssystem mit einer eindeutigen Lösung erhalten. Auf der Basis der dann bekannten Knotenverschiebungskomponenten erfolgt die Auswertung der Feldgrößen Verschiebungen, Verzerrungen und Spannungen elementweise mit den Gleichungen (4.45), (4.52) und (4.55).

Wie beim *Ritz*schen Verfahren (vgl. Abschn. 4.2) hängt auch die Genauigkeit der FEM-Lösung von der Abweichung zwischen dem verwendeten, kinematisch zulässigen Verschiebungsfeld $\tilde{\boldsymbol{u}}$ und dem in der Regel unbekannten, wirklichen Verschiebungsfeld $\boldsymbol{u}$ ab. Mit wachsender Anzahl der Knoten n wird das kinematisch zulässige immer besser an das wirkliche Verschiebungsfeld angepasst, so dass die Konvergenz der FEM gewährleistet ist. Dafür stehen die Varianten feinere Netze (h-Konvergenz), Einsatz von Elementen mit höheren Polynomgraden (p-Konvergenz) und die Kombination beider Vorgehensweisen (h, p-Konvergenz) zur Verfügung. Ungünstige Elementformen lassen sich durch die Verschiebung von Knotenpunkten (r-Konvergenz) beseitigen. Eine notwendige Bedingung für die Konvergenz der FEM, welche der Verschiebungsansatz erfüllen muss, ist die exakte Darstellbarkeit von Starrkörperverschiebungen und konstanten Verzerrungszuständen. Das ist immer dann gewährleistet, wenn die Formfunktionen ein Polynom ersten Grades enthalten.

Die Spannungen sind ungenauer als die Verschiebungen, weil für ihre Berechnung die Ortsableitungen eines kinematisch zulässigen Verschiebungsfeldes verwendet werden.

Wenn in das lokale innere Potenzial $\pi_{(i)}$ laut (4.15), welches gleich der spezifischen Formänderungsarbeit W_F^* ist, und in das lokale äußere Potenzial $\pi_{(a)} = \pi_{(f)} + \pi_{(p)}$ entsprechend (4.19) der Verschiebungsansatz (4.45) und die Verzerrung (4.52) eingesetzt werden, ergeben sich unter Berücksichtigung von (4.57) und (4.58) sowie beim Übergang auf das Grundgebiet (globale Betrachtung) das elastische Gesamtpotenzial

$$\tilde{\Pi} = \frac{1}{2}\, \tilde{\boldsymbol{u}}^T \boldsymbol{K}\, \tilde{\boldsymbol{u}} - \tilde{\boldsymbol{u}}^T \boldsymbol{f} \tag{4.60}$$

und die Formänderungsarbeit

$$\tilde{W}_F = \frac{1}{2}\, \tilde{\boldsymbol{u}}^T \boldsymbol{K}\, \tilde{\boldsymbol{u}} \tag{4.61}$$

für ein kinematisch zulässiges Verschiebungsfeld mit den Knotenverschiebungskomponenten $\tilde{\boldsymbol{u}}$.[7] Die Berücksichtigung von (4.59) in (4.60) sowie (4.61) führt auf

$$\tilde{\Pi} = -\frac{1}{2}\, \tilde{\boldsymbol{u}}^T \boldsymbol{f} \tag{4.62}$$

und

$$\tilde{W}_F = \frac{1}{2}\, \tilde{\boldsymbol{u}}^T \boldsymbol{f} \tag{4.63}$$

Mit der Eigenschaft $\tilde{\Pi} \geq \Pi$ (vgl. Abschn. 4.1.2) folgt unter Beachtung von (4.62) und (4.63)

$$\tilde{W}_F = W_{F\,(\mathrm{FEM})} \leq W_F \tag{4.64}$$

[7] Während in der bisherigen Darstellung die Knotenverschiebungskomponenten eines kinematisch zulässigen Verschiebungsfeldes nicht mit einer Tilde versehen waren, wird diese zur Vermeidung von Irrtümern hier wieder eingeführt.

Wirkt als Belastung nur eine Einzelkraft, lässt sich (4.64) in der Weise interpretieren, dass die mit der FEM berechnete Verschiebung kleiner als die wirkliche ist (Abb. 4.3). Beim dargestellten Verschiebungszugang führt die FEM damit zu einem steiferen Modell.

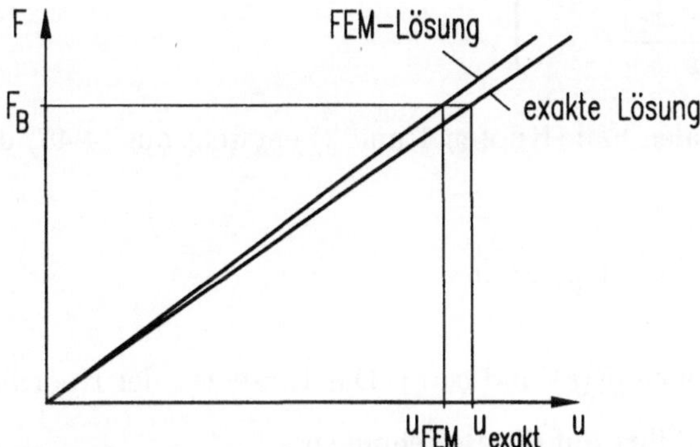

Abb. 4.3: Kraft-Verschiebungs-Verläufe für die FEM- und die exakte Lösung

4.3.5 Das 4-Knoten-Rechteck-Element

4.3.5.1 Verschiebungsansatz

Bei der weiteren Betrachtung des 4-Knoten-Rechteck-Elements (vgl. Abschn. 4.3.2 und Abb. 4.2) werden die lokalen Koordinaten ξ und η verwendet (s. Abb. 4.4).

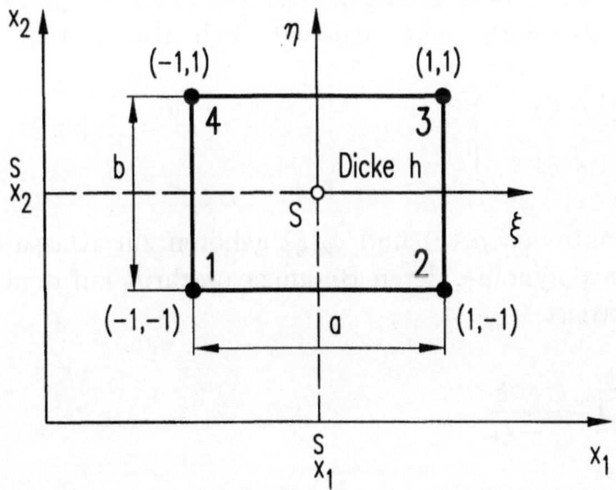

Abb. 4.4: 4-Knoten-Rechteck-Element im globalen x_1, x_2- und lokalen ξ, η-Koordinatensystem

Ihr Zusammenhang mit den globalen Koordinaten x_1 und x_2 lautet

$$\left.\begin{aligned} \xi &= \frac{2\,(x_1 - \overset{\mathrm{S}}{x}_1)}{a} \\ \eta &= \frac{2\,(x_2 - \overset{\mathrm{S}}{x}_2)}{b} \end{aligned}\right\} \qquad \xi, \eta \in [-1,\ +1] \tag{4.65}$$

Im eindimensionalen Fall (Knoten 1 und 2) entsteht aus (4.45) der Verschiebungsansatz

$$\overset{\mathrm{e}}{u}_\xi(\xi) = g_1(\xi)\,\overset{1}{u}_\xi + g_2(\xi)\,\overset{2}{u}_\xi \tag{4.66}$$

mit den Formfunktionen $g_1(\xi)$ und $g_2(\xi)$. Das Einsetzen der Koordinaten $\overset{1}{\xi}$ und $\overset{2}{\xi}$ der Knotenpunkte führt auf die Beziehungen

$$\begin{aligned} \overset{\mathrm{e}}{u}_\xi(\overset{1}{\xi}) &= g_1(\overset{1}{\xi})\,\overset{1}{u}_\xi + g_2(\overset{1}{\xi})\,\overset{2}{u}_\xi \\ \overset{\mathrm{e}}{u}_\xi(\overset{2}{\xi}) &= g_1(\overset{2}{\xi})\,\overset{1}{u}_\xi + g_2(\overset{2}{\xi})\,\overset{2}{u}_\xi \end{aligned}$$

welche sich nur bei

$$\begin{aligned} g_1(\overset{1}{\xi}) &= 1 & \qquad g_2(\overset{1}{\xi}) &= 0 \\ g_1(\overset{2}{\xi}) &= 0 & \qquad g_2(\overset{2}{\xi}) &= 1 \end{aligned}$$

erfüllen lassen. Auf diese Eigenschaften der Formfunktionen wurde in einem allgemeineren Zusammenhang bereits eingegangen (vgl. (4.47) ff.). Damit ergeben sich die eindimensionalen Formfunktionen (vgl. auch Abb. 4.5) zu

$$\left.\begin{aligned} g_1(\xi) &= \tfrac{1}{2}\,(1-\xi) \\ g_2(\xi) &= \tfrac{1}{2}\,(1+\xi) \end{aligned}\right\} \tag{4.67}$$

Die linearen Formfunktionen $g_1(\xi)$ und $g_2(\xi)$ gehören zur Klasse der *Lagrangeschen* Interpolationspolynome, deren Bildungsvorschrift auf dem Produkt linearer Funktionen basiert.

$$g_k^{(j)}(\xi) = \prod_{\substack{i=1 \\ i\neq k}}^{j+1} \frac{\xi_i - \xi}{\xi_i - \xi_k} \tag{4.68}$$

Dabei kennzeichnen k die Nummer des Knotens und j den Polynomgrad, während $j+1$ der Anzahl der Elementknoten entspricht.

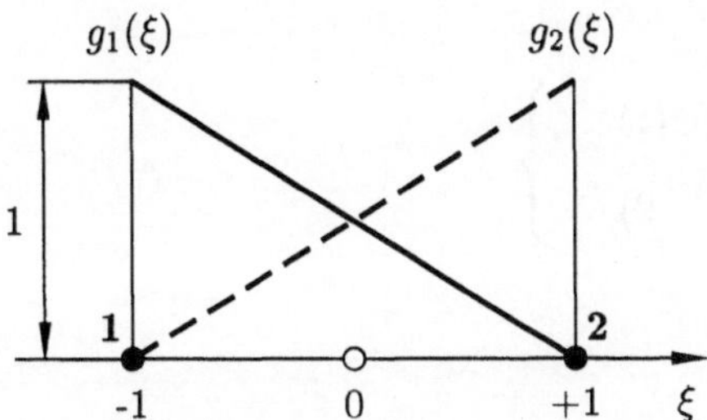

Abb. 4.5: Darstellung der Formfunktionen $g_1(\xi)$ und $g_2(\xi)$

Aus den eindimensionalen Formfunktionen $g_k^{(j)}$ werden die mehrdimensionalen Formfunktionen als Zweifach- oder Dreifachprodukte erhalten. Im vorliegenden zweidimensionalen Fall folgen die Formfunktionen l_1 bis l_4 für das 4-Knoten-Rechteck-Element als Produkte der Formfunktionen g_1 und g_2 (vgl. Abb. 4.4, (4.67) und Abb. 4.5)

$$\left.\begin{aligned} l_1(\xi,\eta) &= g_1(\xi)\,g_1(\eta) = \tfrac{1}{4}(1-\xi)(1-\eta) \\ l_2(\xi,\eta) &= g_2(\xi)\,g_1(\eta) = \tfrac{1}{4}(1+\xi)(1-\eta) \\ l_3(\xi,\eta) &= g_2(\xi)\,g_2(\eta) = \tfrac{1}{4}(1+\xi)(1+\eta) \\ l_4(\xi,\eta) &= g_1(\xi)\,g_2(\eta) = \tfrac{1}{4}(1-\xi)(1+\eta) \end{aligned}\right\} \tag{4.69}$$

Für die Formfunktion $l_1(\xi,\eta)$ als Beispiel gilt (s. Abb. 4.6):

$$\overset{1}{l}_1(\xi=-1,\eta=-1) = 1 \qquad \overset{2}{l}_1 = \overset{3}{l}_1 = \overset{4}{l}_1 = 0$$

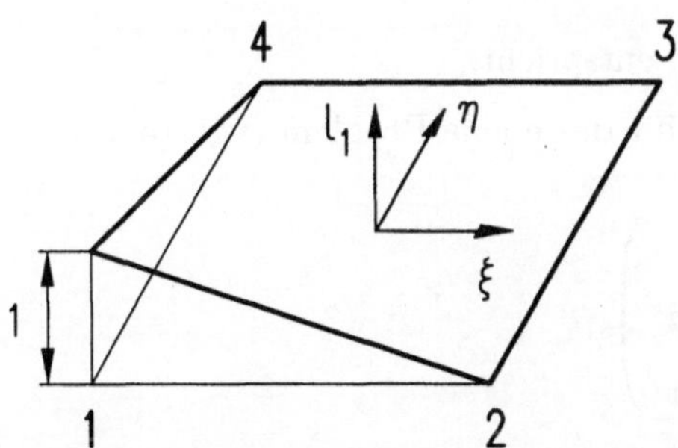

Abb. 4.6: Darstellung der Formfunktion $l_1(\xi,\eta)$

Analog zu (4.46) besteht die Matrix der Formfunktionen $\overset{e}{G}(\xi,\eta)$ in lokalen Koordinaten aus den zweidimensionalen Formfunktionen $l_i(\xi,\eta)$ entsprechend (4.69).

$$\overset{e}{G}(\xi,\eta) = \begin{pmatrix} l_1 & l_2 & l_3 & l_4 & 0 & 0 & 0 & 0 \\ 0 & 0 & 0 & 0 & l_1 & l_2 & l_3 & l_4 \end{pmatrix} \tag{4.70}$$

Sie kann mit

$$\left.\begin{array}{lcl} \boldsymbol{l}^T(\xi,\eta) & = & (l_1 \quad l_2 \quad l_3 \quad l_4) \\ \boldsymbol{0}^T & = & (0 \quad 0 \quad 0 \quad 0) \end{array}\right\} \tag{4.71}$$

in der kompakten Form

$$\overset{e}{\boldsymbol{G}}(\xi,\eta) = \begin{pmatrix} \boldsymbol{l}^T(\xi,\eta) & \boldsymbol{0}^T \\ \boldsymbol{0}^T & \boldsymbol{l}^T(\xi,\eta) \end{pmatrix} \tag{4.72}$$

dargestellt werden.

4.3.5.2 Elementsteifigkeitsmatrix

Die Elementsteifigkeitsmatrix (4.57) nimmt im ebenen Fall unter Verwendung lokaler Koordinaten und des Zusammenhangs (vgl. (4.65) und Abb. 4.4)

$$dV = h\,dx_1\,dx_2 = h\,\frac{a}{2}\,d\xi\,\frac{b}{2}\,d\eta = \frac{\overset{e}{A}\,h}{4}\,d\xi\,d\eta \tag{4.73}$$

die Form

$$\overset{e}{\boldsymbol{K}} = \frac{\overset{e}{A}\,h}{4} \int_{-1}^{1}\int_{-1}^{1} \overset{e}{\boldsymbol{B}}{}^T(\xi,\eta)\;\overset{e}{\boldsymbol{E}}\;\overset{e}{\boldsymbol{B}}(\xi,\eta)\,d\xi\,d\eta \tag{4.74}$$

an, wobei h der Elementdicke entspricht.

In der Differenzialmatrix für das ebene Problem (vgl. (4.51))[8]

$$\boldsymbol{D} = \begin{pmatrix} (\,)_{,1} & 0 \\ 0 & (\,)_{,2} \\ (\,)_{,2} & (\,)_{,1} \end{pmatrix} \tag{4.75}$$

müssen die partiellen Ableitungen nach den globalen durch jene nach den lokalen Koordinaten ersetzt werden. Mit

$$(\,) = f\left(\xi(x_1,x_2),\,\eta(x_1,x_2)\right)$$

[8]Die bisherigen Bezeichnungen für $\boldsymbol{D}$ und $\boldsymbol{E}$ werden ohne Änderung auch im hier vorliegenden ebenen Fall verwendet.

und (4.65) folgen für die partiellen Ableitungen die Zusammenhänge

$$\left.\begin{aligned} (\,)_{,1} &= (\,)_{,\xi}\,\xi_{,1} + (\,)_{,\eta}\,\eta_{,1} = \frac{2}{a}\,(\,)_{,\xi} \\ (\,)_{,2} &= (\,)_{,\xi}\,\xi_{,2} + (\,)_{,\eta}\,\eta_{,2} = \frac{2}{b}\,(\,)_{,\eta} \end{aligned}\right\} \tag{4.76}$$

Damit lautet die Differenzialmatrix (4.75) nunmehr

$$\boldsymbol{D} = \begin{pmatrix} \frac{2}{a}\,(\,)_{,\xi} & 0 \\ 0 & \frac{2}{b}\,(\,)_{,\eta} \\ \frac{2}{b}\,(\,)_{,\eta} & \frac{2}{a}\,(\,)_{,\xi} \end{pmatrix} \tag{4.77}$$

Für die Matrix (4.52) der Ortsableitungen der Formfunktionen wird mit (4.72) die neue Darstellung

$$\underset{(3\times 8)}{\overset{\mathrm{e}}{\boldsymbol{B}}(\xi,\eta)} = \underset{(3\times 2)\,(2\times 8)}{\boldsymbol{D}\,\overset{\mathrm{e}}{\boldsymbol{G}}(\xi,\eta)} = \begin{pmatrix} \frac{2}{a}\,\boldsymbol{l}^T_{,\xi} & \boldsymbol{0}^T \\ \boldsymbol{0}^T & \frac{2}{b}\,\boldsymbol{l}^T_{,\eta} \\ \frac{2}{b}\,\boldsymbol{l}^T_{,\eta} & \frac{2}{a}\,\boldsymbol{l}^T_{,\xi} \end{pmatrix} \tag{4.78}$$

erhalten.

Aus (2.44) resultiert die Elastizitätsmatrix des 2-D-Problems bei Orthotropie.

$$\boldsymbol{E} = \begin{pmatrix} \tilde{E}_{1111} & \tilde{E}_{1122} & 0 \\ \tilde{E}_{1122} & \tilde{E}_{2222} & 0 \\ 0 & 0 & E_{1212} \end{pmatrix} \tag{4.79}$$

Entsprechend (3.7), (3.17) und (3.18) (vgl. auch (2.54) sowie die Aufgaben 3.1 und 3.2) gelten für ihre Koordinaten bei Isotropie und dem ESZ

$$\left.\begin{aligned} \tilde{E}_{1111} &= \tilde{E}_{2222} = \frac{E}{1-\nu^2} = E_{1111}\,\frac{1-2\,\nu}{(1-\nu)^2} = E_{2222}\,\frac{1-2\,\nu}{(1-\nu)^2} \\ \tilde{E}_{1122} &= \frac{E\,\nu}{1-\nu^2} = E_{1122}\,\frac{1-2\,\nu}{1-\nu} \\ E_{1212} &= \frac{E}{2\,(1+\nu)} = G \end{aligned}\right\} \tag{4.80}$$

sowie bei Isotropie und dem EVZ

$$\left.\begin{aligned}
\tilde{E}_{1111} &= \tilde{E}_{2222} = \frac{E\,(1-\nu)}{(1+\nu)\,(1-2\,\nu)} = E_{1111} = E_{2222} \\
\tilde{E}_{1122} &= \frac{E\,\nu}{(1+\nu)\,(1-2\,\nu)} = E_{1122} \\
E_{1212} &= \frac{E}{2\,(1+\nu)} = G
\end{aligned}\right\} \tag{4.81}$$

die angegebenen Zusammenhänge.

Nach Einsetzen von (4.78) sowie (4.79) in (4.74) und Ausführung der Integration entsteht das Ergebnis

$$\overset{e}{\boldsymbol{K}} = \frac{h}{6}\begin{pmatrix} \frac{b}{a}\,\overset{e}{\tilde{E}}_{1111}\,\boldsymbol{M}_1 + \frac{a}{b}\,\overset{e}{E}_{1212}\,\boldsymbol{M}_2 & \frac{3}{2}\,(\overset{e}{\tilde{E}}_{1122}\,\boldsymbol{M}_3 + \overset{e}{E}_{1212}\,\boldsymbol{M}_3^T) \\ \frac{3}{2}\,(\overset{e}{\tilde{E}}_{1122}\,\boldsymbol{M}_3^T + \overset{e}{E}_{1212}\,\boldsymbol{M}_3) & \frac{a}{b}\,\overset{e}{\tilde{E}}_{2222}\,\boldsymbol{M}_2 + \frac{b}{a}\,\overset{e}{E}_{1212}\,\boldsymbol{M}_1 \end{pmatrix} \tag{4.82}$$

mit den Matrizen

$$\boldsymbol{M}_1 = \begin{pmatrix} 2 & -2 & -1 & 1 \\ -2 & 2 & 1 & -1 \\ -1 & 1 & 2 & -2 \\ 1 & -1 & -2 & 2 \end{pmatrix} \qquad \boldsymbol{M}_2 = \begin{pmatrix} 2 & 1 & -1 & -2 \\ 1 & 2 & -2 & -1 \\ -1 & -2 & 2 & 1 \\ -2 & -1 & 1 & 2 \end{pmatrix}$$

$$\boldsymbol{M}_3 = \begin{pmatrix} 1 & 1 & -1 & -1 \\ -1 & -1 & 1 & 1 \\ -1 & -1 & 1 & 1 \\ 1 & 1 & -1 & -1 \end{pmatrix}$$

4.3.5.3 Elementbelastungsvektor

Der Anteil des Elementbelastungsvektors (4.58) infolge einer im Element veränderlichen, volumenförmig verteilten Belastung (Volumenlast) lautet unter Beachtung von (4.73)

$$\overset{e}{\boldsymbol{f}}_{(f)} = \frac{\overset{e}{A}\,h}{4}\int\limits_{-1}^{1}\int\limits_{-1}^{1} \overset{e}{\boldsymbol{G}}{}^T(\xi,\eta)\;\overline{\boldsymbol{f}}(\xi,\eta)\;d\xi\;d\eta \tag{4.83}$$

mit

$$\overline{\boldsymbol{f}} = \varrho\,\boldsymbol{f}$$

Unter Nutzung der Formfunktionen (4.69) des 4-Knoten-Rechteck-Elements ist bei bekannten Intensitätswerten der Volumenlast in den Knoten

$$\overset{e}{\overline{\boldsymbol{f}}} = \begin{pmatrix} \overset{1}{\overline{f}}_{\xi} & \overset{2}{\overline{f}}_{\xi} & \overset{3}{\overline{f}}_{\xi} & \overset{4}{\overline{f}}_{\xi} & \overset{1}{\overline{f}}_{\eta} & \overset{2}{\overline{f}}_{\eta} & \overset{3}{\overline{f}}_{\eta} & \overset{4}{\overline{f}}_{\eta} \end{pmatrix}^T$$

eine bilineare Interpolation im Inneren des Elements möglich. Analog zum Verschiebungsansatz (4.45) mit der Matrix der Formfunktionen (4.46) und den Formfunktionen (4.69) wird angenommen, dass für die Intensität der Volumenlast im Inneren des Elements (vgl. Abb. 4.7) gilt

$$\left.\begin{aligned} \overline{\boldsymbol{f}}(\xi,\eta) &= \overset{e}{\boldsymbol{G}}(\xi,\eta)\ \overset{e}{\overline{\boldsymbol{f}}} \\ \text{mit}\quad \overline{\boldsymbol{f}}(\xi,\eta) &= \begin{pmatrix} \overline{f}_{\xi}(\xi,\eta) & \overline{f}_{\eta}(\xi,\eta) \end{pmatrix}^T \end{aligned}\right\} \tag{4.84}$$

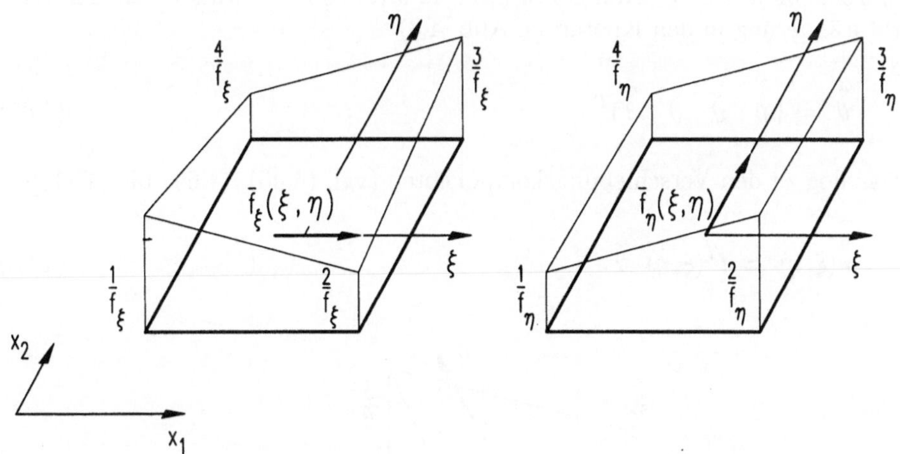

Abb. 4.7: Bilinear veränderliche Komponenten der Volumenlast im Element

Wird (4.84) in (4.83) eingesetzt, entsteht die Beziehung

$$\overset{e}{\boldsymbol{f}}_{(f)} = \frac{\overset{e}{A}\,h}{4} \int_{-1}^{1}\int_{-1}^{1} \overset{e}{\boldsymbol{G}}{}^T(\xi,\eta)\ \overset{e}{\boldsymbol{G}}(\xi,\eta)\ d\xi\ d\eta\ \overset{e}{\overline{\boldsymbol{f}}} \tag{4.85}$$

deren geschlossene Auswertung möglich ist. Sie führt mit (vgl. (4.72))

$$\begin{aligned} \overset{e}{\boldsymbol{G}}{}^T\ \overset{e}{\boldsymbol{G}} &= \begin{pmatrix} \boldsymbol{l} & \boldsymbol{0} \\ \boldsymbol{0} & \boldsymbol{l} \end{pmatrix} \begin{pmatrix} \boldsymbol{l}^T & \boldsymbol{0}^T \\ \boldsymbol{0}^T & \boldsymbol{l}^T \end{pmatrix} \\ &= \begin{pmatrix} \boldsymbol{l}(\xi,\eta)\ \boldsymbol{l}^T(\xi,\eta) & \boldsymbol{0} \\ \boldsymbol{0} & \boldsymbol{l}(\xi,\eta)\ \boldsymbol{l}^T(\xi,\eta) \end{pmatrix} \end{aligned}$$

auf

$$\overset{e}{\boldsymbol{f}}_{(f)} = \frac{\overset{e}{A} h}{36} \begin{pmatrix} \boldsymbol{M}_4 & \boldsymbol{0} \\ \boldsymbol{0} & \boldsymbol{M}_4 \end{pmatrix} \overset{e}{\bar{\boldsymbol{f}}} \tag{4.86}$$

und die darin enthaltene Matrix

$$\boldsymbol{M}_4 = \begin{pmatrix} 4 & 2 & 1 & 2 \\ 2 & 4 & 2 & 1 \\ 1 & 2 & 4 & 2 \\ 2 & 1 & 2 & 4 \end{pmatrix}$$

Ein zweiter Anteil des Elementbelastungsvektors (4.58) resultiert aus der Temperaturänderung $\overset{e}{\vartheta}(\xi, \eta)$, welche innerhalb eines 4-Knoten-Rechteck-Elements eine bilineare Verteilung besitzen soll. Mit den Intensitätswerten der Temperaturänderung in den Knoten (s. Abb. 4.8)

$$\overset{e}{\boldsymbol{\vartheta}} = (\overset{1}{\vartheta} \;\; \overset{2}{\vartheta} \;\; \overset{3}{\vartheta} \;\; \overset{4}{\vartheta})^T \tag{4.87}$$

gilt analog zu den Verschiebungskomponenten (vgl. (4.45), (4.69) bis (4.71))

$$\overset{e}{\vartheta}(\xi, \eta) = \boldsymbol{l}^T(\xi, \eta) \, \overset{e}{\boldsymbol{\vartheta}} \tag{4.88}$$

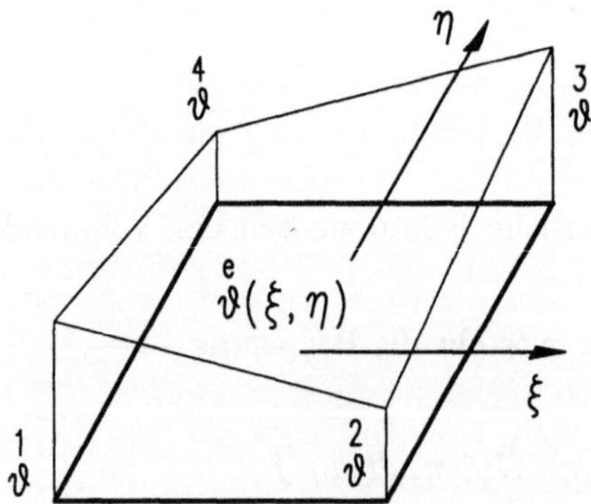

Abb. 4.8: Bilineare Verteilung der Temperaturänderung im Element

Unter Beachtung von (4.73) und (4.88) wird der Anteil des Elementbelastungsvektors (4.58) infolge einer bilinearen Temperaturänderung im Element erhalten.

$$\overset{e}{\boldsymbol{f}}_{(\vartheta)} = \frac{\overset{e}{A} h}{4} \int_{-1}^{1} \int_{-1}^{1} \overset{e}{\boldsymbol{B}}{}^T(\xi, \eta) \, \overset{e}{\boldsymbol{\beta}} \, \boldsymbol{l}^T(\xi, \eta) \, d\xi \, d\eta \, \overset{e}{\boldsymbol{\vartheta}} \tag{4.89}$$

Die Beziehung (4.89) lässt sich wie (4.74) und (4.83) geschlossen auswerten, wobei (4.69) und (4.78) sowie die thermischen Kennwerte laut (2.50) zu berücksichtigen sind. Letztere werden für das 2-D-Problem und die thermische Orthotropie in der Matrix[9]

$$\overset{e}{\tilde{\boldsymbol{\beta}}} = (\overset{e}{\tilde{\beta}}_{11} \quad \overset{e}{\tilde{\beta}}_{22} \quad 0)^T \tag{4.90}$$

zusammengefasst. Vereinfachungen treten bei thermischer Isotropie ($\tilde{\beta}_{11} = \tilde{\beta}_{22} = \tilde{\beta}$) auf (vgl. Abschn. 2.2.4). Analog zu den Koordinaten der Elastizitätsmatrix (4.79) gelten für den ESZ und den EVZ unterschiedliche Zusammenhänge zwischen $\tilde{\beta}$ und α.

$$\text{ESZ:} \quad \tilde{\beta} = \frac{E}{1-\nu}\,\alpha \qquad\qquad \text{EVZ:} \quad \tilde{\beta} = \beta = \frac{E}{1-2\nu}\,\alpha \tag{4.91}$$

Das Ergebnis der Integration lautet

$$\overset{e}{\boldsymbol{f}}_{(\vartheta)} = \frac{\overset{e}{A}\,h}{12} \begin{pmatrix} \boldsymbol{M}_5 & -\boldsymbol{M}_6 \\ \boldsymbol{M}_6 & -\boldsymbol{M}_5 \\ \boldsymbol{M}_7 & -\boldsymbol{M}_8 \\ \boldsymbol{M}_8 & -\boldsymbol{M}_7 \end{pmatrix} \overset{e}{\boldsymbol{\vartheta}} \tag{4.92}$$

mit den Matrizen

$$\boldsymbol{M}_5 = \frac{\tilde{\beta}_{11}}{a}\begin{pmatrix} -2 & -2 \\ 2 & 2 \end{pmatrix} \qquad \boldsymbol{M}_6 = \frac{\tilde{\beta}_{11}}{a}\begin{pmatrix} 1 & 1 \\ -1 & -1 \end{pmatrix}$$

$$\boldsymbol{M}_7 = \frac{\tilde{\beta}_{22}}{b}\begin{pmatrix} -2 & -1 \\ -1 & -2 \end{pmatrix} \qquad \boldsymbol{M}_8 = \frac{\tilde{\beta}_{22}}{b}\begin{pmatrix} 1 & 2 \\ 2 & 1 \end{pmatrix}$$

Der dritte Anteil des Elementbelastungsvektors (4.58) entsteht infolge einer Flächenlast an der Elementoberfläche. Im 2-D-Fall handelt es sich dabei um die Ränder $\xi, \eta = \pm 1$. Bei gegebenen Intensitätswerten der Flächenlast in den Knoten (vgl. Abb. 4.9)

$$\overset{e}{\boldsymbol{p}} = \begin{pmatrix} \overset{1}{p}_\xi & \overset{2}{p}_\xi & \overset{3}{p}_\xi & \overset{4}{p}_\xi & \overset{1}{p}_\eta & \overset{2}{p}_\eta & \overset{3}{p}_\eta & \overset{4}{p}_\eta \end{pmatrix}^T$$

[9]Alle Elemente der Materialmatrizen (4.79) und (4.90) sowie die Dichte, in den bisher betrachteten Fällen als konstant im Element vorausgesetzt, dürfen analog zur Temperaturänderung (4.88) als bilinear veränderlich angenommen werden.

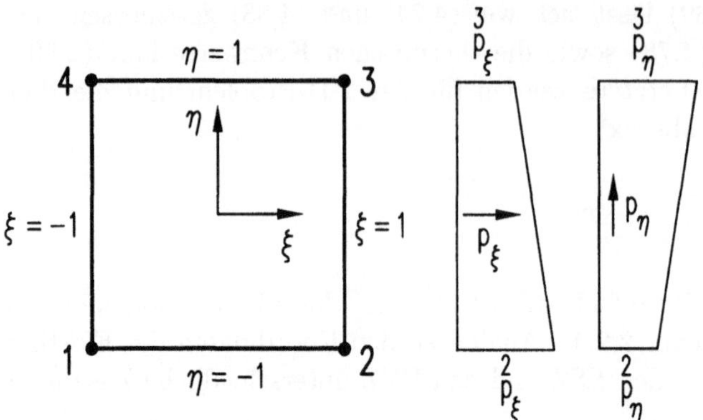

Abb. 4.9: Linear veränderliche Flächenlast am Rand $\xi = 1$

lassen sich analog zu (4.84) die linearen Interpolationen

$$\left.\begin{array}{lll} \overset{e}{\mathring{p}}(\xi,\eta=1) & = & \overset{e}{\mathring{G}}(\xi,\eta=1)\,\overset{e}{\mathring{p}} \\ \overset{e}{\mathring{p}}(\xi,\eta=-1) & = & \overset{e}{\mathring{G}}(\xi,\eta=-1)\,\overset{e}{\mathring{p}} \\ \overset{e}{\mathring{p}}(\xi=1,\eta) & = & \overset{e}{\mathring{G}}(\xi=1,\eta)\,\overset{e}{\mathring{p}} \\ \overset{e}{\mathring{p}}(\xi=-1,\eta) & = & \overset{e}{\mathring{G}}(\xi=-1,\eta)\,\overset{e}{\mathring{p}} \end{array}\right\} \tag{4.93}$$

mit

$$\overset{e}{\mathring{p}}(\xi,\eta) = \big(p_\xi(\xi,\eta) \quad p_\eta(\xi,\eta)\big)^T$$

angeben. Gegenüber (4.70) vereinfacht sich die Matrix der Formfunktionen $\overset{e}{\mathring{G}}(\xi,\eta)$ bei ihrer Anwendung auf die Elementränder. Mit (4.93) folgt aus (4.58) unter Beachtung von $dA = a\,h\,d\xi/2$ für $\eta = \pm 1$ bzw. $dA = b\,h\,d\eta/2$ für $\xi = \pm 1$ (vgl. (4.65))

$$\left.\begin{aligned}
\overset{\mathrm{e}}{\boldsymbol{f}}_{(p)} = \frac{h}{2}\Bigg[& a\int_{-1}^{1} \overset{\mathrm{e}}{\boldsymbol{G}}{}^{T}(\xi,\eta=1)\,\overset{\mathrm{e}}{\boldsymbol{G}}(\xi,\eta=1)\,d\xi \\
& + a\int_{-1}^{1} \overset{\mathrm{e}}{\boldsymbol{G}}{}^{T}(\xi,\eta=-1)\,\overset{\mathrm{e}}{\boldsymbol{G}}(\xi,\eta=-1)\,d\xi \\
& + b\int_{-1}^{1} \overset{\mathrm{e}}{\boldsymbol{G}}{}^{T}(\xi=1,\eta)\,\overset{\mathrm{e}}{\boldsymbol{G}}(\xi=1,\eta)\,d\eta \\
& + b\int_{-1}^{1} \overset{\mathrm{e}}{\boldsymbol{G}}{}^{T}(\xi=-1,\eta)\,\overset{\mathrm{e}}{\boldsymbol{G}}(\xi=-1,\eta)\,d\eta\Bigg]\,\overset{\mathrm{e}}{\boldsymbol{p}}
\end{aligned}\right\} \qquad (4.94)$$

Schließlich führt die geschlossene Auswertung von (4.94) auf

$$\overset{\mathrm{e}}{\boldsymbol{f}}_{(p)} = \frac{h}{6}\begin{pmatrix}
2\,(a+b)\,\overset{1}{p}_{\xi} & + & a\,\overset{2}{p}_{\xi} & + & b\,\overset{4}{p}_{\xi} \\
a\,\overset{1}{p}_{\xi} & + & 2\,(a+b)\,\overset{2}{p}_{\xi} & + & b\,\overset{3}{p}_{\xi} \\
b\,\overset{2}{p}_{\xi} & + & 2\,(a+b)\,\overset{3}{p}_{\xi} & + & a\,\overset{4}{p}_{\xi} \\
b\,\overset{1}{p}_{\xi} & + & a\,\overset{3}{p}_{\xi} & + & 2\,(a+b)\,\overset{4}{p}_{\xi} \\
2\,(a+b)\,\overset{1}{p}_{\eta} & + & a\,\overset{2}{p}_{\eta} & + & b\,\overset{4}{p}_{\eta} \\
a\,\overset{1}{p}_{\eta} & + & 2\,(a+b)\,\overset{2}{p}_{\eta} & + & b\,\overset{3}{p}_{\eta} \\
b\,\overset{2}{p}_{\eta} & + & 2\,(a+b)\,\overset{3}{p}_{\eta} & + & a\,\overset{4}{p}_{\eta} \\
b\,\overset{1}{p}_{\eta} & + & a\,\overset{3}{p}_{\eta} & + & 2\,(a+b)\,\overset{4}{p}_{\eta}
\end{pmatrix} \qquad (4.95)$$

Weicht die Belastung im Inneren des Elements von einer bilinearen und an den Rändern von einer linearen Verteilung ab, sind beim 4-Knoten-Rechteck-Element keine exakte Interpolation und damit auch keine korrekte Zuweisung von statisch äquivalenten Knotenkräften möglich. Im Rahmen der FEM hängt die Art und Weise der Erfassung verteilter Belastungen sowohl vom Elementtyp als auch von der Vernetzungsdichte ab.

4-Knoten-Rechteck-Elemente haben auch bei komplizierten Grundgebieten eine entsprechende Bedeutung, da beliebige Viereck-Elemente unter Einführung geeigneter lokaler Koordinaten ξ, η mit $\xi, \eta = \pm 1$ an den Rändern auf Rechteck-Elemente abgebildet werden können.

4.3.5.4 Grobstruktur eines FEM-Programms

Start

- Beschreibung der Geometrie
- Auswahl des Elementtyps
- Vernetzung (weitestgehend automatisch, optimale Nummerierung der Elementknotenpunkte zur Minimierung der Bandbreite der Steifigkeitsmatrix)
- Eingabe physikalischer Daten
- Eingabe von Randbedingungen
- Kontrolle der Eingabe

- Berechnung der Elementsteifigkeitsmatrizen und der Elementbelastungsvektoren
- Transformation in die globalen Koordinaten
- Aufbau der Gesamtsteifigkeitsmatrix und des Belastungsvektors
- Modifizierung des Gleichungssystems durch Einbau der Randbedingungen
- Lösung des modifizierten Gleichungssystems
- Auswertung

- Darstellung der Lösung sowie daraus abgeleiteter Ergebnisse

Ende

Mit der FEM lassen sich nicht nur die Aufgaben der linearen Elastizitätstheorie, sondern auch alle anderen Probleme, die durch partielle Differenzialgleichungen beschrieben werden, lösen.

4.3.5.5 Ein Beispiel

Als Beispiel wurde die Rechteckscheibe mit Kreisbohrung unter einachsigem Zug gewählt, weil für den Sonderfall der unendlichen Scheibe (vgl. dazu die Aufgabe 3.5) eine exakte Lösung vorliegt. In der Abb. 4.10 ist die Vernetzung mit 576 4-Knoten-Viereck-Elementen von einem Viertel der Scheibe dargestellt. Da eine doppelte Symmetrie vorliegt, ist die Betrachtung eines Viertels ausreichend.

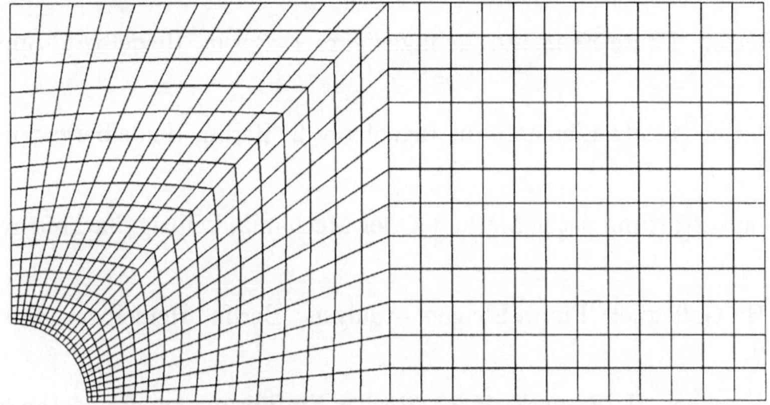

Abb. 4.10: Vernetzung einer Rechteckscheibe mit Kreisbohrung unter einachsigem Zug

Abb. 4.11: Darstellung der Spannung $\sigma_{\varphi\varphi}$

Für die Abmessungen $l_1 = 2\,l_2$ und Bohrungsradius $R = 0{,}2\,l_2$ wird eine Umfangsspannung (s. Abb. 4.11) mit dem Maximalwert $\sigma_{\varphi\varphi} = 3{,}20\,p_0$ erhalten, während bei unendlichen Abmessungen die exakte Lösung $\sigma_{\varphi\varphi} = 3\,p_0$ lautet.

Weiterführende Literatur:

K.-J. Bathe: Finite-Elemente-Methode. 2., vollst. neu bearb. u. erw. Aufl. Berlin, Heidelberg: Springer 2002

J. Betten: Finite Elemente für Ingenieure 1. Berlin, Heidelberg: Springer 1997

J. Betten: Finite Elemente für Ingenieure 2. Berlin, Heidelberg: Springer 1998

J. Dankert: Numerische Methoden der Mechanik. Leipzig: Fachbuchverlag 1977

R. H. Gallagher: Finite-Element-Analysis. Berlin, Heidelberg: Springer 1976

G. Kämmel, H. Franeck, H.-G. Recke: Einführung in die Methode der finiten Elemente. Leipzig: Fachbuchverlag 1988

B. Klein: FEM: Grundlagen und Anwendungen der Finite-Elemente-Methode, 4., verb. und erw. Aufl. Braunschweig, Wiesbaden: Vieweg 2000

K. Knothe, H. Wessels: Finite Elemente, 3. Aufl. Berlin, Heidelberg: Springer 1999

H. R. Schwarz: Methode der finiten Elemente, 3. Aufl. Stuttgart: Teubner 1991

O. C. Zienkiewicz: Methode der finiten Elemente, 2. Aufl. München: Hanser 1984

Übungsaufgaben zum Kapitel 4 siehe Anhang A.4.

Anhang

Übungsaufgaben mit Lösungen

A.1 Aufgaben zu Kapitel 1

Aufgabe 1.1:

Welche Stufe besitzen die angegebenen Tensoren? Überführen Sie diese in die Komponentenschreibweise!

a) $\underline{u}$ b) $\underline{\underline{\sigma}}$ c) $\underline{\underline{\underline{B}}}$ d) $\underline{E}_{(4)}$

Lösung:

a) $\underline{u}$ ist ein Tensor erster Stufe bzw. Vektor, z. B. der Verschiebungsvektor. Er besitzt drei Komponenten.

$$\underline{u} = u_i \, \underline{e}_i = u_1 \, \underline{e}_1 + u_2 \, \underline{e}_2 + u_3 \, \underline{e}_3$$

b) $\underline{\underline{\sigma}}$ ist ein Tensor zweiter Stufe, z. B. der Spannungstensor. Er besitzt neun Komponenten.

$$\begin{aligned}
\underline{\underline{\sigma}} &= \sigma_{ij} \, \underline{e}_i \otimes \underline{e}_j \\
&= \sigma_{11} \, \underline{e}_1 \otimes \underline{e}_1 + \sigma_{12} \, \underline{e}_1 \otimes \underline{e}_2 + \sigma_{13} \, \underline{e}_1 \otimes \underline{e}_3 \\
&\quad + \sigma_{21} \, \underline{e}_2 \otimes \underline{e}_1 + \sigma_{22} \, \underline{e}_2 \otimes \underline{e}_2 + \sigma_{23} \, \underline{e}_2 \otimes \underline{e}_3 \\
&\quad + \sigma_{31} \, \underline{e}_3 \otimes \underline{e}_1 + \sigma_{32} \, \underline{e}_3 \otimes \underline{e}_2 + \sigma_{33} \, \underline{e}_3 \otimes \underline{e}_3
\end{aligned}$$

c) $\underline{\underline{\underline{B}}}$ ist ein Tensor dritter Stufe mit $3^3 = 27$ Komponenten, z. B. der Gradient eines Tensorfeldes zweiter Stufe, vgl. (1.47).

$$
\begin{aligned}
\underline{\underline{\underline{B}}} &= B_{ijk}\, \underline{e}_i \otimes \underline{e}_j \otimes \underline{e}_k \\
&= B_{111}\, \underline{e}_1 \otimes \underline{e}_1 \otimes \underline{e}_1 + B_{112}\, \underline{e}_1 \otimes \underline{e}_1 \otimes \underline{e}_2 + B_{113}\, \underline{e}_1 \otimes \underline{e}_1 \otimes \underline{e}_3 \\
&+ B_{121}\, \underline{e}_1 \otimes \underline{e}_2 \otimes \underline{e}_1 + B_{122}\, \underline{e}_1 \otimes \underline{e}_2 \otimes \underline{e}_2 + B_{123}\, \underline{e}_1 \otimes \underline{e}_2 \otimes \underline{e}_3 \\
&+ B_{131}\, \underline{e}_1 \otimes \underline{e}_3 \otimes \underline{e}_1 + B_{132}\, \underline{e}_1 \otimes \underline{e}_3 \otimes \underline{e}_2 + B_{133}\, \underline{e}_1 \otimes \underline{e}_3 \otimes \underline{e}_3 \\
&+ B_{211}\, \underline{e}_2 \otimes \underline{e}_1 \otimes \underline{e}_1 + B_{212}\, \underline{e}_2 \otimes \underline{e}_1 \otimes \underline{e}_2 + B_{213}\, \underline{e}_2 \otimes \underline{e}_1 \otimes \underline{e}_3 \\
&+ B_{221}\, \underline{e}_2 \otimes \underline{e}_2 \otimes \underline{e}_1 + B_{222}\, \underline{e}_2 \otimes \underline{e}_2 \otimes \underline{e}_2 + B_{223}\, \underline{e}_2 \otimes \underline{e}_2 \otimes \underline{e}_3 \\
&+ B_{231}\, \underline{e}_2 \otimes \underline{e}_3 \otimes \underline{e}_1 + B_{232}\, \underline{e}_2 \otimes \underline{e}_3 \otimes \underline{e}_2 + B_{233}\, \underline{e}_2 \otimes \underline{e}_3 \otimes \underline{e}_3 \\
&+ B_{311}\, \underline{e}_3 \otimes \underline{e}_1 \otimes \underline{e}_1 + B_{312}\, \underline{e}_3 \otimes \underline{e}_1 \otimes \underline{e}_2 + B_{313}\, \underline{e}_3 \otimes \underline{e}_1 \otimes \underline{e}_3 \\
&+ B_{321}\, \underline{e}_3 \otimes \underline{e}_2 \otimes \underline{e}_1 + B_{322}\, \underline{e}_3 \otimes \underline{e}_2 \otimes \underline{e}_2 + B_{323}\, \underline{e}_3 \otimes \underline{e}_2 \otimes \underline{e}_3 \\
&+ B_{331}\, \underline{e}_3 \otimes \underline{e}_3 \otimes \underline{e}_1 + B_{332}\, \underline{e}_3 \otimes \underline{e}_3 \otimes \underline{e}_2 + B_{333}\, \underline{e}_3 \otimes \underline{e}_3 \otimes \underline{e}_3
\end{aligned}
$$

d) $\underline{E}_{(4)}$ ist ein Tensor vierter Stufe mit $3^4 = 81$ Komponenten, z. B. der Elastizitätstensor nach Abschn. 2.2.2.

$$
\begin{aligned}
\underline{E}_{(4)} &= E_{ijkl}\, \underline{e}_i \otimes \underline{e}_j \otimes \underline{e}_k \otimes \underline{e}_l \\
&= E_{1111}\, \underline{e}_1 \otimes \underline{e}_1 \otimes \underline{e}_1 \otimes \underline{e}_1 + E_{1112}\, \underline{e}_1 \otimes \underline{e}_1 \otimes \underline{e}_1 \otimes \underline{e}_2 \\
&+ E_{1113}\, \underline{e}_1 \otimes \underline{e}_1 \otimes \underline{e}_1 \otimes \underline{e}_3 + E_{1121}\, \underline{e}_1 \otimes \underline{e}_1 \otimes \underline{e}_2 \otimes \underline{e}_1 \\
&+ E_{1122}\, \underline{e}_1 \otimes \underline{e}_1 \otimes \underline{e}_2 \otimes \underline{e}_2 + E_{1123}\, \underline{e}_1 \otimes \underline{e}_1 \otimes \underline{e}_2 \otimes \underline{e}_3 \\
&+ \quad \ldots \quad + \quad \ldots \\
&+ E_{3331}\, \underline{e}_3 \otimes \underline{e}_3 \otimes \underline{e}_3 \otimes \underline{e}_1 + E_{3332}\, \underline{e}_3 \otimes \underline{e}_3 \otimes \underline{e}_3 \otimes \underline{e}_2 \\
&+ E_{3333}\, \underline{e}_3 \otimes \underline{e}_3 \otimes \underline{e}_3 \otimes \underline{e}_3
\end{aligned}
$$

Aufgabe 1.2:

Berechnen Sie folgende Ausdrücke! Beachten Sie hierbei die *Einstein*sche Summationskonvention sowie die Verwendung des *Kronecker*-Symbols als Substitutionssymbol!

a) δ_{ii} b) $\delta_{ij}\,\delta_{ij}$ c) $\delta_{ij}\,\delta_{jk}$ d) $\delta_{ij}\,\delta_{jk}\,\delta_{ki}$

e) $\delta_{ij}\,A_{ik}$ f) $\delta_{ij}\,A_{ij}$ g) $\delta_{ij}\,\delta_{kl}\,A_{kl}$ h) $\delta_{ik}\,\delta_{jl}\,A_{kl}$

Lösung:

a) $\delta_{ii} = \delta_{11} + \delta_{22} + \delta_{33} = \operatorname{sp}\underline{\underline{I}} = 3$

b) $\delta_{ij}\,\delta_{ij} = \delta_{ii} = \operatorname{sp}\underline{\underline{I}} = 3$

c) $\delta_{ij}\,\delta_{jk} = \delta_{ik}$

d) $\delta_{ij}\,\delta_{jk}\,\delta_{ki} = \delta_{ij}\,\delta_{ji} = \delta_{ii} = \operatorname{sp}\underline{\underline{I}} = 3$

e) $\delta_{ij}\,A_{ik} = A_{jk}$

f) $\delta_{ij}\,A_{ij} = A_{ii} = \operatorname{sp}\underline{\underline{A}} = A_{11} + A_{22} + A_{33}$

g) $\delta_{ij}\,\delta_{kl}\,A_{kl} = \delta_{ij}\,A_{kk} = \operatorname{sp}\underline{\underline{A}}\;\delta_{ij} = (A_{11} + A_{22} + A_{33})\,\delta_{ij}$

h) $\delta_{ik}\,\delta_{jl}\,A_{kl} = \delta_{ik}\,A_{kj} = A_{ij}$

Aufgabe 1.3:

Zeigen Sie, dass für die Koeffizienten c_{ij} der Tensorkoordinatentransformation gilt:

$$c_{ij} = \underline{\bar{e}}_i \cdot \underline{e}_j$$

Lösung:

Laut (1.14) ist

$$\underline{\bar{e}}_i = c_{ik}\, \underline{e}_k$$

Skalare Multiplikation mit $\underline{e}_j$ ergibt

$$\underline{\bar{e}}_i \cdot \underline{e}_j = c_{ik}\, \underline{e}_k \cdot \underline{e}_j = c_{ik}\, \delta_{kj} = c_{ij}$$

Ein ähnliches Ergebnis entsteht, wenn von der zweiten Beziehung in (1.14) ausgegangen wird.

$$\underline{e}_i = c_{ki}\, \underline{\bar{e}}_k \qquad | \cdot \underline{\bar{e}}_j$$

$$\underline{e}_i \cdot \underline{\bar{e}}_j = c_{ki}\, \underline{\bar{e}}_k \cdot \underline{\bar{e}}_j = c_{ki}\, \delta_{kj} = c_{ji}$$

Nach einem Indexaustausch $i \leftrightarrow j$ folgt unter Beachtung der Kommutativität des Skalarprodukts von Vektoren

$$c_{ij} = \underline{e}_j \cdot \underline{\bar{e}}_i = \underline{\bar{e}}_i \cdot \underline{e}_j$$

Aufgabe 1.4:

Welche Darstellung für die Koordinatentransformation von Vektoren (1.19) ergibt sich mit Hilfe der Matrizenschreibweise?

Lösung:

Werden die Koordinaten von $\underline{A} = A_j\, \underline{e}_j$ bzw. $\underline{\bar{A}} = \bar{A}_i\, \underline{\bar{e}}_i$ in Spaltenvektoren

$$\boldsymbol{A} = \begin{pmatrix} A_1 \\ A_2 \\ A_3 \end{pmatrix} \quad \text{bzw.} \quad \bar{\boldsymbol{A}} = \begin{pmatrix} \bar{A}_1 \\ \bar{A}_2 \\ \bar{A}_3 \end{pmatrix}$$

und die Transformationskoeffizienten c_{ij} in einer Matrix

$$\boldsymbol{C} = \begin{pmatrix} c_{11} & c_{12} & c_{13} \\ c_{21} & c_{22} & c_{23} \\ c_{31} & c_{32} & c_{33} \end{pmatrix}$$

zusammengefasst, geht $\bar{A}_i = c_{ij}\, A_j$ über in

$$\bar{\boldsymbol{A}} = \boldsymbol{C}\,\boldsymbol{A}$$

Nach Multiplikation von links mit der Inversen $\boldsymbol{C}^{-1}$ entsteht für die Rücktransformation in die Ausgangsbasis unter Beachtung der Orthogonalität von $\boldsymbol{C}$ die Beziehung

$$\boldsymbol{A} = \boldsymbol{C}^{-1}\,\bar{\boldsymbol{A}} = \boldsymbol{C}^T\,\bar{\boldsymbol{A}}$$

Aufgabe 1.5:

Der Betrag eines Vektors $\underline{A}$ ist definiert über $|\,\underline{A}\,| = \sqrt{\underline{A}\cdot\underline{A}}$. Berechnen Sie den Betrag des Vektors $\underline{A} = A_i\,\underline{e}_i = \bar{\underline{A}} = \bar{A}_i\,\bar{\underline{e}}_i$ für beide Basissysteme und vergleichen Sie das Ergebnis!

Lösung:

Für die Ausgangsbasis $\underline{e}_i$ ergibt sich

$$\begin{aligned} |\,\underline{A}\,| &= \sqrt{\underline{A}\cdot\underline{A}} = \sqrt{A_i\,\underline{e}_i\cdot A_j\,\underline{e}_j} = \sqrt{A_i\,A_j\,\delta_{ij}} \\ &= \sqrt{A_i\,A_i} = \sqrt{A_1^2 + A_2^2 + A_3^2} \end{aligned}$$

Bezüglich der gedrehten Basis $\bar{\underline{e}}_i$ gilt analog

$$|\,\bar{\underline{A}}\,| = \sqrt{\bar{A}_i\,\bar{A}_i} = \sqrt{\bar{A}_1^2 + \bar{A}_2^2 + \bar{A}_3^2}$$

Andererseits kann der Betrag von $\bar{\underline{A}}$ auch über

$$\begin{aligned} |\,\bar{\underline{A}}\,| &= \sqrt{\bar{\underline{A}}\cdot\bar{\underline{A}}} = \sqrt{\bar{A}_i\,\bar{\underline{e}}_i\cdot\bar{A}_j\,\bar{\underline{e}}_j} = \sqrt{c_{ik}\,A_k\,\bar{\underline{e}}_i\cdot c_{jl}\,A_l\,\bar{\underline{e}}_j} \\ &= \sqrt{c_{ik}\,A_k\,c_{jl}\,A_l\,\delta_{ij}} = \sqrt{c_{ik}\,A_k\,c_{il}\,A_l} = \sqrt{A_k\,A_l\,\delta_{kl}} \\ &= \sqrt{A_k\,A_k} = \sqrt{A_i\,A_i} = |\,\underline{A}\,| \end{aligned}$$

berechnet werden. Der Betrag eines Vektors ist in beiden Basissystemen gleich, also eine gegenüber Drehungen des Basissystems invariante Größe. Dieses Ergebnis ist eine logische Konsequenz der Invarianzbedingung.

Aufgabe 1.6:

Welche Form nimmt die Transformationsmatrix $\boldsymbol{C}$ für eine Drehung des Basissystems in der x_1, x_2-Ebene um einen Winkel φ an?

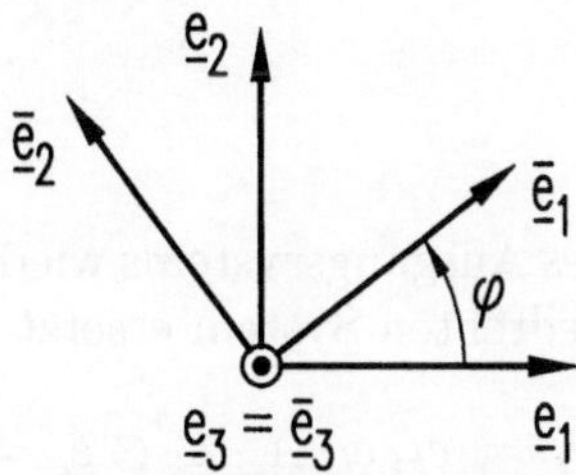

Abb. A.1.1: Ebene Drehung des Basissystems um einen Winkel φ

Lösung:

Wegen

$$
\begin{aligned}
c_{11} &= \bar{\underline{e}}_1 \cdot \underline{e}_1 = \cos(\bar{\underline{e}}_1, \underline{e}_1) = \cos\varphi \\
c_{12} &= \bar{\underline{e}}_1 \cdot \underline{e}_2 = \cos(\bar{\underline{e}}_1, \underline{e}_2) = \cos\left(\frac{\pi}{2} - \varphi\right) = \sin\varphi \\
c_{21} &= \bar{\underline{e}}_2 \cdot \underline{e}_1 = \cos(\bar{\underline{e}}_2, \underline{e}_1) = \cos\left(\frac{\pi}{2} + \varphi\right) = -\sin\varphi \\
c_{22} &= \bar{\underline{e}}_2 \cdot \underline{e}_2 = \cos(\bar{\underline{e}}_2, \underline{e}_2) = \cos\varphi
\end{aligned}
$$

sowie

$$
\begin{aligned}
c_{13} &= c_{23} = c_{31} = c_{32} = \cos\left(\frac{\pi}{2}\right) = 0 \\
c_{33} &= \cos(0) = 1
\end{aligned}
$$

besitzt $\boldsymbol{C}$ folgende Form:

$$
\boldsymbol{C} = \begin{pmatrix} \cos\varphi & \sin\varphi & 0 \\ -\sin\varphi & \cos\varphi & 0 \\ 0 & 0 & 1 \end{pmatrix}
$$

Aufgabe 1.7:

Beweisen Sie die Gültigkeit der in (1.21) angegebenen Berechnungsvorschriften für die Koordinatentransformation eines zweistufigen Tensors!

Lösung:

In der Invarianzbedingung

$$
\underline{\underline{A}} = A_{ij}\, \underline{e}_i \otimes \underline{e}_j = \bar{A}_{kl}\, \bar{\underline{e}}_k \otimes \bar{\underline{e}}_l = \underline{\underline{\bar{A}}}
$$

können gemäß (1.14) die Basisvektoren $\bar{\underline{e}}_k$ und $\bar{\underline{e}}_l$ des gedrehten Systems durch die Basisvektoren $\underline{e}_i$ und $\underline{e}_j$ des Ausgangssystems ersetzt werden:

$$
\underline{\underline{A}} = A_{ij}\, \underline{e}_i \otimes \underline{e}_j = \bar{A}_{kl}\, c_{ki}\, \underline{e}_i \otimes c_{lj}\, \underline{e}_j = c_{ki}\, c_{lj}\, \bar{A}_{kl}\, \underline{e}_i \otimes \underline{e}_j
$$

Durch Ausheben der Basis folgt:

$$A_{ij} = c_{ki}\, c_{lj}\, \bar{A}_{kl}$$

Andererseits können die Basisvektoren des Ausgangssystems wiederum mit Hilfe von (1.14) durch die Basisvektoren im gedrehten System ersetzt werden:

$$\underline{\underline{A}} = A_{ij}\, \underline{e}_i \otimes \underline{e}_j = A_{ij}\, c_{ki}\, \underline{\bar{e}}_k \otimes c_{lj}\, \underline{\bar{e}}_l = c_{ki}\, c_{lj}\, A_{ij}\, \underline{\bar{e}}_k \otimes \underline{\bar{e}}_l = \bar{A}_{kl}\, \underline{\bar{e}}_k \otimes \underline{\bar{e}}_l$$

Nach dem Ausheben der Basis und dem Indexaustausch $i \leftrightarrow k$ und $j \leftrightarrow l$ ergibt sich:

$$\bar{A}_{ij} = c_{ik}\, c_{jl}\, A_{kl}$$

Aufgabe 1.8:

Welche Form nehmen die Beziehungen (1.21) für die Koordinatentransformation eines zweistufigen Tensors bei Nutzung der Matrizenschreibweise an?

Lösung:

Zunächst können die Koordinaten A_{ij} von $\underline{\underline{A}}$ bzw. $\bar{A}_{ij}$ von $\underline{\underline{\bar{A}}}$ in Matrizen

$$\boldsymbol{A} = \begin{pmatrix} A_{11} & A_{12} & A_{13} \\ A_{21} & A_{22} & A_{23} \\ A_{31} & A_{32} & A_{33} \end{pmatrix} \quad \text{bzw.} \quad \bar{\boldsymbol{A}} = \begin{pmatrix} \bar{A}_{11} & \bar{A}_{12} & \bar{A}_{13} \\ \bar{A}_{21} & \bar{A}_{22} & \bar{A}_{23} \\ \bar{A}_{31} & \bar{A}_{32} & \bar{A}_{33} \end{pmatrix}$$

sowie die Transformationskoeffizienten c_{ij} in einer Matrix

$$\boldsymbol{C} = \begin{pmatrix} c_{11} & c_{12} & c_{13} \\ c_{21} & c_{22} & c_{23} \\ c_{31} & c_{32} & c_{33} \end{pmatrix}$$

zusammengefasst werden. Die Transformationsbeziehung

$$\bar{A}_{ij} = c_{ik}\, c_{jl}\, A_{kl} = c_{ik}\, A_{kl}\, c_{jl}$$

kann somit als Matrizenprodukt (vgl. (1.35))

$$\bar{\boldsymbol{A}} = \boldsymbol{C}\, \boldsymbol{A}\, \boldsymbol{C}^T$$

interpretiert werden. Die Rücktransformation

$$A_{ij} = c_{ki}\, c_{lj}\, \bar{A}_{kl} = c_{ki}\, \bar{A}_{kl}\, c_{lj}$$

nimmt folgende Form an:

$$\boldsymbol{A} = \boldsymbol{C}^T\, \bar{\boldsymbol{A}}\, \boldsymbol{C}$$

Aufgabe 1.9:

a) Zerlegen Sie den Tensor $\underline{\underline{A}}$ mit den Koordinaten

$$(A_{ij}) = \begin{pmatrix} 8 & 6 & 9 \\ 4 & 11 & 13 \\ 5 & 7 & 12 \end{pmatrix}$$

in den symmetrischen Anteil $\underline{\underline{A}}^s$ und den antimetrischen Anteil $\underline{\underline{A}}^a$!

b) Wie viele voneinander unabhängige Koordinaten besitzen ein allgemeiner zweistufiger Tensor, ein symmetrischer zweistufiger Tensor sowie ein antimetrischer zweistufiger Tensor?

c) Berechnen Sie die Determinanten von $\underline{\underline{A}}$, $\underline{\underline{A}}^s$ und $\underline{\underline{A}}^a$!

Lösung:

a) Der symmetrische Anteil $\underline{\underline{A}}^s$ besitzt die Koordinaten

$$(A^s_{ij}) = \frac{1}{2}\Big[(A_{ij}) + (A_{ji})\Big] = \begin{pmatrix} 8 & 5 & 7 \\ 5 & 11 & 10 \\ 7 & 10 & 12 \end{pmatrix}$$

Der antimetrische Anteil $\underline{\underline{A}}^a$ besitzt die Koordinaten

$$(A^a_{ij}) = \frac{1}{2}\Big[(A_{ij}) - (A_{ji})\Big] = \begin{pmatrix} 0 & 1 & 2 \\ -1 & 0 & 3 \\ -2 & -3 & 0 \end{pmatrix}$$

b) Ein allgemeiner zweistufiger Tensor besitzt neun voneinander unabhängige Koordinaten.

Ein symmetrischer zweistufiger Tensor besitzt wegen $A^s_{ij} = A^s_{ji}$ sechs voneinander unabhängige Koordinaten.

Wegen $A^a_{ij} = -A^a_{ji}$ ergeben sich die Hauptdiagonalelemente eines antimetrischen zweistufigen Tensors zu null. Weiterhin weisen die Nebendiagonalelemente paarweise den gleichen Betrag, jedoch ein unterschiedliches Vorzeichen auf. Ein antimetrischer zweistufiger Tensor besitzt somit drei voneinander unabhängige Koordinaten.

c) Die Determinante stellt eine Invariante des zweistufigen Tensors dar und kann z. B. mit der Regel von *Sarrus* berechnet werden.

$$\begin{aligned} \det \underline{\underline{A}} &= A_{11}\,A_{22}\,A_{33} + A_{12}\,A_{23}\,A_{31} + A_{13}\,A_{21}\,A_{32} \\ &\quad - A_{13}\,A_{22}\,A_{31} - A_{11}\,A_{23}\,A_{32} - A_{12}\,A_{21}\,A_{33} \end{aligned}$$

$$\begin{aligned} \det \underline{\underline{A}} &= 187 \\ \det \underline{\underline{A}}^s &= 117 \\ \det \underline{\underline{A}}^a &= 0 \end{aligned}$$

Die Determinante eines antimetrischen Tensors ist null!

Aufgabe 1.10:

a) Zerlegen Sie den symmetrischen zweistufigen Tensor $\underline{\underline{A}}$ mit den Koordinaten

$$(A_{ij}) = \begin{pmatrix} 9 & 2 & 3 \\ 2 & 5 & 1 \\ 3 & 1 & 4 \end{pmatrix}$$

in den Kugeltensor $\underline{\underline{A}}^k$ mit $A^k_{ij} = \frac{1}{3} A_{kk}\, \delta_{ij}$ und den Deviator $\underline{\underline{A}}^d$ mit $A^d_{ij} = A_{ij} - A^k_{ij}$!

b) Zeigen Sie mit Hilfe der Definition von $\underline{\underline{A}}^d$, dass $\mathrm{sp}\,\underline{\underline{A}}^d = A^d_{ii} = 0$ ist!

c) Wie viele voneinander unabhängige Koordinaten besitzen der symmetrische Tensor $\underline{\underline{A}}$, der Kugeltensor $\underline{\underline{A}}^k$ und der Deviator $\underline{\underline{A}}^d$?

Lösung:

a)
$$A_{kk} = \mathrm{sp}\,\underline{\underline{A}} = A_{11} + A_{22} + A_{33} = 18$$

$$(A^k_{ij}) = \tfrac{1}{3} A_{kk}\, (\delta_{ij}) = \begin{pmatrix} 6 & 0 & 0 \\ 0 & 6 & 0 \\ 0 & 0 & 6 \end{pmatrix}$$

$$(A^d_{ij}) = (A_{ij}) - (A^k_{ij}) = \begin{pmatrix} 3 & 2 & 3 \\ 2 & -1 & 1 \\ 3 & 1 & -2 \end{pmatrix}$$

b) Durch Verjüngung des Deviators

$$A^d_{ij} = A_{ij} - A^k_{ij} = A_{ij} - \tfrac{1}{3} A_{kk}\, \delta_{ij}$$

ergibt sich:

$$\mathrm{sp}\,\underline{\underline{A}}^d = A^d_{ii} = A_{ii} - A^k_{ii} = A_{ii} - \tfrac{1}{3} A_{kk} \underbrace{\delta_{ii}}_{=3} = 0$$

c) Ein symmetrischer zweistufiger Tensor weist sechs voneinander unabhängige Koordinaten auf.

Der Kugeltensor $\underline{\underline{A}}^k$ hat nur eine unabhängige Koordinate $(\frac{1}{3} A_{kk})$ und ist damit ein isotroper Tensor.

Der Deviator eines symmetrischen Tensors enthält drei voneinander unabhängige Nebendiagonalelemente, jedoch wegen $A^d_{ii} = A^d_{11} + A^d_{22} + A^d_{33} = 0$ nur zwei voneinander unabhängige Hauptdiagonalelemente, also insgesamt fünf voneinander unabhängige Koordinaten.

Aufgabe 1.11:

Welche Stufe besitzen die angegebenen Tensorprodukte? Überführen Sie diese in die Komponentenschreibweise!

a) $\underline{a} \otimes \underline{b}$ b) $\underline{b} \otimes \underline{a}$ c) $\underline{a} \otimes \underline{\underline{T}}$ d) $\underline{\underline{S}} \otimes \underline{\underline{T}}$

e) Ist das tensorielle Produkt kommutativ?

Lösung:

a) Das tensorielle Produkt zweier Vektoren ist ein Tensor zweiter Stufe. Er besitzt neun Komponenten.

$$\begin{aligned} \underline{a} \otimes \underline{b} &= a_i\, \underline{e}_i \otimes b_j\, \underline{e}_j = a_i\, b_j\, \underline{e}_i \otimes \underline{e}_j \\ &= a_1\, b_1\, \underline{e}_1 \otimes \underline{e}_1 + a_1\, b_2\, \underline{e}_1 \otimes \underline{e}_2 + a_1\, b_3\, \underline{e}_1 \otimes \underline{e}_3 \\ &\quad + a_2\, b_1\, \underline{e}_2 \otimes \underline{e}_1 + a_2\, b_2\, \underline{e}_2 \otimes \underline{e}_2 + a_2\, b_3\, \underline{e}_2 \otimes \underline{e}_3 \\ &\quad + a_3\, b_1\, \underline{e}_3 \otimes \underline{e}_1 + a_3\, b_2\, \underline{e}_3 \otimes \underline{e}_2 + a_3\, b_3\, \underline{e}_3 \otimes \underline{e}_3 \end{aligned}$$

b) Das Produkt $\underline{b} \otimes \underline{a}$ stellt ebenfalls einen Tensor zweiter Stufe dar.

$$\begin{aligned} \underline{b} \otimes \underline{a} &= b_i\, \underline{e}_i \otimes a_j\, \underline{e}_j = b_i\, a_j\, \underline{e}_i \otimes \underline{e}_j \\ &= b_1\, a_1\, \underline{e}_1 \otimes \underline{e}_1 + b_1\, a_2\, \underline{e}_1 \otimes \underline{e}_2 + b_1\, a_3\, \underline{e}_1 \otimes \underline{e}_3 \\ &\quad + b_2\, a_1\, \underline{e}_2 \otimes \underline{e}_1 + b_2\, a_2\, \underline{e}_2 \otimes \underline{e}_2 + b_2\, a_3\, \underline{e}_2 \otimes \underline{e}_3 \\ &\quad + b_3\, a_1\, \underline{e}_3 \otimes \underline{e}_1 + b_3\, a_2\, \underline{e}_3 \otimes \underline{e}_2 + b_3\, a_3\, \underline{e}_3 \otimes \underline{e}_3 \end{aligned}$$

c) Das tensorielle Produkt eines Vektors und eines zweistufigen Tensors ergibt einen Tensor dritter Stufe mit 27 Komponenten.

$$\begin{aligned} \underline{a} \otimes \underline{\underline{T}} &= a_i\, \underline{e}_i \otimes T_{jk}\, \underline{e}_j \otimes \underline{e}_k = a_i\, T_{jk}\, \underline{e}_i \otimes \underline{e}_j \otimes \underline{e}_k \\ &= a_1\, T_{11}\, \underline{e}_1 \otimes \underline{e}_1 \otimes \underline{e}_1 + a_1\, T_{12}\, \underline{e}_1 \otimes \underline{e}_1 \otimes \underline{e}_2 + a_1\, T_{13}\, \underline{e}_1 \otimes \underline{e}_1 \otimes \underline{e}_3 \\ &\quad + a_1\, T_{21}\, \underline{e}_1 \otimes \underline{e}_2 \otimes \underline{e}_1 + a_1\, T_{22}\, \underline{e}_1 \otimes \underline{e}_2 \otimes \underline{e}_2 + a_1\, T_{23}\, \underline{e}_1 \otimes \underline{e}_2 \otimes \underline{e}_3 \\ &\quad + a_1\, T_{31}\, \underline{e}_1 \otimes \underline{e}_3 \otimes \underline{e}_1 + a_1\, T_{32}\, \underline{e}_1 \otimes \underline{e}_3 \otimes \underline{e}_2 + a_1\, T_{33}\, \underline{e}_1 \otimes \underline{e}_3 \otimes \underline{e}_3 \\ &\quad + a_2\, T_{11}\, \underline{e}_2 \otimes \underline{e}_1 \otimes \underline{e}_1 + a_2\, T_{12}\, \underline{e}_2 \otimes \underline{e}_1 \otimes \underline{e}_2 + a_2\, T_{13}\, \underline{e}_2 \otimes \underline{e}_1 \otimes \underline{e}_3 \\ &\quad + a_2\, T_{21}\, \underline{e}_2 \otimes \underline{e}_2 \otimes \underline{e}_1 + a_2\, T_{22}\, \underline{e}_2 \otimes \underline{e}_2 \otimes \underline{e}_2 + a_2\, T_{23}\, \underline{e}_2 \otimes \underline{e}_2 \otimes \underline{e}_3 \\ &\quad + a_2\, T_{31}\, \underline{e}_2 \otimes \underline{e}_3 \otimes \underline{e}_1 + a_2\, T_{32}\, \underline{e}_2 \otimes \underline{e}_3 \otimes \underline{e}_2 + a_2\, T_{33}\, \underline{e}_2 \otimes \underline{e}_3 \otimes \underline{e}_3 \\ &\quad + a_3\, T_{11}\, \underline{e}_3 \otimes \underline{e}_1 \otimes \underline{e}_1 + a_3\, T_{12}\, \underline{e}_3 \otimes \underline{e}_1 \otimes \underline{e}_2 + a_3\, T_{13}\, \underline{e}_3 \otimes \underline{e}_1 \otimes \underline{e}_3 \\ &\quad + a_3\, T_{21}\, \underline{e}_3 \otimes \underline{e}_2 \otimes \underline{e}_1 + a_3\, T_{22}\, \underline{e}_3 \otimes \underline{e}_2 \otimes \underline{e}_2 + a_3\, T_{23}\, \underline{e}_3 \otimes \underline{e}_2 \otimes \underline{e}_3 \\ &\quad + a_3\, T_{31}\, \underline{e}_3 \otimes \underline{e}_3 \otimes \underline{e}_1 + a_3\, T_{32}\, \underline{e}_3 \otimes \underline{e}_3 \otimes \underline{e}_2 + a_3\, T_{33}\, \underline{e}_3 \otimes \underline{e}_3 \otimes \underline{e}_3 \end{aligned}$$

d) Das tensorielle Produkt zweier zweistufiger Tensoren ist ein Tensor vierter Stufe mit $3^4 = 81$ Komponenten.

$$\begin{aligned} \underline{\underline{S}} \otimes \underline{\underline{T}} &= S_{ij}\, \underline{e}_i \otimes \underline{e}_j \otimes T_{kl}\, \underline{e}_k \otimes \underline{e}_l = S_{ij}\, T_{kl}\, \underline{e}_i \otimes \underline{e}_j \otimes \underline{e}_k \otimes \underline{e}_l \\ &= S_{11}\, T_{11}\, \underline{e}_1 \otimes \underline{e}_1 \otimes \underline{e}_1 \otimes \underline{e}_1 + S_{11}\, T_{12}\, \underline{e}_1 \otimes \underline{e}_1 \otimes \underline{e}_1 \otimes \underline{e}_2 \\ &\quad + S_{11}\, T_{13}\, \underline{e}_1 \otimes \underline{e}_1 \otimes \underline{e}_1 \otimes \underline{e}_3 + S_{11}\, T_{21}\, \underline{e}_1 \otimes \underline{e}_1 \otimes \underline{e}_2 \otimes \underline{e}_1 \\ &\quad + S_{11}\, T_{22}\, \underline{e}_1 \otimes \underline{e}_1 \otimes \underline{e}_2 \otimes \underline{e}_2 + S_{11}\, T_{23}\, \underline{e}_1 \otimes \underline{e}_1 \otimes \underline{e}_2 \otimes \underline{e}_3 \\ &\quad + \ \ldots \ + \ \ldots \\ &\quad + S_{33}\, T_{31}\, \underline{e}_3 \otimes \underline{e}_3 \otimes \underline{e}_3 \otimes \underline{e}_1 + S_{33}\, T_{32}\, \underline{e}_3 \otimes \underline{e}_3 \otimes \underline{e}_3 \otimes \underline{e}_2 \\ &\quad + S_{33}\, T_{33}\, \underline{e}_3 \otimes \underline{e}_3 \otimes \underline{e}_3 \otimes \underline{e}_3 \end{aligned}$$

e) Beim tensoriellen Produkt eines m-stufigen Tensors mit einem n-stufigen Tensor entsteht eine Tensorbasis $(m+n)$-ter Stufe, in der die Reihenfolge der Basisvektoren nicht vertauscht werden darf. Das tensorielle Produkt ist daher nicht kommutativ (vgl. auch die Ergebnisse der Teilaufgaben a und b).

Aufgabe 1.12:

Welche Stufe besitzen die angegebenen einfachen Skalarprodukte? Überführen Sie diese in die Komponentenschreibweise!

a) $\underline{a} \cdot \underline{b}$ b) $\underline{a} \cdot \underline{\underline{T}}$ c) $\underline{\underline{T}} \cdot \underline{a}$ d) $\underline{\underline{S}} \cdot \underline{\underline{T}}$

e) Ist das einfache Skalarprodukt kommutativ?

f) Auf welche Matrizenoperation lässt sich das einfache Skalarprodukt von Tensoren zweiter Stufe zurückführen? Vgl. hierzu Teilaufgabe d.

Lösung:

a) Das Skalarprodukt zweier Vektoren ist ein Tensor nullter Stufe, also ein Skalar.

$$\begin{aligned} \underline{a} \cdot \underline{b} &= a_i\, \underline{e}_i \cdot b_j\, \underline{e}_j = a_i\, b_j\, \underline{e}_i \cdot \underline{e}_j = a_i\, b_j\, \delta_{ij} \\ &= a_i\, b_i = a_j\, b_j = a_1\, b_1 + a_2\, b_2 + a_3\, b_3 \end{aligned}$$

b) Das Skalarprodukt eines Vektors mit einem Tensor zweiter Stufe führt auf einen Tensor erster Stufe.

$$\begin{aligned} \underline{a} \cdot \underline{\underline{T}} &= a_i\, \underline{e}_i \cdot T_{jk}\, \underline{e}_j \otimes \underline{e}_k = a_i\, T_{jk}\, \underline{e}_i \cdot \underline{e}_j \otimes \underline{e}_k \\ &= a_i\, T_{jk}\, \delta_{ij}\, \underline{e}_k = a_i\, T_{ik}\, \underline{e}_k \\ &= (a_1\, T_{11} + a_2\, T_{21} + a_3\, T_{31})\, \underline{e}_1 \\ &\quad + (a_1\, T_{12} + a_2\, T_{22} + a_3\, T_{32})\, \underline{e}_2 \\ &\quad + (a_1\, T_{13} + a_2\, T_{23} + a_3\, T_{33})\, \underline{e}_3 \end{aligned}$$

c) Das Skalarprodukt eines Tensors zweiter Stufe mit einem Vektor stellt ebenfalls einen Tensor erster Stufe dar.

$$\begin{aligned} \underline{\underline{T}} \cdot \underline{a} &= T_{ij}\, \underline{e}_i \otimes \underline{e}_j \cdot a_k\, \underline{e}_k = T_{ij}\, a_k\, \underline{e}_i \otimes \underline{e}_j \cdot \underline{e}_k \\ &= T_{ij}\, a_k\, \delta_{jk}\, \underline{e}_i = T_{ij}\, a_j\, \underline{e}_i \\ &= (T_{11}\, a_1 + T_{12}\, a_2 + T_{13}\, a_3)\, \underline{e}_1 \\ &\quad + (T_{21}\, a_1 + T_{22}\, a_2 + T_{23}\, a_3)\, \underline{e}_2 \\ &\quad + (T_{31}\, a_1 + T_{32}\, a_2 + T_{33}\, a_3)\, \underline{e}_3 \end{aligned}$$

d) Das einfache Skalarprodukt zweier Tensoren zweiter Stufe ergibt einen Tensor zweiter Stufe.

$$\begin{aligned}
\underline{\underline{S}} \cdot \underline{\underline{T}} &= S_{ij}\,\underline{e}_i \otimes \underline{e}_j \cdot T_{kl}\,\underline{e}_k \otimes \underline{e}_l \;=\; S_{ij}\,T_{kl}\,\underline{e}_i \otimes \underline{e}_j \cdot \underline{e}_k \otimes \underline{e}_l \\
&= S_{ij}\,T_{kl}\,\delta_{jk}\,\underline{e}_i \otimes \underline{e}_l \;=\; S_{ij}\,T_{jl}\,\underline{e}_i \otimes \underline{e}_l \\
&= (S_{11}T_{11} + S_{12}T_{21} + S_{13}T_{31})\,\underline{e}_1 \otimes \underline{e}_1 \\
&\quad + (S_{11}T_{12} + S_{12}T_{22} + S_{13}T_{32})\,\underline{e}_1 \otimes \underline{e}_2 \\
&\quad + (S_{11}T_{13} + S_{12}T_{23} + S_{13}T_{33})\,\underline{e}_1 \otimes \underline{e}_3 \\
&\quad + (S_{21}T_{11} + S_{22}T_{21} + S_{23}T_{31})\,\underline{e}_2 \otimes \underline{e}_1 \\
&\quad + (S_{21}T_{12} + S_{22}T_{22} + S_{23}T_{32})\,\underline{e}_2 \otimes \underline{e}_2 \\
&\quad + (S_{21}T_{13} + S_{22}T_{23} + S_{23}T_{33})\,\underline{e}_2 \otimes \underline{e}_3 \\
&\quad + (S_{31}T_{11} + S_{32}T_{21} + S_{33}T_{31})\,\underline{e}_3 \otimes \underline{e}_1 \\
&\quad + (S_{31}T_{12} + S_{32}T_{22} + S_{33}T_{32})\,\underline{e}_3 \otimes \underline{e}_2 \\
&\quad + (S_{31}T_{13} + S_{32}T_{23} + S_{33}T_{33})\,\underline{e}_3 \otimes \underline{e}_3
\end{aligned}$$

e) Das Skalarprodukt zweier Vektoren führt auf eine skalare, also richtungsunabhängige Größe (vgl. Teilaufgabe a). Es gilt:

$$\underline{a} \cdot \underline{b} = a_i\,b_i = \underline{b} \cdot \underline{a} = b_i\,a_i = a_1\,b_1 + a_2\,b_2 + a_3\,b_3$$

Dagegen ist das einfache Skalarprodukt von mehrstufigen Tensoren im Allgemeinen nicht kommutativ (vgl. die Teilaufgaben b und c). Ausnahmen existieren für symmetrische Tensoren. Für diese kann die Reihenfolge der Indizes ausgetauscht werden.

f) Das Skalarprodukt der beiden zweistufigen Tensoren möge mit $\underline{\underline{P}}$ bezeichnet werden.

$$\underline{\underline{P}} = \underline{\underline{S}} \cdot \underline{\underline{T}} = S_{ij}\,T_{jl}\,\underline{e}_i \otimes \underline{e}_l = P_{il}\,\underline{e}_i \otimes \underline{e}_l$$

Ausheben der Basis ergibt

$$P_{il} = S_{ij}\,T_{jl}$$

Der auf der rechten Seite doppelt auftretende Index j bewirkt eine Summation der Produkte $S_{ij}\,T_{jl}$, welche dem „Skalarprodukt" der i-ten Zeile der Matrixdarstellung von $\underline{\underline{S}}$ und der l-ten Spalte der Matrixdarstellung von $\underline{\underline{T}}$ entspricht. Das Ergebnis wird anschließend in das Element der Matrixdarstellung von $\underline{\underline{P}}$ eingetragen, welches sich in deren i-ter Zeile und l-ter Spalte befindet. Diese Vorgehensweise entspricht der Multiplikation von Matrizen (vgl. auch (1.35)).

$$\boldsymbol{P} = \boldsymbol{S}\,\boldsymbol{T}$$

Aufgabe 1.13:

Welche Stufe besitzen die angegebenen mehrfachen Skalarprodukte? Überführen Sie diese in die Komponentenschreibweise!

a) $\underline{\underline{A}} \cdot\cdot \underline{\underline{A}}$ b) $\underline{\underline{S}} \cdot\cdot \underline{\underline{T}}$ c) $\underline{\underline{E}}_{(4)} \cdot\cdot \underline{\underline{\varepsilon}}$ d) $\underline{a} \cdot \underline{\underline{S}} \cdot \underline{b}$

Lösung:

a) Der zweistufige Tensor $\underline{\underline{A}}$ wird doppelt skalar mit sich selbst multipliziert.

$$\begin{aligned}
\underline{\underline{A}} \cdot\cdot \underline{\underline{A}} &= A_{ij}\, \underline{e}_i \otimes \underline{e}_j \cdot\cdot A_{kl}\, \underline{e}_k \otimes \underline{e}_l \;=\; A_{ij}\, A_{kl}\, \underline{e}_i \otimes \underline{e}_j \cdot\cdot \underline{e}_k \otimes \underline{e}_l \\
&= A_{ij}\, A_{kl}\, \delta_{jk}\, \delta_{il} \;=\; A_{ij}\, A_{ji} \\
&= A_{11}\, A_{11} + A_{12}\, A_{21} + A_{13}\, A_{31} \\
&\quad + A_{21}\, A_{12} + A_{22}\, A_{22} + A_{23}\, A_{32} \\
&\quad + A_{31}\, A_{13} + A_{32}\, A_{23} + A_{33}\, A_{33}
\end{aligned}$$

Das Ergebnis ist ein Skalar.

b) Der zweistufige Tensor $\underline{\underline{S}}$ wird doppelt skalar mit dem zweistufigen Tensor $\underline{\underline{T}}$ multipliziert.

$$\begin{aligned}
\underline{\underline{S}} \cdot\cdot \underline{\underline{T}} &= S_{ij}\, \underline{e}_i \otimes \underline{e}_j \cdot\cdot T_{kl}\, \underline{e}_k \otimes \underline{e}_l \;=\; S_{ij}\, T_{kl}\, \underline{e}_i \otimes \underline{e}_j \cdot\cdot \underline{e}_k \otimes \underline{e}_l \\
&= S_{ij}\, T_{kl}\, \delta_{jk}\, \delta_{il} \;=\; S_{ij}\, T_{ji} \\
&= S_{11}\, T_{11} + S_{12}\, T_{21} + S_{13}\, T_{31} \\
&\quad + S_{21}\, T_{12} + S_{22}\, T_{22} + S_{23}\, T_{32} \\
&\quad + S_{31}\, T_{13} + S_{32}\, T_{23} + S_{33}\, T_{33}
\end{aligned}$$

Das Ergebnis ist wiederum ein Skalar.

c) Der vierstufige Tensor $\underline{E}_{(4)}$ wird doppelt skalar mit dem zweistufigen Tensor $\underline{\varepsilon}$ multipliziert.

$$\begin{aligned}
\underline{E}_{(4)} \cdot\cdot \underline{\varepsilon} &= E_{ijkl}\, \underline{e}_i \otimes \underline{e}_j \otimes \underline{e}_k \otimes \underline{e}_l \cdot\cdot \varepsilon_{mn}\, \underline{e}_m \otimes \underline{e}_n \\
&= E_{ijkl}\, \varepsilon_{mn}\, \underline{e}_i \otimes \underline{e}_j \otimes \underline{e}_k \otimes \underline{e}_l \cdot\cdot \underline{e}_m \otimes \underline{e}_n \\
&= E_{ijkl}\, \varepsilon_{mn}\, \delta_{lm}\, \delta_{kn}\, \underline{e}_i \otimes \underline{e}_j \;=\; E_{ijkl}\, \varepsilon_{lk}\, \underline{e}_i \otimes \underline{e}_j \\
&= (E_{1111}\, \varepsilon_{11} + E_{1112}\, \varepsilon_{21} + E_{1113}\, \varepsilon_{31} + E_{1121}\, \varepsilon_{12} + E_{1122}\, \varepsilon_{22} \\
&\quad + E_{1123}\, \varepsilon_{32} + E_{1131}\, \varepsilon_{13} + E_{1132}\, \varepsilon_{23} + E_{1133}\, \varepsilon_{33})\; \underline{e}_1 \otimes \underline{e}_1 \\
&\quad + (E_{1211}\, \varepsilon_{11} + E_{1212}\, \varepsilon_{21} + E_{1213}\, \varepsilon_{31} + E_{1221}\, \varepsilon_{12} + E_{1222}\, \varepsilon_{22} \\
&\quad + E_{1223}\, \varepsilon_{32} + E_{1231}\, \varepsilon_{13} + E_{1232}\, \varepsilon_{23} + E_{1233}\, \varepsilon_{33})\; \underline{e}_1 \otimes \underline{e}_2 \\
&\quad + (\;\ldots\;)\; \underline{e}_1 \otimes \underline{e}_3 + (\;\ldots\;)\; \underline{e}_2 \otimes \underline{e}_1 + \;\ldots\;\;\ldots
\end{aligned}$$

Das Ergebnis stellt einen zweistufigen Tensor dar.

d) Der zweistufige Tensor $\underline{\underline{S}}$ wird von links skalar mit dem Vektor $\underline{a}$ und von rechts skalar mit dem Vektor $\underline{b}$ multipliziert.

$$\begin{aligned}
\underline{a} \cdot \underline{\underline{S}} \cdot \underline{b} &= a_i\, \underline{e}_i \cdot S_{jk}\, \underline{e}_j \otimes \underline{e}_k \cdot b_l\, \underline{e}_l \;=\; a_i\, S_{jk}\, b_l\, \underline{e}_i \cdot \underline{e}_j \otimes \underline{e}_k \cdot \underline{e}_l \\
&= a_i\, S_{jk}\, b_l\, \delta_{ij}\, \delta_{kl} \;=\; a_i\, S_{ik}\, b_k \\
&= a_1\, S_{11}\, b_1 + a_1\, S_{12}\, b_2 + a_1\, S_{13}\, b_3 \\
&\quad + a_2\, S_{21}\, b_1 + a_2\, S_{22}\, b_2 + a_2\, S_{23}\, b_3 \\
&\quad + a_3\, S_{31}\, b_1 + a_3\, S_{32}\, b_2 + a_3\, S_{33}\, b_3
\end{aligned}$$

Das Ergebnis ist ein Skalar.

Aufgabe 1.14:

Zeigen Sie, dass für einen symmetrischen Tensor $\underline{\underline{A}}$ und einen allgemeinen (nicht-symmetrischen) Tensor $\underline{\underline{B}}$ gilt:

$$\underline{\underline{A}} \cdot\cdot \underline{\underline{B}} = \underline{\underline{A}} \cdot\cdot \underline{\underline{B}}^s$$

Lösung:

Für das doppelte Skalarprodukt der beiden Tensoren $\underline{\underline{A}}$ und $\underline{\underline{B}}$ ergibt sich (vgl. Aufgabe 1.13 b)

$$\underline{\underline{A}} \cdot\cdot \underline{\underline{B}} = A_{ij}\, B_{ji}$$

Andererseits ist

$$\begin{aligned}
\underline{\underline{A}} \cdot\cdot \underline{\underline{B}}^s &= A_{ij}\, \underline{e}_i \otimes \underline{e}_j \cdot\cdot \left[\frac{1}{2} (B_{kl}\, \underline{e}_k \otimes \underline{e}_l + B_{lk}\, \underline{e}_k \otimes \underline{e}_l) \right] \\
&= \frac{1}{2} (A_{ij}\, B_{kl}\, \delta_{jk}\, \delta_{il} + A_{ij}\, B_{lk}\, \delta_{jk}\, \delta_{il}) \\
&= \frac{1}{2} (A_{ij}\, B_{ji} + \underbrace{A_{ij}}_{= A_{ji}}\, B_{ij})
\end{aligned}$$

Nach einem Indexaustausch $i \leftrightarrow j$ im zweiten Term der rechten Seite verbleibt

$$\underline{\underline{A}} \cdot\cdot \underline{\underline{B}}^s = A_{ij}\, B_{ji} = \underline{\underline{A}} \cdot\cdot \underline{\underline{B}}$$

womit die obige Aussage bewiesen ist.

Aufgabe 1.15:

Lösen Sie das Eigenwertproblem für den symmetrischen zweistufigen Tensor $\underline{\underline{A}}$ mit der Matrixdarstellung

$$\boldsymbol{A} = \begin{pmatrix} 7 & 0 & -2 \\ 0 & 5 & -2 \\ -2 & -2 & 6 \end{pmatrix}$$

a) Berechnen Sie die Invarianten des Tensors!

b) Bestimmen Sie die Eigenwerte des Tensors!

c) Berechnen Sie die zugehörigen Eigenvektoren!

d) Führen Sie die Transformation der Tensorkoordinaten auf das Hauptachsensystem aus!

Lösung:

a) Für die Invarianten des symmetrischen zweistufigen Tensors $\underline{\underline{A}}$ ergibt sich mit Hilfe von (1.43):

$$I_1^A = A_{ii} = 18$$

$$I_2^A = \frac{1}{2}\left(A_{ii}A_{jj} - A_{ij}A_{ij}\right) = 99$$

$$I_3^A = \det\left(A_{ij}\right) = 162$$

b) Die Eigenwerte $\bar{A}_{(ii)}$ bzw. A_i folgen aus der Lösung der charakteristischen Gleichung (1.42). Nach Multiplikation von (1.42) mit (-1) nimmt diese die Form

$$\bar{A}^3_{(ii)} - I_1^A\,\bar{A}^2_{(ii)} + I_2^A\,\bar{A}_{(ii)} - I_3^A = 0$$

bzw.

$$A_i^3 - 18\,A_i^2 + 99\,A_i - 162 = 0$$

an. Die Eigenwerte eines symmetrischen Tensors sind wie die einer symmetrischen Matrix reellwertig. Bei ganzzahligen Eigenwerten sind diese in der Primzahlzerlegung der dritten Invariante

$$I_3^A = A_1\,A_2\,A_3$$

enthalten (vgl. (1.44)). Hier gilt $I_3^A = 162 = 2 \cdot 3^4$, so dass

$$A_i = \pm 1,\ \pm 2,\ \pm 3,\ \pm 6,\ \pm 9,\ \ldots$$

zu prüfen ist. Nach Feststellung des ersten Eigenwertes, z. B. $A_1 = 3$, und Division der charakteristischen Gleichung durch $(A_i - A_1)$ wird eine quadratische Gleichung, hier $A_i^2 - 15\,A_i + 54 = 0$, zur Bestimmung der restlichen Eigenwerte, im vorliegenden Fall $A_2 = 6$ und $A_3 = 9$, erhalten.

In der Mechanik ist es üblich, die Eigenwerte der Größe nach zu ordnen:

$$A_1 = 9 \qquad A_2 = 6 \qquad A_3 = 3$$

Im Allgemeinen sind die Eigenwerte natürlich nicht ganzzahlig, so dass zu ihrer Bestimmung numerische Methoden, wie z. B. das *Newton*-Verfahren, angewendet werden müssen.

c) Die Eigenvektoren sind aus

$$\left(A_{ml} - A_i\,\delta_{ml}\right) c_{il} = 0 \qquad \text{bzw.} \qquad \left(\boldsymbol{A} - A_{(i)}\,\boldsymbol{I}\right) \bar{\boldsymbol{e}}_{(i)} = \boldsymbol{0}$$

zu bestimmen (vgl. (1.39)). Dies sind für jeden Eigenwert A_i drei Gleichungen $(m = 1, 2, 3)$ zur Ermittlung der Koordinaten c_{il} der Eigenvektoren $\underline{\bar{e}}_i$ bezüglich des ursprünglichen Basissystems $\underline{e}_l$ (vgl. (1.40)).

Wegen $\det(A_{ml} - A_i\,\delta_{ml}) = 0$ sind die drei Gleichungen *nicht* voneinander unabhängig. Geometrisch bedeutet dies, dass die Eigenvektoren nur nach ihrer Richtung festgelegt sind, jedoch nicht nach ihrem Betrag. Üblicherweise werden die Eigenvektoren auf den Betrag eins normiert und so orientiert, dass sie ein Rechtssystem bilden. Für $A_1 = 9$ wird als Gleichungssystem erhalten:

$$\begin{pmatrix} -2 & 0 & -2 \\ 0 & -4 & -2 \\ -2 & -2 & -3 \end{pmatrix} \begin{pmatrix} c_{11} \\ c_{12} \\ c_{13} \end{pmatrix} = \begin{pmatrix} 0 \\ 0 \\ 0 \end{pmatrix}$$

Bei einfachen Eigenwerten kann genau eine Koordinate des Eigenvektors frei gewählt werden. Mit z. B. $c_{11} = 1$ folgen $c_{12} = \frac{1}{2}$ und $c_{13} = -1$. Normieren ergibt

$$\bar{\underline{e}}_1 = c_{1l}\, \underline{e}_l = \tfrac{2}{3}\, \underline{e}_1 + \tfrac{1}{3}\, \underline{e}_2 - \tfrac{2}{3}\, \underline{e}_3$$

Für den zweiten Eigenwert $A_2 = 6$ wird analog der Eigenvektor

$$\bar{\underline{e}}_2 = c_{2l}\, \underline{e}_l = \tfrac{2}{3}\, \underline{e}_1 - \tfrac{2}{3}\, \underline{e}_2 + \tfrac{1}{3}\, \underline{e}_3$$

erhalten. Der Eigenvektor zu $A_3 = 3$ kann auf gleiche Weise ermittelt werden, jedoch ist dann nicht gesichert, dass die Eigenvektoren, welche die Basis des gedrehten Systems (Hauptachsensystem) bilden, wiederum ein Rechtssystem verkörpern. Da die $\bar{\underline{e}}_i$ eine orthonormierte Basis darstellen sollen, lässt sich $\bar{\underline{e}}_3$ auch aus

$$\bar{\underline{e}}_3 = \bar{\underline{e}}_1 \times \bar{\underline{e}}_2 = -\tfrac{1}{3}\, \underline{e}_1 - \tfrac{2}{3}\, \underline{e}_2 - \tfrac{2}{3}\, \underline{e}_3$$

bestimmen. Dann bilden $\bar{\underline{e}}_1$, $\bar{\underline{e}}_2$ und $\bar{\underline{e}}_3$ automatisch ein Rechtssystem.

Die Eigenvektoren $\bar{\underline{e}}_1$, $\bar{\underline{e}}_2$ und $\bar{\underline{e}}_3$ sind paarweise orthogonal und normiert:

$$\bar{\underline{e}}_i \cdot \bar{\underline{e}}_j = \delta_{ij}$$

Da diese ein Rechtssystem bilden, gilt für das Spatprodukt

$$\left[\bar{\underline{e}}_1, \bar{\underline{e}}_2, \bar{\underline{e}}_3\right] = (\bar{\underline{e}}_1 \times \bar{\underline{e}}_2) \cdot \bar{\underline{e}}_3 = 1$$

d) Die Eigenvektoren können als Basisvektoren für ein neues orthonormiertes Basissystem (das sog. Hauptachsensystem) verwendet werden, welches durch eine Drehung aus dem bisherigen Basissystem hervorgeht. Die Transformationsmatrix $\boldsymbol{C} = (c_{ij})$ entspricht den Koordinaten c_{ij} der Eigenvektoren $\bar{\underline{e}}_i = c_{ij}\, \underline{e}_j$:

$$\boldsymbol{C} = \frac{1}{3} \begin{pmatrix} 2 & 1 & -2 \\ 2 & -2 & 1 \\ -1 & -2 & -2 \end{pmatrix}$$

Dabei berechnen sich die Tensorkoordinaten im Hauptachsensystem nach (1.21) zu $\bar{A}_{ij} = c_{ik}\, c_{jl}\, A_{kl}$. Das entspricht dem Matrizenprodukt

$$\bar{\boldsymbol{A}} = \boldsymbol{C}\, \boldsymbol{A}\, \boldsymbol{C}^T = \begin{pmatrix} 9 & 0 & 0 \\ 0 & 6 & 0 \\ 0 & 0 & 3 \end{pmatrix}$$

Diese sog. Hauptachsendarstellung des Tensors $\underline{\underline{A}}$ enthält auf der Hauptdiagonalen die Eigenwerte (Hauptwerte). Alle Nebendiagonalelemente sind null.

Aufgabe 1.16:

Gegeben ist der symmetrische zweistufige Tensor $\underline{\underline{T}}$ mit der Matrixdarstellung

$$\boldsymbol{T} = \begin{pmatrix} 7 & -2 & 4 \\ -2 & 2 & 6 \\ 4 & 6 & 3 \end{pmatrix}$$

a) Zerlegen Sie den Tensor $\underline{\underline{T}}$ in den Kugeltensor $\underline{\underline{T}}^k$ und den Deviator $\underline{\underline{T}}^d$!

b) Lösen Sie das Eigenwertproblem für den Tensor $\underline{\underline{T}}$!

c) Welche Eigenwerte und Eigenvektoren besitzt der Kugeltensor $\underline{\underline{T}}^k$!

d) Lösen Sie das Eigenwertproblem für den Deviator $\underline{\underline{T}}^d$!

e) Welcher Zusammenhang gilt für die Eigenwerte bzw. Eigenvektoren eines beliebigen symmetrischen Tensors und des zugehörigen Deviators?

Lösung:

a) $$T_{ii} = T_{11} + T_{22} + T_{33} = 12$$

$$\boldsymbol{T}^k = \tfrac{1}{3}\, T_{ii}\, \boldsymbol{I} = \begin{pmatrix} 4 & 0 & 0 \\ 0 & 4 & 0 \\ 0 & 0 & 4 \end{pmatrix}$$

$$\boldsymbol{T}^d = \boldsymbol{T} - \boldsymbol{T}^k = \begin{pmatrix} 3 & -2 & 4 \\ -2 & -2 & 6 \\ 4 & 6 & -1 \end{pmatrix}$$

b) Für die Invarianten des Tensors $\underline{\underline{T}}$ gilt:

$$I_1^T = \operatorname{sp}\underline{\underline{T}} = T_{ii} = 12$$

$$I_2^T = \tfrac{1}{2}\,(T_{ii}\,T_{jj} - T_{ij}\,T_{ij}) = -15$$

$$I_3^T = \det\,(T_{ij}) = -350$$

Die charakteristische Gleichung

$$T_i^3 - 12\,T_i^2 - 15\,T_i + 350 = 0$$

besitzt die einfachen Wurzeln

$$T_1 = 10, \quad T_2 = 7, \quad T_3 = -5$$

Die zugehörigen Eigenvektoren lauten

$$\bar{\underline{e}}_1 = \tfrac{2}{3}\,\underline{e}_1 + \tfrac{1}{3}\,\underline{e}_2 + \tfrac{2}{3}\,\underline{e}_3$$

$$\bar{\underline{e}}_2 = \tfrac{2}{3}\,\underline{e}_1 - \tfrac{2}{3}\,\underline{e}_2 - \tfrac{1}{3}\,\underline{e}_3$$

$$\bar{\underline{e}}_3 = \tfrac{1}{3}\,\underline{e}_1 + \tfrac{2}{3}\,\underline{e}_2 - \tfrac{2}{3}\,\underline{e}_3$$

c) Der Kugeltensor stellt ein skalares Vielfaches des Einheitstensors dar und besitzt Diagonalform.

$$\boldsymbol{T}^k = \tfrac{1}{3}\,T_{ii}\,\boldsymbol{I} = \begin{pmatrix} 4 & 0 & 0 \\ 0 & 4 & 0 \\ 0 & 0 & 4 \end{pmatrix}$$

Die Diagonalelemente entsprechen den drei gleichen Eigenwerten

$$T^k_{1,2,3} = \tfrac{1}{3}\,T_{ii} = \tfrac{1}{3}\,\mathrm{sp}\,\underline{\underline{T}} = 4$$

Wegen $\boldsymbol{T}^k - T^k_i\,\boldsymbol{I} = \boldsymbol{0}$ sind die Eigenvektoren frei wählbar. Somit stellt jedes System orthonormierter Basisvektoren ein Hauptachsensystem dar. Die Diagonalform von $\boldsymbol{T}^k$ bleibt bei einer beliebigen orthogonalen Transformation wegen

$$\bar{\boldsymbol{T}}^k = \boldsymbol{C}\,\tfrac{1}{3}\,T_{ii}\,\boldsymbol{I}\,\boldsymbol{C}^T = \tfrac{1}{3}\,T_{ii}\,\boldsymbol{C}\,\boldsymbol{C}^T = \tfrac{1}{3}\,T_{ii}\,\boldsymbol{I} = \boldsymbol{T}^k$$

erhalten (isotroper Tensor, vgl. (1.22) und das folgende Beispiel).

d) Für die Invarianten des Deviators $\underline{\underline{T}}^d$ gilt:

$$\begin{aligned} I_1^{T^d} &= \mathrm{sp}\,\underline{\underline{T}}^d = T^d_{ii} &&= 0 \\ I_2^{T^d} &= \tfrac{1}{2}\left(T^d_{ii}\,T^d_{jj} - T^d_{ij}\,T^d_{ij}\right) &&= -63 \\ I_3^{T^d} &= \det\left(T^d_{ij}\right) &&= -162 \end{aligned}$$

Die charakteristische Gleichung

$$(T^d_i)^3 - 63\,T^d_i + 162 = 0$$

besitzt die Lösungen

$$T^d_1 = 6, \quad T^d_2 = 3, \quad T^d_3 = -9$$

mit den zugehörigen Eigenvektoren

$$\begin{aligned} \bar{\underline{e}}_1 &= \tfrac{2}{3}\,\underline{e}_1 + \tfrac{1}{3}\,\underline{e}_2 + \tfrac{2}{3}\,\underline{e}_3 \\ \bar{\underline{e}}_2 &= \tfrac{2}{3}\,\underline{e}_1 - \tfrac{2}{3}\,\underline{e}_2 - \tfrac{1}{3}\,\underline{e}_3 \\ \bar{\underline{e}}_3 &= \tfrac{1}{3}\,\underline{e}_1 + \tfrac{2}{3}\,\underline{e}_2 - \tfrac{2}{3}\,\underline{e}_3 \end{aligned}$$

e) Offenbar existiert für die Eigenwerte des Tensors $\underline{\underline{T}}$ und seines Deviators $\underline{\underline{T}}^d$ der Zusammenhang

$$T_i = T^d_i + \tfrac{1}{3}\,\mathrm{sp}\,\underline{\underline{T}}$$

Die zu T_i bzw. T^d_i gehörenden Eigenvektoren stimmen überein.

Beweis:
Sind die T_i^d die Eigenwerte und die $\bar{e}_i^d$ die zugehörigen Eigenvektoren des Deviators $\boldsymbol{T}^d$, besteht analog zu (vgl. die Lösung zur Aufgabe 1.15c)

$$\boldsymbol{T}\,\bar{e}_i = T_{(i)}\,\bar{e}_{(i)}$$

der Zusammenhang

$$\boldsymbol{T}^d\,\bar{e}_i^d = T_{(i)}^d\,\bar{e}_{(i)}^d$$

Ebenso gilt für den Kugeltensor

$$\boldsymbol{T}^k\,\bar{e}_i^k = T_{(i)}^k\,\bar{e}_{(i)}^k = \tfrac{1}{3}\,\mathrm{sp}\,\underline{\underline{T}}\;\bar{e}_i^k$$

wobei die Eigenvektoren $\bar{e}_i^k$ des Kugeltensors ein beliebiges System orthonormierter Basisvektoren darstellen. Nach Wahl von $\bar{e}_i^k = \bar{e}_i^d$ und Addition beider Gleichungen entsteht

$$\left(\boldsymbol{T}^d + \boldsymbol{T}^k\right)\bar{e}_i^d = \boldsymbol{T}\,\bar{e}_i^d = \left(T_{(i)}^d + \tfrac{1}{3}\,\mathrm{sp}\,\underline{\underline{T}}\right)\bar{e}_{(i)}^d = T_{(i)}\,\bar{e}_{(i)}^d$$

Damit wurde der Zusammenhang $T_i = T_i^d + \frac{1}{3}\,\mathrm{sp}\,\underline{\underline{T}}$ bewiesen und außerdem gezeigt, dass die zugehörigen Eigenvektoren von Tensor und Deviator gleich sind.

Aufgabe 1.17:

Lösen Sie das Eigenwertproblem für den Tensor $\underline{\underline{B}}$ mit der Matrixdarstellung

$$\boldsymbol{B} = \begin{pmatrix} 2 & -1 & 2 \\ -1 & 2 & -2 \\ 2 & -2 & 5 \end{pmatrix}$$

Welche Besonderheit ergibt sich?

Lösung:

Für die Invarianten des Tensors $\underline{\underline{B}}$ wird erhalten:

$$I_1^B = B_{ii} = 9$$

$$I_2^B = \tfrac{1}{2}\left(B_{ii}\,B_{jj} - B_{ij}\,B_{ij}\right) = 15$$

$$I_3^B = \det\left(B_{ij}\right) = 7$$

Die charakteristische Gleichung

$$B_i^3 - 9\,B_i^2 + 15\,B_i - 7 = 0$$

besitzt die Lösungen

$$B_1 = 7, \quad B_{2,3} = 1$$

Es tritt der *doppelte* Eigenwert $B_{2,3} = 1$ auf! Die zugehörige Matrix $(\boldsymbol{B} - B_i \boldsymbol{I})$ besitzt den Rang 1, und zur Bestimmung der Eigenvektoren können zwei Koordinaten frei gewählt werden.

Das orthonormierte Basissystem besteht aus dem zu B_1 gehörenden Eigenvektor

$$\underline{\bar{e}}_1 = \frac{1}{\sqrt{6}} \underline{e}_1 - \frac{1}{\sqrt{6}} \underline{e}_2 + \frac{2}{\sqrt{6}} \underline{e}_3$$

und beliebigen Eigenvektoren $\underline{\bar{e}}_2 \perp \underline{\bar{e}}_3$ in der Ebene senkrecht zu $\underline{\bar{e}}_1$.

Aufgabe 1.18:

Lösen Sie das 2-D-Eigenwertproblem für den symmetrischen zweistufigen Tensor $\underline{\underline{A}}$ mit der Matrixdarstellung

$$\boldsymbol{A} = \begin{pmatrix} A_{11} & A_{12} & 0 \\ A_{12} & A_{22} & 0 \\ 0 & 0 & 0 \end{pmatrix}$$

Unter welchem Winkel φ_0 ist die Hauptachse 1 gegenüber der x_1-Achse geneigt?

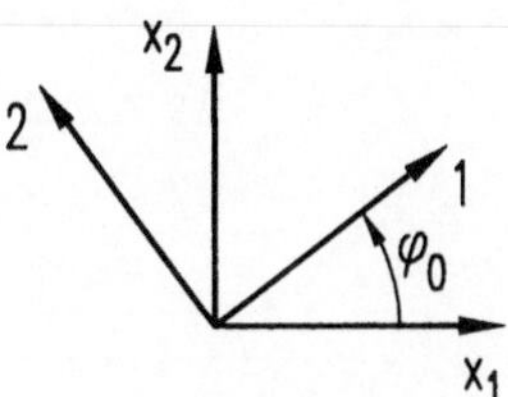

Abb. A.1.2: Neigung der Hauptachsen 1 und 2 gegenüber dem Ausgangssystem x_1, x_2

Lösung:

Die Invarianten des Tensors $\underline{\underline{A}}$ lauten

$$\begin{aligned} I_1^A &= A_{ii} &&= A_{11} + A_{22} \\ I_2^A &= \tfrac{1}{2} (A_{ii} A_{jj} - A_{ij} A_{ij}) &&= A_{11} A_{22} - A_{12}^2 \\ I_3^A &= \det (A_{ij}) &&= 0 \end{aligned}$$

Damit wird entsprechend (1.42) die charakteristische Gleichung

$$A_i^3 - (A_{11} + A_{22}) A_i^2 + (A_{11} A_{22} - A_{12}^2) A_i = 0$$

mit der trivialen Lösung $A_3 = 0$ erhalten. Aus der verbleibenden quadratischen Gleichung

$$A_i^2 - (A_{11} + A_{22})\, A_i + (A_{11}\, A_{22} - A_{12}^2) = 0$$

folgen die Hauptwerte

$$A_{1,2} = \frac{A_{11} + A_{22}}{2} \pm \sqrt{\left(\frac{A_{11} - A_{22}}{2}\right)^2 + A_{12}^2}$$

Die Auswertung der Beziehung (1.40) für $i = 1$

$$\begin{pmatrix} A_{11} - A_1 & A_{12} \\ A_{12} & A_{22} - A_1 \end{pmatrix} \begin{pmatrix} c_{11} \\ c_{12} \end{pmatrix} = \begin{pmatrix} 0 \\ 0 \end{pmatrix}$$

führt auf

$$\tan \varphi_0 = \frac{c_{12}}{c_{11}} = \frac{A_1 - A_{11}}{A_{12}} = \frac{A_{12}}{A_1 - A_{22}}$$

bzw. mit $I_1^A = A_{11} + A_{22} = A_1 + A_2$ (vgl. (1.43) und (1.44)) auf

$$\tan \varphi_0 = \frac{A_{12}}{A_{11} - A_2}$$

A.2 Aufgaben zu Kapitel 2

Aufgabe 2.1:

a) Wie viele Koordinaten besitzt der Spannungstensor $\underline{\underline{\sigma}}$ und wie viele davon sind voneinander unabhängig?

b) Ein zweistufiger Tensor kann als eine Abbildung zwischen zwei Vektoren interpretiert werden. Welche Abbildung vermittelt der Spannungstensor? Welche Bedeutung haben die beiden Indizes in der Koordinatenschreibweise?

c) Zeichnen Sie die Spannungskomponenten, welche zu den Schnittflächen entsprechend Abb. A.2.1 gehören, ein!

Beachten Sie dabei die Vorzeichenkonvention: An einem Schnittufer mit positiv orientiertem Normalenvektor zeigen die Spannungskomponenten in die Richtungen der positiven Koordinatenachsen. An einem Schnittufer mit negativ orientiertem Normalenvektor zeigen die Spannungskomponenten in die Richtungen der negativen Koordinatenachsen.

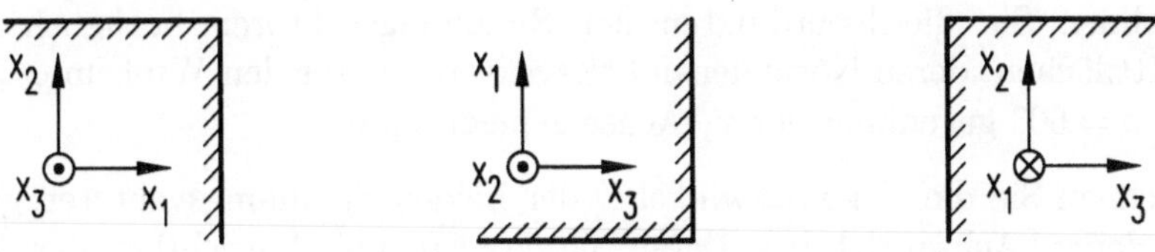

Abb. A.2.1: Orientierung von speziellen Schnittflächen

Lösung:

a) Der Spannungstensor besitzt neun Koordinaten (bzw. Komponenten). Der Drehimpulssatz in lokaler Form führt auf die Symmetrie des Spannungstensors.

$$\sigma_{ij} = \sigma_{ji}$$

Damit besitzt der Spannungstensor nur sechs voneinander unabhängige Koordinaten.

b) Entsprechend der *Cauchy*schen Formel (2.21)

$$\underline{t} = \underline{\underline{\sigma}} \cdot \underline{n} \qquad \text{bzw.} \qquad t_i = \sigma_{ij}\, n_j$$

vermittelt der Spannungstensor $\underline{\underline{\sigma}}$ eine lineare und homogene Abbildung zwischen dem Normaleneinheitsvektor $\underline{n}$ eines beliebig orientierten Schnittflächenelements dA und dem zugehörigen Spannungsvektor $\underline{t}$. Der erste Index der Koordinaten von $\underline{\underline{\sigma}}$ kennzeichnet die Richtung der entsprechenden Schnittfläche, der zweite die Richtung der Spannungskomponente.

c)

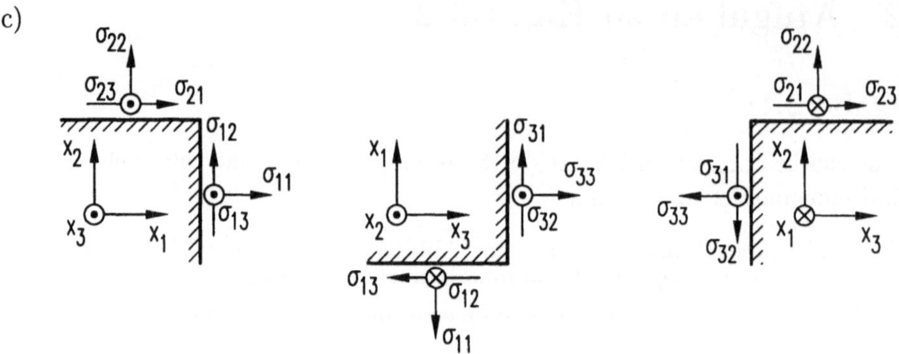

Abb. A.2.2: Flächenelemente mit zugehörigen Spannungskomponenten

Aufgabe 2.2:

Für den speziellen Spannungszustand $\sigma_{11} = \sigma$, $\sigma_{22} = 2\,\sigma$ (alle anderen Spannungskomponenten gleich null) sind die Spannungsvektoren $\underline{t}$, welche an verschieden orientierten Schnittflächen angreifen, zu bestimmen (vgl. Abb. A.2.3).

a) Berechnen Sie die Koordinaten der Spannungsvektoren bezüglich jener Schnittflächen, deren Normaleneinheitsvektoren unter den Winkeln $\varphi = 30°$ bzw. $\varphi = 60°$ gegenüber der x_1-Achse geneigt sind!

b) Berechnen Sie die Neigungswinkel ψ der beiden Spannungsvektoren gegenüber der x_1-Achse und diskutieren Sie das Ergebnis hinsichtlich der Änderungen von φ und ψ!

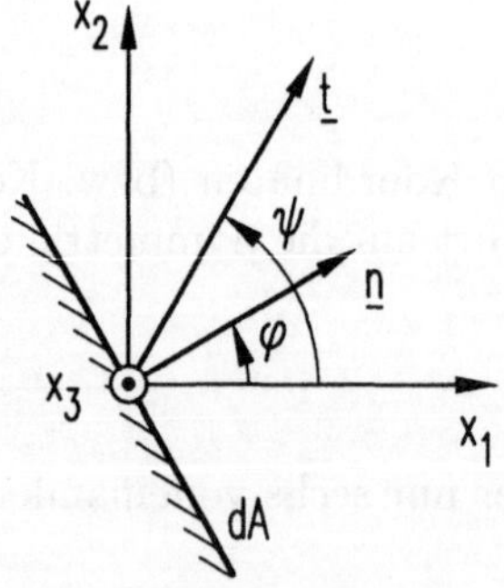

Abb. A.2.3: Spannungsvektor $\underline{t}$ und Normaleneinheitsvektor $\underline{n}$ der Schnittfläche dA

Lösung:

a) Für $\varphi = 30°$ ergeben sich die Koordinaten des Normaleneinheitsvektors zu

$$n_1 = \cos 30° = \frac{\sqrt{3}}{2} \qquad n_2 = \sin 30° = \frac{1}{2} \qquad n_3 = 0$$

Entsprechend der *Cauchy*schen Formel (2.21) gilt:

$$\begin{aligned} t_1 &= \sigma_{11}\, n_1 + \sigma_{12}\, n_2 + \sigma_{13}\, n_3 &= \frac{\sqrt{3}}{2}\,\sigma \\ t_2 &= \sigma_{12}\, n_1 + \sigma_{22}\, n_2 + \sigma_{23}\, n_3 &= \sigma \\ t_3 &= \sigma_{13}\, n_1 + \sigma_{23}\, n_2 + \sigma_{33}\, n_3 &= 0 \end{aligned}$$

Die Koordinaten des Normaleneinheitsvektors bei $\varphi = 60°$ sind

$$n_1 = \cos 60° = \frac{1}{2} \qquad n_2 = \sin 60° = \frac{\sqrt{3}}{2} \qquad n_3 = 0$$

und die Koordinaten des Spannungsvektors lauten

$$t_1 = \frac{1}{2}\,\sigma \qquad t_2 = \sqrt{3}\,\sigma \qquad t_3 = 0$$

b) Für $\varphi = 30°$ ergibt sich

$$\tan\psi = \frac{t_2}{t_1} = \frac{2}{3}\sqrt{3} \qquad \rightarrow \qquad \psi \approx 49{,}1°$$

Dagegen gilt für $\varphi = 60°$

$$\tan\psi = \frac{t_2}{t_1} = 2\sqrt{3} \qquad \rightarrow \qquad \psi \approx 73{,}9°$$

Die Drehung des Normaleneinheitsvektors $\underline{n}$ der Schnittfläche, hier um 30°, ist mit einer Drehung des Spannungsvektors verbunden, wobei dieser Winkel im vorliegenden Fall 24,8° beträgt.

Aufgabe 2.3:

Bestimmen Sie für den Spannungstensor $\underline{\underline{\sigma}}$, dessen Koordinaten jenen des Tensors $\underline{\underline{A}}$ aus Aufgabe 1.15 entsprechen, unter der Annahme eines homogenen Spannungszustandes den Spannungsvektor $\underline{t}$ in den Schnittebenen

a) $x_1 = 0\,,$

b) $2\,x_1 + x_2 = 0\,,$

c) $x_1 + 2\,x_2 + 3\,x_3 = 0\,,$

d) $2\,x_1 + x_2 - 2\,x_3 = 0\,!$

Welche Besonderheit tritt im Fall d (vgl. Aufgabe 1.15b und c) auf?

Anmerkung:

Auf die Angabe einer technisch sinnvollen Größenordnung sowie der Maßeinheit wird verzichtet.

Lösungshinweis:

Ist die Gleichung einer Ebene in der Form $A\,x_1 + B\,x_2 + C\,x_3 + D = 0$ gegeben, lauten die Koordinaten des Normaleneinheitsvektors

$$\begin{pmatrix} n_1 \\ n_2 \\ n_3 \end{pmatrix} = (\pm)\,\frac{1}{\sqrt{A^2 + B^2 + C^2}} \begin{pmatrix} A \\ B \\ C \end{pmatrix}$$

Lösung:

Mit der *Cauchy*schen Formel (2.21) in der Matrixdarstellung gilt:

$$\boldsymbol{t} = \boldsymbol{\sigma}\,\boldsymbol{n} = \begin{pmatrix} 7 & 0 & -2 \\ 0 & 5 & -2 \\ -2 & -2 & 6 \end{pmatrix} \begin{pmatrix} n_1 \\ n_2 \\ n_3 \end{pmatrix}$$

a) $$\boldsymbol{n} = \begin{pmatrix} 1 \\ 0 \\ 0 \end{pmatrix} \qquad \boldsymbol{t} = \begin{pmatrix} 7 \\ 0 \\ -2 \end{pmatrix}$$

b) $$\boldsymbol{n} = \frac{1}{\sqrt{5}} \begin{pmatrix} 2 \\ 1 \\ 0 \end{pmatrix} \qquad \boldsymbol{t} = \frac{1}{\sqrt{5}} \begin{pmatrix} 14 \\ 5 \\ -6 \end{pmatrix}$$

c) $$\boldsymbol{n} = \frac{1}{\sqrt{14}} \begin{pmatrix} 1 \\ 2 \\ 3 \end{pmatrix} \qquad \boldsymbol{t} = \frac{1}{\sqrt{14}} \begin{pmatrix} 1 \\ 4 \\ 12 \end{pmatrix}$$

d) $$\boldsymbol{n} = \frac{1}{3} \begin{pmatrix} 2 \\ 1 \\ -2 \end{pmatrix} \qquad \boldsymbol{t} = \begin{pmatrix} 6 \\ 3 \\ -6 \end{pmatrix}$$

In der Teilaufgabe d) fällt der Normaleneinheitsvektor $\underline{n}$ mit dem Eigenvektor $\underline{\bar{e}}_1$ zusammen. Folglich gilt mit dem Eigenwert $\sigma_1 = 9$:

$$\underline{t} = \underline{\underline{\sigma}} \cdot \underline{\bar{e}}_1 = \sigma_1\,\underline{\bar{e}}_1 = 9\,\underline{\bar{e}}_1$$

Aufgabe 2.4:

Am ebenen Rand entsprechend Abb. A.2.4 greift eine vertikal gerichtete Flächenlast mit der konstanten Intensität p_0 an.

a) Berechnen Sie die Koordinaten des Spannungsvektors $\underline{t}$ bezüglich des angegebenen Koordinatensystems! Untersuchen Sie auf der Basis der *Cauchy*schen Formel die Koordinaten des Spannungstensors $\underline{\underline{\sigma}}$ und diskutieren Sie das Ergebnis!

b) Bestimmen Sie die Koordinaten des Spannungsvektors $\underline{t}$ sowie des Spannungstensors $\underline{\underline{\sigma}}$ bei Verwendung eines gedrehten Koordinatensystems, in welchem der Rand durch die Fläche $x_2 = 0$ beschrieben wird!

Ergänzen Sie die Lösung in beiden Fällen durch Skizzen für Volumenelemente am Rand und tragen Sie die auftretenden Spannungen ein!

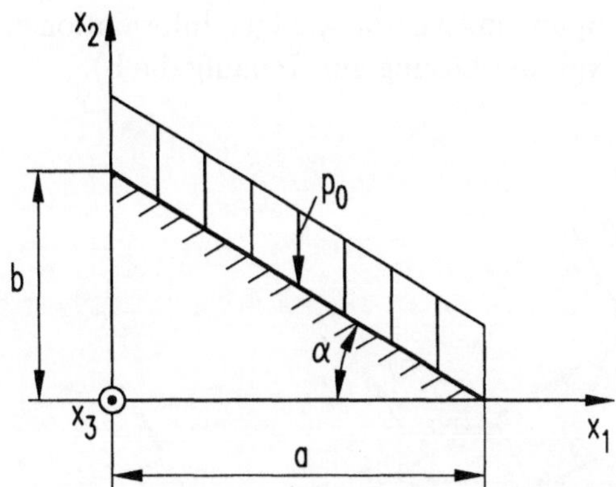

Abb. A.2.4: Ebener Rand mit Flächenlast konstanter Intensität

Lösung:

a)

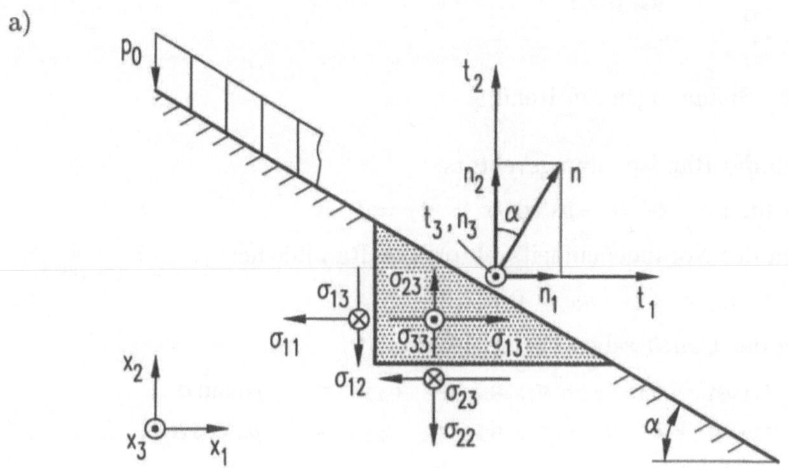

Abb. A.2.5: Spannungen am Rand

Koordinaten des Randspannungsvektors:

$$t_1 = 0 \qquad t_2 = -\,p_0 \qquad t_3 = 0$$

Koordinaten des Normaleneinheitsvektors der Randfläche:

$$n_1 = \sin\alpha \qquad n_2 = \cos\alpha \qquad n_3 = 0 \qquad\qquad \text{mit } \alpha = \arctan\frac{b}{a}$$

*Cauchy*sche Formel (2.21): $t_i = \sigma_{ij}\, n_j$

$$\begin{aligned} t_1 &= \sigma_{11}\, n_1 + \sigma_{12}\, n_2 + \sigma_{13}\, \cancel{n_3} &= 0 \\ t_2 &= \sigma_{12}\, n_1 + \sigma_{22}\, n_2 + \sigma_{23}\, \cancel{n_3} &= -\,p_0 \\ t_3 &= \sigma_{13}\, n_1 + \sigma_{23}\, n_2 + \sigma_{33}\, \cancel{n_3} &= 0 \end{aligned}$$

Diskussion: Die Koordinaten des Spannungstensors $\underline{\underline{\sigma}}$ lassen sich aus den gegebenen Koordinaten des Vektors der Randspannungen $\underline{t}$ nicht eindeutig bestimmen, weil der Spannungsvektor weniger Informationen als der Spannungstensor enthält (vgl. die Lösung zur Teilaufgabe b).

b)

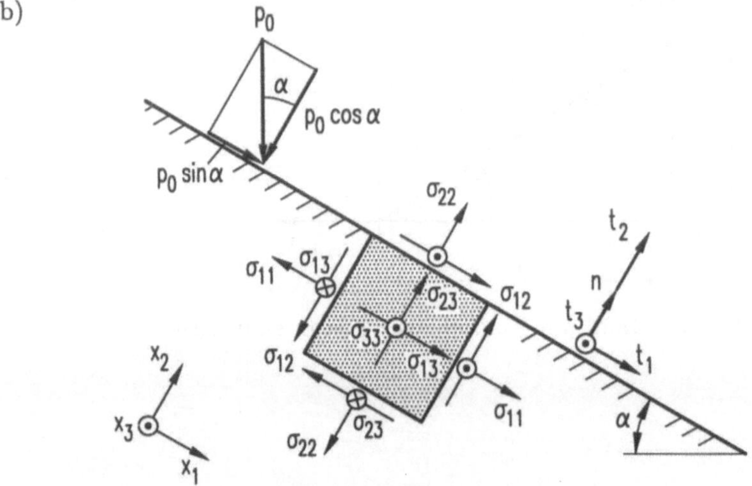

Abb. A.2.6: Spannungen am Rand

Koordinaten des Randspannungsvektors:

$$t_1 = p_0 \sin\alpha \qquad t_2 = -\,p_0 \cos\alpha \qquad t_3 = 0$$

Koordinaten des Normaleneinheitsvektors der Randfläche:

$$n_1 = 0 \qquad n_2 = 1 \qquad n_3 = 0$$

Anwendung der *Cauchy*schen Formel (2.21):

$$\begin{aligned} t_1 &= \sigma_{11}\cancel{n_1} + \sigma_{12}\,n_2 + \sigma_{13}\cancel{n_3} = \sigma_{12} = p_0 \sin\alpha \\ t_2 &= \sigma_{12}\cancel{n_1} + \sigma_{22}\,n_2 + \sigma_{23}\cancel{n_3} = \sigma_{22} = -\,p_0 \cos\alpha \\ t_3 &= \sigma_{13}\cancel{n_1} + \sigma_{23}\,n_2 + \sigma_{33}\cancel{n_3} = \sigma_{23} = 0 \end{aligned}$$

Diskussion: Fällt die Tangentialebene im betrachteten Randpunkt mit einer Koordinatenebene (hier $x_2 = 0$) zusammen, dann sind die so genannten „äußeren“ Spannungen den jeweiligen Koordinaten des Vektors der Randspannungen gleich (hier $t_1 = \sigma_{12}$, $t_2 = \sigma_{22}$, $t_3 = \sigma_{23}$). Für die so genannten „inneren“ Spannungen (hier $\sigma_{11}, \sigma_{13}, \sigma_{33}$) existieren keine Randbedingungen.

Aufgabe 2.5:

Untersuchen Sie die Koordinaten E_{11} und E_{12} des *Lagrange*schen Verzerrungstensors! Betrachten Sie dazu die beiden Fälle (vgl. Abb. 2.7 und Abb. 2.8)

a) $d\overset{0}{\underline{s}}_{(1)} = d\overset{0}{\underline{s}}_{(2)} \parallel x_1$ $(\rightarrow\ d\underline{s}_{(1)} = d\underline{s}_{(2)})$ sowie

b) $d\overset{0}{\underline{s}}_{(1)} \parallel x_1$ und $d\overset{0}{\underline{s}}_{(2)} \parallel x_2$ mit $d\overset{0}{s}_{(1)} = d\overset{0}{s}_{(2)} = d\overset{0}{s}$!

c) Vollziehen Sie den Übergang zur geometrisch linearen Theorie und interpretieren Sie die Ergebnisse!

Lösung:

a)

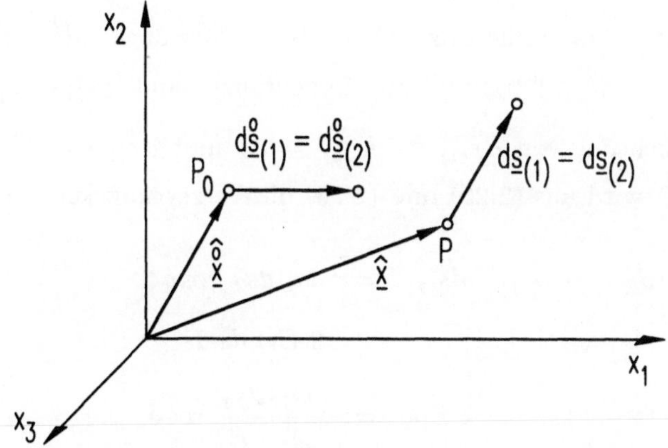

Abb. A.2.7: Materielle Linienelemente im Ausgangs- $(d\overset{0}{\underline{s}}_{(1)} = d\overset{0}{\underline{s}}_{(2)} \parallel x_1)$ und im Momentanzustand $(d\underline{s}_{(1)} = d\underline{s}_{(2)})$

Mit $d\overset{0}{x}_{(1)1} = d\overset{0}{x}_{(2)1} = d\overset{0}{s}$, $d\overset{0}{x}_{(1)2} = d\overset{0}{x}_{(2)2} = 0$, $d\overset{0}{x}_{(1)3} = d\overset{0}{x}_{(2)3} = 0$ und $ds_{(1)} = ds_{(2)} = ds$ folgt aus (2.25) und (2.26)

$$\begin{aligned} ds^2 - (d\overset{0}{s})^2 &= 2\,E_{11}\,d\overset{0}{s}\,d\overset{0}{s} \\ E_{11} &= \frac{1}{2}\,\frac{ds^2 - (d\overset{0}{s})^2}{(d\overset{0}{s})^2} \\ &= \frac{1}{2}\,(\Lambda_{(1)}^2 - 1) \end{aligned}$$

Darin verkörpert $\Lambda_{(1)} = ds/d\overset{0}{s}$ das Streckungsverhältnis von materiellen Linienelementen, die im Ausgangszustand parallel zu x_1 verlaufen.

b)

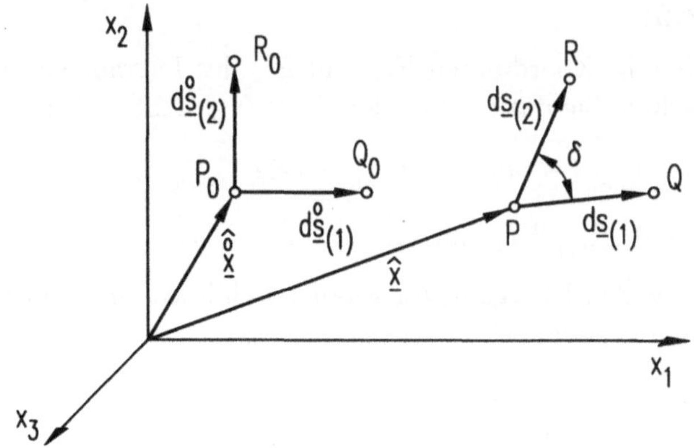

Abb. A.2.8: Materielle Linienelemente im Ausgangs- ($d\overset{0}{\underline{s}}_{(1)} \parallel x_1$, $d\overset{0}{\underline{s}}_{(2)} \parallel x_2$) und im Momentanzustand ($d\underline{s}_{(1)}$, $d\underline{s}_{(2)}$)

Unter Beachtung von $d\overset{0}{x}_{(1)1} = d\overset{0}{x}_{(2)2} = d\overset{0}{s}$ und $d\overset{0}{x}_{(1)2} = d\overset{0}{x}_{(1)3} = d\overset{0}{x}_{(2)1} = d\overset{0}{x}_{(2)3} = 0$ wird aus (2.25) und (2.26) die Verzerrungskoordinate E_{12} erhalten.

$$\begin{aligned} d\underline{s}_{(1)} \cdot d\underline{s}_{(2)} - d\overset{0}{\underline{s}}_{(1)} \cdot d\overset{0}{\underline{s}}_{(2)} &= ds_1 \, ds_2 \, \cos\delta \\ &= 2\, E_{12} \, d\overset{0}{s} \, d\overset{0}{s} \\ 2\, E_{12} &= \frac{ds_1}{d\overset{0}{s}} \frac{ds_2}{d\overset{0}{s}} \cos\delta \\ &= \Lambda_{(1)} \, \Lambda_{(2)} \, \sin\gamma \qquad \text{mit} \quad \gamma = \frac{\pi}{2} - \delta \end{aligned}$$

c) In der geometrisch linearen Theorie resultiert aus

$$E_{11} = \frac{1}{2} \frac{ds^2 - (d\overset{0}{s})^2}{(d\overset{0}{s})^2} = \frac{1}{2} \frac{(ds - d\overset{0}{s})\,(ds + d\overset{0}{s})}{(d\overset{0}{s})^2}$$

mit $ds + d\overset{0}{s} \approx 2\, d\overset{0}{s}$

$$\varepsilon_{11} = \frac{ds - d\overset{0}{s}}{d\overset{0}{s}} = \Lambda_{(1)} - 1$$

ε_{11} verkörpert die relative Längenänderung eines materiellen Linienelements und wird auch als Dehnung bezeichnet. Aus

$$2\, E_{12} = \Lambda_{(1)} \, \Lambda_{(2)} \, \sin\gamma$$

folgt mit $\Lambda_{(1)} \approx 1$, $\Lambda_{(2)} \approx 1$ und $\sin\gamma \approx \gamma$

$$2\, \varepsilon_{12} = \gamma$$

Dabei entspricht γ der Änderung ursprünglich rechter Winkel zwischen materiellen Linienelementen, die im Ausgangszustand parallel zu den Koordinatenachsen angeordnet waren.

Aufgabe 2.6:

Bestimmen Sie für das in den Ortskoordinaten x_i lineare Verschiebungsfeld

$$\begin{aligned} u_1(x_1,x_2,x_3) &= 10^{-3}\,(\;4\,x_1 + 2\,x_2 - x_3\,) \\ u_2(x_1,x_2,x_3) &= 10^{-3}\,(-2\,x_1 + x_2 + 5\,x_3\,) \\ u_3(x_1,x_2,x_3) &= 10^{-3}\,(\;x_1 - x_2 + 4\,x_3\,) \end{aligned}$$

den Verzerrungstensor $\underline{\underline{\varepsilon}}$ sowie die Hauptdehnungen und Hauptdehnungsrichtungen! Welche geometrische Bedeutung besitzen der Kugelanteil $\underline{\underline{\varepsilon}}^k$ und der deviatorische Anteil $\underline{\underline{\varepsilon}}^d$ des Verzerrungstensors?

Lösung:

Mit (2.28) wird für den Verzerrungstensor erhalten:

$$\varepsilon_{ij} = \tfrac{1}{2}\,(u_{i,j} + u_{j,i}) = 10^{-3}\begin{pmatrix} 4 & 0 & 0 \\ 0 & 1 & 2 \\ 0 & 2 & 4 \end{pmatrix}$$

Da die Verschiebungen $\underline{u}$ linear von den Ortskoordinaten $\underline{x}$ abhängen, ergibt sich im betrachteten Gebiet ein räumlich konstantes, sog. homogenes Verzerrungsfeld. Der Verzerrungstensor ist wegen (2.28) symmetrisch und seine Eigenwerte sind daher reell. Die Eigenwerte von $\underline{\underline{\varepsilon}}$ stellen die Hauptdehnungen, die zugehörigen Eigenvektoren die Hauptdehnungsrichtungen dar.

Mit den Invarianten

$$I_1^\varepsilon = 9\cdot 10^{-3} \qquad I_2^\varepsilon = 20\cdot 10^{-6} \qquad I_3^\varepsilon = 0$$

folgt als charakteristische Gleichung

$$\varepsilon_i^3 - 9\cdot 10^{-3}\,\varepsilon_i^2 + 20\cdot 10^{-6}\,\varepsilon_i = 0$$

Wegen $I_3^\varepsilon = 0$ verschwindet der konstante Anteil der charakteristischen Gleichung. Damit ist ein Eigenwert null und die beiden anderen Eigenwerte ergeben sich als Lösungen der verbleibenden quadratischen Gleichung. Die Eigenwerte und Eigenvektoren lauten:

$$\begin{aligned} \varepsilon_1 &= 5\cdot 10^{-3} & \bar{\underline{e}}_1 &= \tfrac{1}{\sqrt{5}}\,(\underline{e}_2 + 2\,\underline{e}_3) \\ \varepsilon_2 &= 4\cdot 10^{-3} & \bar{\underline{e}}_2 &= \underline{e}_1 \\ \varepsilon_3 &= 0 & \bar{\underline{e}}_3 &= \tfrac{1}{\sqrt{5}}\,(2\,\underline{e}_2 - \underline{e}_3) \end{aligned}$$

Anmerkung: Da die Hauptdehnung ε_3 null ist, liegt in der durch die Eigenvektoren $\bar{\underline{e}}_1$ und $\bar{\underline{e}}_2$ aufgespannten Ebene ein ebener Verzerrungszustand vor.

Der Kugelanteil des Verzerrungstensors

$$\varepsilon_{ij}^{k} = \tfrac{1}{3}\,\varepsilon_{mm}\,\delta_{ij} = 10^{-3}\begin{pmatrix} 3 & 0 & 0 \\ 0 & 3 & 0 \\ 0 & 0 & 3 \end{pmatrix}$$

beschreibt eine gleichförmige Dehnung in allen Richtungen des Raumes. Im Hauptachsensystem gilt für die relative Volumenänderung, auch Volumendehnung e genannt,

$$\begin{aligned} e &= \frac{\Delta(dV)}{dV_0} = \frac{dV - dV_0}{dV_0} \\ &= \frac{(1+\varepsilon_1)d\overset{0}{s}_1\,(1+\varepsilon_2)d\overset{0}{s}_2\,(1+\varepsilon_3)d\overset{0}{s}_3 - d\overset{0}{s}_1\,d\overset{0}{s}_2\,d\overset{0}{s}_3}{d\overset{0}{s}_1\,d\overset{0}{s}_2\,d\overset{0}{s}_3} \\ &\approx \varepsilon_1 + \varepsilon_2 + \varepsilon_3 \end{aligned}$$

Unter der Voraussetzung kleiner Verzerrungen werden die Glieder höherer Ordnung vernachlässigt. Damit folgt

$$e \approx I_1^{\varepsilon} = \varepsilon_{ii} = \varepsilon_{11} + \varepsilon_{22} + \varepsilon_{33} = \varepsilon_1 + \varepsilon_2 + \varepsilon_3 = 9 \cdot 10^{-3}$$

Der Verzerrungsdeviator ergibt sich zu

$$\varepsilon_{ij}^{d} = \varepsilon_{ij} - \varepsilon_{ij}^{k} = 10^{-3}\begin{pmatrix} 1 & 0 & 0 \\ 0 & -2 & 2 \\ 0 & 2 & 1 \end{pmatrix}$$

Da seine erste Invariante gleich null ist, wird mit dem Verzerrungsdeviator die reine Gestaltänderung beschrieben. Seine Eigenwerte betragen

$$\varepsilon_1^d = 2 \cdot 10^{-3}, \qquad \varepsilon_2^d = 1 \cdot 10^{-3}, \qquad \varepsilon_3^d = -3 \cdot 10^{-3}$$

und die zugehörigen Eigenvektoren stimmen mit denen des Verzerrungstensors überein (vgl. Aufgabe 1.16).

Aufgabe 2.7:

Erfüllen die Verschiebungsansätze dritten Grades

$$
\begin{aligned}
u_1(x_1,x_2,x_3) &= a_{00} + a_{10}\,x_1 + a_{01}\,x_2 + a_{20}\,x_1^2 + a_{11}\,x_1\,x_2 + a_{02}\,x_2^2 \\
&\quad + a_{30}\,x_1^3 + a_{21}\,x_1^2\,x_2 + a_{12}\,x_1\,x_2^2 + a_{03}\,x_2^3 \\
u_2(x_1,x_2,x_3) &= b_{00} + b_{10}\,x_1 + b_{01}\,x_2 + b_{20}\,x_1^2 + b_{11}\,x_1\,x_2 + b_{02}\,x_2^2 \\
&\quad + b_{30}\,x_1^3 + b_{21}\,x_1^2\,x_2 + b_{12}\,x_1\,x_2^2 + b_{03}\,x_2^3 \\
u_3(x_1,x_2,x_3) &= 0
\end{aligned}
$$

die Kompatibilitätsbedingungen (2.36)?

Lösung:

Die Auswertung der Verzerrungs-Verschiebungs-Beziehung $\varepsilon_{ij} = \frac{1}{2}(u_{i,j} + u_{j,i})$ ergibt:

$$
\begin{aligned}
\varepsilon_{11} &= a_{10} + 2\,a_{20}\,x_1 + a_{11}\,x_2 + 3\,a_{30}\,x_1^2 + 2\,a_{21}\,x_1\,x_2 + a_{12}\,x_2^2 \\
\varepsilon_{22} &= b_{01} + b_{11}\,x_1 + 2\,b_{02}\,x_2 + b_{21}\,x_1^2 + 2\,b_{12}\,x_1\,x_2 + 3\,b_{03}\,x_2^2 \\
\varepsilon_{12} &= \tfrac{1}{2}\,(\,a_{01} + a_{11}\,x_1 + 2\,a_{02}\,x_2 + a_{21}\,x_1^2 + 2\,a_{12}\,x_1\,x_2 + 3\,a_{03}\,x_2^2 \\
&\quad + b_{10} + 2\,b_{20}\,x_1 + b_{11}\,x_2 + 3\,b_{30}\,x_1^2 + 2\,b_{21}\,x_1\,x_2 + b_{12}\,x_2^2\,) \\
\varepsilon_{33} &= \varepsilon_{13} = \varepsilon_{23} = 0
\end{aligned}
$$

Die erste Gleichung der Kompatibilitätsbedingungen ist erfüllt:

$$
\varepsilon_{11,22} + \varepsilon_{22,11} - 2\,\varepsilon_{12,12} = 2\,a_{12} + 2\,b_{21} - 2\,\tfrac{1}{2}\,(2\,a_{12} + 2\,b_{21}) = 0
$$

Die in den übrigen Gleichungen auftretenden Ableitungen sind sämtlich gleich null.

Aufgabe 2.8:

Welchen Zusammenhang zwischen den Koordinaten von Spannungs- und Verzerrungstensor vermitteln

a) die Koordinaten E_{ijkl} mit $i = j = k = l$

b) die Koordinaten E_{ijkl} mit $i = j$, $k = l$, jedoch $i \neq k$

c) die Koordinaten E_{ijkl} mit $i = j$, $k \neq l$

d) die Koordinaten E_{ijkl} mit $i \neq j$, $k = l$

e) die Koordinaten E_{ijkl} mit $i \neq j$, $k \neq l$, jedoch $i = k$, $j = l$ oder $i = l$, $j = k$

f) die Koordinaten E_{ijkl} mit $i \neq j$, $k \neq l$ sowie $i \neq k, l$ oder $j \neq k, l$

des vierstufigen Elastizitätstensors und welche Werte besitzen diese für isotropes Materialverhalten?

Welche Form nimmt die Elastizitätsbeziehung (2.42) bei Nutzung der Matrizenschreibweise an?

Lösung:

Für isotropes Materialverhalten können die Koordinaten des Elastizitätstensors mit Hilfe von (2.54)

$$E_{ijkl} = \frac{E}{1+\nu}\left[\frac{1}{2}(\delta_{ik}\,\delta_{jl} + \delta_{il}\,\delta_{jk}) + \frac{\nu}{1-2\,\nu}\,\delta_{ij}\,\delta_{kl}\right]$$

berechnet werden.

a) Die Koordinaten E_{ijkl} mit $i = j = k = l$ vermitteln den Zusammenhang zwischen Dehnungen und Normalspannungen bezüglich gleicher Richtungen.

$$\text{Isotropie:} \quad \underbrace{E_{1111} = E_{2222} = E_{3333}}_{\text{3 Koordinaten}} = \frac{1-\nu}{(1+\nu)(1-2\nu)}\,E$$

b) Die Koordinaten E_{ijkl} mit $i = j$, $k = l$, jedoch $i \neq k$ vermitteln den Zusammenhang zwischen Dehnungen und Normalspannungen bezüglich unterschiedlicher Richtungen.

$$\text{Isotropie:} \quad \underbrace{E_{1122} = E_{1133} = E_{2233} = \ldots}_{\text{6 Koordinaten}} = \frac{\nu}{(1+\nu)(1-2\nu)}\,E$$

c) Die Koordinaten E_{ijkl} mit $i = j$, $k \neq l$ vermitteln den Zusammenhang zwischen Schubverzerrungen und Normalspannungen.

$$\text{Isotropie:} \quad \underbrace{E_{1112} = E_{1121} = E_{1113} = \ldots}_{\text{18 Koordinaten}} = 0$$

d) Die Koordinaten E_{ijkl} mit $i \neq j,\ k = l$ vermitteln den Zusammenhang zwischen Dehnungen und Schubspannungen.

$$\text{Isotropie :} \qquad \underbrace{E_{1211} = E_{2111} = E_{1311} = \ldots}_{18 \text{ Koordinaten}} = 0$$

e) Die Koordinaten E_{ijkl} mit $i \neq j$, $k \neq l$, jedoch $i = k$, $j = l$ oder $i = l$, $j = k$ vermitteln den Zusammenhang zwischen Schubverzerrungen und zugehörigen Schubspannungen.

$$\text{Isotropie :} \qquad \underbrace{E_{1212} = E_{1221} = E_{1313} = \ldots}_{12 \text{ Koordinaten}} = \frac{E}{2\,(1+\nu)} = G$$

f) Die Koordinaten E_{ijkl} mit $i \neq j,\ k \neq l$ sowie $i \neq k,l$ oder $j \neq k,l$ vermitteln den Zusammenhang zwischen Schubverzerrungen und nicht zugehörigen Schubspannungen.

$$\text{Isotropie :} \qquad \underbrace{E_{1213} = E_{1231} = E_{1223} = \ldots}_{24 \text{ Koordinaten}} = 0$$

Damit wurden alle $3^4 = 81$ Koordinaten des Elastizitätstensors vierter Stufe hinsichtlich des Zusammenhangs, der zwischen Verzerrungen und Spannungen vermittelt wird, untersucht, sowie zusätzlich deren Größe für isotropes Materialverhalten angegeben.

Werden die unabhängigen Koordinaten des Spannungs- und des Verzerrungstensors in Spaltenmatrizen

$$\boldsymbol{\sigma} = \begin{pmatrix} \sigma_{11} \\ \sigma_{22} \\ \sigma_{33} \\ \sigma_{12} \\ \sigma_{23} \\ \sigma_{13} \end{pmatrix} \qquad \text{bzw.} \qquad \boldsymbol{\varepsilon} = \begin{pmatrix} \varepsilon_{11} \\ \varepsilon_{22} \\ \varepsilon_{33} \\ 2\,\varepsilon_{12} \\ 2\,\varepsilon_{23} \\ 2\,\varepsilon_{13} \end{pmatrix}$$

zusammengefasst, kann die Elastizitätsbeziehung unter Nutzung der Elastizitätsmatrix $\boldsymbol{E}$ (vgl. (2.44)) in der Form

$$\boldsymbol{\sigma} = \boldsymbol{E}\,\boldsymbol{\varepsilon}$$

geschrieben werden. Für isotropes Materialverhalten besitzt die Elastizitätsmatrix die Darstellung

$$\boldsymbol{E} = \frac{E}{(1+\nu)(1-2\nu)} \begin{pmatrix} 1-\nu & \nu & \nu & 0 & 0 & 0 \\ \nu & 1-\nu & \nu & 0 & 0 & 0 \\ \nu & \nu & 1-\nu & 0 & 0 & 0 \\ 0 & 0 & 0 & \frac{1-2\nu}{2} & 0 & 0 \\ 0 & 0 & 0 & 0 & \frac{1-2\nu}{2} & 0 \\ 0 & 0 & 0 & 0 & 0 & \frac{1-2\nu}{2} \end{pmatrix}$$

Aufgabe 2.9:

Vergleichen Sie das verallgemeinerte *Hooke*sche Gesetz in der Koordinatenschreibweise $\sigma_{ij} = E_{ijkl}\,\varepsilon_{kl} - \beta_{ij}\,\vartheta$ bei Voraussetzung isotropen Materialverhaltens mit der klassischen Darstellung (Festigkeitslehre)!

Lösung:

Da Isotropie vorausgesetzt wurde, ist es ausreichend, jeweils nur eine Normalspannung und eine Schubspannung, beispielsweise σ_{11} und σ_{12}, zu untersuchen. Für die Normalspannung σ_{11} gilt unter Berücksichtigung von (2.54)

$$\begin{aligned}
\sigma_{11} &= E_{11kl}\,\varepsilon_{kl} - \beta_{11}\,\vartheta \\
&= E_{1111}\,\varepsilon_{11} + E_{1122}\,\varepsilon_{22} + E_{1133}\,\varepsilon_{33} - \beta_{11}\,\vartheta \\
&= \frac{E}{(1+\nu)(1-2\nu)}\left[(1-\nu)\,\varepsilon_{11} + \nu\,\varepsilon_{22} + \nu\,\varepsilon_{33}\right] - \frac{E\,\alpha}{1-2\,\nu}\,\vartheta \\
&= \frac{E}{(1+\nu)}\left[\varepsilon_{11} + \frac{\nu}{1-2\nu}\underbrace{(\varepsilon_{11}+\varepsilon_{22}+\varepsilon_{33})}_{e}\right] - \frac{E\,\alpha}{1-2\,\nu}\,\vartheta
\end{aligned}$$

Dagegen wird für die Schubspannung σ_{12} erhalten:

$$\begin{aligned}
\sigma_{12} &= E_{12kl}\,\varepsilon_{kl} \\
&= E_{1212}\,\varepsilon_{12} + E_{1221}\,\varepsilon_{21} \\
&= 2\,E_{1212}\,\varepsilon_{12} \;=\; 2\,\frac{E}{2\,(1+\nu)}\,\varepsilon_{12} \;=\; 2\,G\,\varepsilon_{12}
\end{aligned}$$

Unter Beachtung von $\gamma_{ij} = 2\,\varepsilon_{ij}$ $(i \neq j)$ (vgl. (2.28)) entspricht dies der klassischen Formulierung $\sigma_{12} = G\,\gamma_{12}$. Die Schubverzerrung $\varepsilon_{12} = \varepsilon_{21}$ entspricht bekanntlich der Hälfte des Gleitwinkels γ_{12}!

A.3 Aufgaben zu Kapitel 3

Aufgabe 3.1:

a) Welche spezielle Form besitzt der Spannungstensor für einen ebenen Spannungszustand (ESZ) in der x_1, x_2-Ebene?

b) Wie lauten der zugehörige Verzerrungstensor bei Isotropie und der Zusammenhang zwischen den drei Dehnungen? Welchen Wert besitzt die Querkontraktionszahl ν bei $\vartheta = 0$ und Inkompressibilität?

c) Geben Sie das verallgemeinerte *Hooke*sche Gesetz des ebenen Spannungszustandes für die Spannungen als Funktion der Verzerrungen an!

Lösung:

a) Für einen ebenen Spannungszustand in der x_1, x_2-Ebene sind alle Spannungskoordinaten $\sigma_{i3} = \sigma_{3i}$ gleich null. Damit besitzt der Spannungstensor die spezielle Form

$$\sigma = \begin{pmatrix} \sigma_{11} & \sigma_{12} & 0 \\ \sigma_{12} & \sigma_{22} & 0 \\ 0 & 0 & 0 \end{pmatrix}$$

b) Infolge der Querkontraktion lautet der Verzerrungstensor:

$$\varepsilon = \begin{pmatrix} \varepsilon_{11} & \varepsilon_{12} & 0 \\ \varepsilon_{12} & \varepsilon_{22} & 0 \\ 0 & 0 & \varepsilon_{33} \end{pmatrix}$$

Aus der Beziehung (2.55) und $\sigma_{33} = 0$

$$\begin{aligned} \sigma_{33} &= \frac{E}{1+\nu}\left[\varepsilon_{33} + \frac{\nu}{1-2\nu}(\varepsilon_{11}+\varepsilon_{22}+\varepsilon_{33})\right] - \frac{E\,\alpha}{1-2\nu}\,\vartheta \\ &= \frac{E\,\nu}{(1+\nu)(1-2\nu)}\left[\varepsilon_{11}+\varepsilon_{22}+\frac{1-\nu}{\nu}\,\varepsilon_{33}\right] - \frac{E\,\alpha}{1-2\nu}\,\vartheta \;=\; 0 \end{aligned}$$

folgt der Zusammenhang

$$\varepsilon_{33} = -\frac{\nu}{1-\nu}(\varepsilon_{11}+\varepsilon_{22}) + \frac{1+\nu}{1-\nu}\,\alpha\,\vartheta$$

Bei $\vartheta = 0$ resultieren aus der Inkompressibilität ($\varepsilon_{ii} = 0$, vgl. Aufgabe 2.6) die Bedingung $\nu/(1-\nu) = 1$ und damit der Wert $\nu = 0{,}5$.

c) Die Umstellung von (3.7) führt auf:

$$\begin{aligned} \sigma_{11} &= \frac{E}{1-\nu^2}(\varepsilon_{11}+\nu\,\varepsilon_{22}) - \frac{E}{1-\nu}\,\alpha\,\vartheta & \sigma_{12} &= 2G\,\varepsilon_{12} \\ \sigma_{22} &= \frac{E}{1-\nu^2}(\varepsilon_{22}+\nu\,\varepsilon_{11}) - \frac{E}{1-\nu}\,\alpha\,\vartheta & \sigma_{23} &= 0 \\ \sigma_{33} &= 0 & \sigma_{13} &= 0 \end{aligned}$$

Aufgabe 3.2:

a) Welche spezielle Form nimmt der Verzerrungstensor für einen ebenen Verzerrungszustand (EVZ) in der x_1, x_2-Ebene ($u_3 = 0$) an?

b) Welche Folgerung ergibt sich damit aus dem verallgemeinerten *Hooke*schen Gesetz bei isotropem Materialverhalten für die Spannungen in Abhängigkeit von den Verzerrungen?

c) Welche spezielle Form besitzt der Spannungstensor? Wie lautet der Zusammenhang zwischen den Normalspannungen?

Lösung:

a) Für einen ebenen Verzerrungszustand in der x_1, x_2-Ebene sind alle Verzerrungskoordinaten $\varepsilon_{i3} = \varepsilon_{3i}$ gleich null. Damit besitzt der Verzerrungstensor die spezielle Form

$$\varepsilon = \begin{pmatrix} \varepsilon_{11} & \varepsilon_{12} & 0 \\ \varepsilon_{12} & \varepsilon_{22} & 0 \\ 0 & 0 & 0 \end{pmatrix}$$

b) Mit Hilfe von (2.55) werden die folgenden Zusammenhänge zwischen den Spannungen und den Verzerrungen erhalten.

$$\sigma_{11} = \frac{E}{(1+\nu)(1-2\nu)} \left[(1-\nu)\,\varepsilon_{11} + \nu\,\varepsilon_{22} - (1+\nu)\,\alpha\,\vartheta \right]$$

$$\sigma_{22} = \frac{E}{(1+\nu)(1-2\nu)} \left[\nu\,\varepsilon_{11} + (1-\nu)\,\varepsilon_{22} - (1+\nu)\,\alpha\,\vartheta \right]$$

$$\sigma_{33} = \frac{E\,\nu}{(1+\nu)(1-2\nu)} \left[\varepsilon_{11} + \varepsilon_{22} - \frac{1+\nu}{\nu}\,\alpha\,\vartheta \right]$$

$$\sigma_{12} = 2G\,\varepsilon_{12} \qquad \sigma_{23} = 0 \qquad \sigma_{13} = 0$$

c) Damit nimmt der Spannungstensor folgende spezielle Form an:

$$\sigma = \begin{pmatrix} \sigma_{11} & \sigma_{12} & 0 \\ \sigma_{12} & \sigma_{22} & 0 \\ 0 & 0 & \sigma_{33} \end{pmatrix}$$

Die Beziehung (2.56) führt mit $\varepsilon_{33} = 0$ auf

$$\sigma_{33} - \nu\,(\sigma_{11} + \sigma_{22}) + E\,\alpha\,\vartheta = 0$$

Aufgabe 3.3:

Eine Rechteckscheibe der Dicke h, auf welche die Flächenlast konstanter Intensität p_0 einwirkt, ist an der Stelle $x_1 = l_1$ fest eingespannt (Abb. A.3.1). Auf der Grundlage der Ergebnisse der elementaren Biegetheorie soll die *Airy*sche Spannungsfunktion F ermittelt werden.

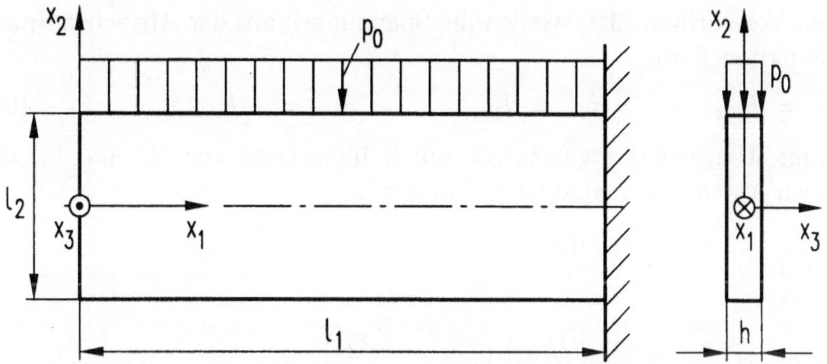

Abb. A.3.1: Rechteckscheibe unter konstanter Flächenlast

Gegeben: p_0, l_1, l_2, h, $(h \ll l_1, l_2)$

a) Welche Spannungsverteilung ergibt sich für die elementare Biegetheorie?

b) Wie lauten die Spannungsrandbedingungen?

c) Ermitteln Sie die *Airy*sche Spannungsfunktion!

Lösung:

a) Im Rahmen der elementaren Biegetheorie lassen sich die Biegespannung σ_{11} und die Querkraftschubspannung σ_{12} berechnen.

$$\sigma_{11}(x_1, x_2) = -\frac{M_3(x_1)}{I_{33}}\, x_2 = \frac{6\,p_0}{l_2^3}\, x_1^2\, x_2 \tag{1}$$

$$\sigma_{12}(x_1, x_2) = \frac{Q_2(x_1)\, S_3(x_2)}{h\, I_{33}} = \frac{6\,p_0}{l_2^3}\, x_1 \left(\frac{l_2^2}{4} - x_2^2\right) \tag{2}$$

$\sigma_{22}(x_1, x_2)$ wird in der elementaren Theorie nicht berücksichtigt.

b) Spannungsrandbedingungen

- linker Rand $(x_1 = 0,\ -l_2/2 \leq x_2 \leq l_2/2)$, lastfrei:

$$\sigma_{11}(x_1 = 0, x_2) = 0 \tag{3}$$

$$\sigma_{12}(x_1 = 0, x_2) = 0 \tag{4}$$

- oberer Rand $(0 \leq x_1 \leq l_1,\ x_2 = l_2/2)$, Drucklast p_0:

$$\sigma_{22}(x_1, x_2 = l_2/2) = -p_0 \tag{5}$$

$$\sigma_{12}(x_1, x_2 = l_2/2) = 0 \tag{6}$$

– unterer Rand ($0 \le x_1 \le l_1,\ x_2 = -\,l_2/2$), lastfrei:

$$\sigma_{22}(x_1, x_2 = -\,l_2/2) \;=\; 0 \tag{7}$$

$$\sigma_{12}(x_1, x_2 = -\,l_2/2) \;=\; 0 \tag{8}$$

Die Spannungen (1) und (2) erfüllen die Randbedingungen (3), (4), (6) und (8).

c) Mit den Vorschriften (3.9) werden die Spannungen aus der *Airy*schen Spannungsfunktion F zu

$$\sigma_{11} \;=\; F_{,22} \qquad \sigma_{22} \;=\; F_{,11} \qquad \sigma_{12} \;=\; -\,F_{,12} \tag{9}$$

bestimmt. Umgekehrt ergeben sich durch Integration von (1) und (2) die folgenden Anteile einer Spannungsfunktion $F_{(1)}$.

$$\sigma_{11}(x_1, x_2) \quad\rightarrow\quad \frac{6\,p_0}{l_2^3}\,x_1^2\,\frac{x_2^3}{6}$$

$$\sigma_{12}(x_1, x_2) \quad\rightarrow\quad \frac{6\,p_0}{l_2^3}\,x_1^2\left(\frac{x_2^3}{6} - \frac{l_2^2\,x_2}{8}\right)$$

Weitere Terme, die bei der Integration entstehen und zur Änderung der Spannungen gegenüber der elementaren Biegetheorie und damit zur Verletzung der Randbedingungen führen, wurden nicht berücksichtigt.

Somit lautet die Spannungsfunktion

$$F_{(1)} \;=\; \frac{6\,p_0}{l_2^3}\,x_1^2\left(\frac{x_2^3}{6} - \frac{l_2^2\,x_2}{8}\right) \tag{10}$$

Aus (10) folgt für die Normalspannung

$$\sigma_{22}(x_1, x_2) \;=\; F_{(1),11} \;=\; \frac{6\,p_0}{l_2^3}\left(\frac{x_2^3}{3} - \frac{l_2^2\,x_2}{4}\right) \tag{11}$$

Die entsprechenden Spannungen am oberen und unteren Rand

$$\sigma_{22}(x_1, x_2 = \pm\,l_2/2) \;=\; \mp\,\frac{1}{2}\,p_0 \tag{12}$$

verletzen die Randbedingungen (5) und (7).

Das Ziel einer ersten Korrektur besteht zunächst in einer solchen Änderung von $F_{(1)}$, dass die Randbedingungen für σ_{22} ohne Auswirkungen auf σ_{11} und σ_{12} erfüllt werden. Ausgehend von (5), (7), (9) und (12) wird dazu ein Zusatzglied

$$-\,\frac{1}{2}\,p_0\,\frac{x_1^2}{2} \;=\; \frac{6\,p_0}{l_2^3}\,x_1^2\left(-\,\frac{l_2^3}{24}\right)$$

benötigt, welches zusammen mit $F_{(1)}$ laut (10) auf die neue Spannungsfunktion $F_{(2)}$ führt.

$$F_{(2)} \;=\; \frac{6\,p_0}{l_2^3}\,x_1^2\left(\frac{x_2^3}{6} - \frac{l_2^2\,x_2}{8} - \frac{l_2^3}{24}\right) \tag{13}$$

Neben den Randbedingungen muss die Spannungsfunktion $F_{(2)}$ der Differenzialgleichung (3.10)

$$\Delta\Delta F = F_{,1111} + 2\,F_{,1122} + F_{,2222} = 0 \tag{14}$$

genügen. Mit (13) folgt daraus

$$\Delta\Delta F_{(2)} = \frac{6\,p_0}{l_2^3}\,4\,x_2 \neq 0 \tag{15}$$

Die nochmalige Korrektur der Spannungsfunktion dient der Erfüllung der Differenzialgleichung (14), wobei keine Beeinflussung der Spannungen σ_{22} und σ_{12}, welche den Randbedingungen (4) bis (8) genügen, eintreten soll. Das wird mit einem Zusatzglied $6\,p_0/l_2^3 \cdot (-4\,x_2)$ in der Differenzialgleichung für F (vgl. (14), (15)) erreicht, welches viermal zu integrieren ist.

$$\frac{6\,p_0}{l_2^3}\int\!\!\int\!\!\int\!\!\int(-\,4\,x_2)\,(dx_2)^4 =$$

$$= \frac{6\,p_0}{l_2^3}\left(-\,\frac{1}{30}\,x_2^5 + \frac{1}{6}\,c_1\,x_2^3 + \frac{1}{2}\,c_2\,x_2^2 + c_3\,x_2 + c_4\right)$$

Hier können die Terme $c_3\,x_2$ und c_4 entfallen, weil sie keine Auswirkungen auf die Spannungen haben (vgl. (9)). Im Ergebnis dieser Korrektur entsteht die Spannungsfunktion

$$\left.\begin{aligned} F_{(3)} = \frac{6\,p_0}{l_2^3}\Big(&\frac{1}{6}\,x_1^2\,x_2^3 - \frac{1}{8}\,l_2^2\,x_1^2\,x_2 - \frac{1}{24}\,l_2^3\,x_1^2 \\ &-\frac{1}{30}\,x_2^5 + \frac{1}{6}\,c_1\,x_2^3 + \frac{1}{2}\,c_2\,x_2^2\Big) \end{aligned}\right\} \tag{16}$$

welche nur noch an die Randbedingung (3) angepasst werden muss. Aus $F_{(3)}$ laut (16) folgen mit (9)

$$\sigma_{11} = F_{(3),22} = \frac{6\,p_0}{l_2^3}\left(x_1^2\,x_2 - \frac{2}{3}\,x_2^3 + c_1\,x_2 + c_2\right) \tag{17}$$

und

$$\sigma_{11}(x_1 = 0, x_2) = \frac{6\,p_0}{l_2^3}\left(-\,\frac{2}{3}\,x_2^3 + c_1\,x_2 + c_2\right) \neq 0$$

Auf der Basis von $F_{(3)}$ mit den noch unbekannten Konstanten c_1 und c_2 ist lediglich die Erfüllung der integralen Äquivalenzbedingungen

$$N(x_1) = \int_A \sigma_{11}(x_1, x_2)\,dA = h\int_{-\,l_2/2}^{l_2/2}\sigma_{11}(x_1, x_2)\,dx_2 = 0 \tag{18}$$

und

$$\left.\begin{aligned} M_3(x_1) &= -\int_A \sigma_{11}(x_1,x_2)\,x_2\,dA \\ &= -h\int_{-l_2/2}^{l_2/2} \sigma_{11}(x_1,x_2)\,x_2\,dx_2 \;=\; -\frac{1}{2}\,p_0\,h\,x_1^2 \end{aligned}\right\} \qquad (19)$$

möglich. Aus der Bedingung (18) resultiert zusammen mit (17)

$$N(x_1) = \frac{6\,p_0}{l_2^3}\,c_2\,l_2 = 0$$

Unter Beachtung von $c_2 = 0$ werden aus (19) sowie (17)

$$\frac{6\,p_0}{l_2^3}\left(\frac{1}{12}\,x_1^2\,l_2^3 - \frac{1}{120}\,l_2^5 + \frac{1}{12}\,c_1\,l_2^3\right) = \frac{1}{2}\,p_0\,x_1^2$$

und die Schlussfolgerung $c_1 = l_2^2/10$ erhalten. Die endgültige Form der Spannungsfunktion $F_{(3)}$ lautet damit

$$\left.\begin{aligned} F_{(3)} = \frac{6\,p_0}{l_2^3}\bigg(&\frac{1}{6}\,x_1^2\,x_2^3 - \frac{1}{8}\,l_2^2\,x_1^2\,x_2 \\ &- \frac{1}{24}\,l_2^3\,x_1^2 - \frac{1}{30}\,x_2^5 + \frac{1}{60}\,l_2^2\,x_2^3\bigg) \end{aligned}\right\} \qquad (20)$$

Bei Berücksichtigung von (1), (9) und (20) entsteht das folgende Endergebnis für die Spannungen (vgl. auch Abb. A.3.2):

$$\sigma_{11}(x_1,x_2) = p_0\left(6\,\frac{x_1^2\,x_2}{l_2^3} + \frac{3}{5}\,\frac{x_2}{l_2} - 4\,\frac{x_2^3}{l_2^3}\right)$$

$$\sigma_{22}(x_1,x_2) = p_0\left(2\,\frac{x_2^3}{l_2^3} - \frac{3}{2}\,\frac{x_2}{l_2} - \frac{1}{2}\right)$$

$$\sigma_{12}(x_1,x_2) = p_0\left(\frac{3}{2}\,\frac{x_1}{l_2} - 6\,\frac{x_1\,x_2^2}{l_2^3}\right)$$

Die aus der Spannungsfunktion $F_{(3)}$ abgeleitete Normalspannung σ_{11} weist gegenüber der Lösung der elementaren Biegetheorie (1) Zusatzglieder auf, so dass die Spannungsverteilung in x_2-Richtung nunmehr nichtlinear wird. Da die Zusatzglieder unabhängig von x_1 sind, nimmt die relative Abweichung gegenüber dem linearen Verlauf vom freien Ende zur Einspannung mit der Potenz x_1^{-2} ab. Dieses Resultat entspricht der Aussage des Prinzips von *de Saint Venant* (vgl 3.5), wenn die nur integral erfüllte Randbedingung $\sigma_{11}(x_1 = 0, x_2) = 0$ als Störung interpretiert wird. Auf die Verteilung der mit der elementaren Biegetheorie nicht erfassbaren Normalspannung σ_{22} besitzt x_1 erwartungsgemäß keinen Einfluss. Für die Querkraftschubspannung

σ_{12} führen die Balken- (vgl. (2)) und die so genannte Scheibentheorie auf identische Ergebnisse.

Bei schlanken Trägern besitzt die elementare Biegetheorie folglich eine gute Genauigkeit.

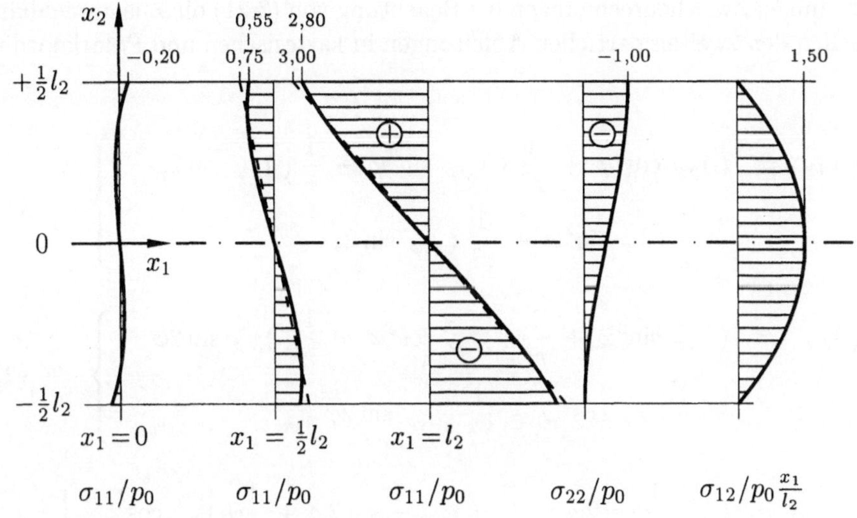

Abb. A.3.2: Verläufe der Normalspannungen σ_{11} und σ_{22} sowie der Schubspannung σ_{12}

Aufgabe 3.4:

Geben Sie die Differenzialgleichung für die Spannungsfunktion F in Polarkoordinaten (ebenes Problem) an! Leiten Sie außerdem die zugehörigen Berechnungsvorschriften für die Spannungen her!

Lösung:

Entsprechend (3.24) folgen mit

$$
\begin{aligned}
(\,)_{,11} &= \left((\,)_{,r} \cos\varphi - (\,)_{,\varphi} \frac{1}{r} \sin\varphi \right)_{,r} r_{,1} \\
&\quad + \left((\,)_{,r} \cos\varphi - (\,)_{,\varphi} \frac{1}{r} \sin\varphi \right)_{,\varphi} \varphi_{,1} \\
(\,)_{,22} &= \left((\,)_{,r} \sin\varphi + (\,)_{,\varphi} \frac{1}{r} \cos\varphi \right)_{,r} r_{,2} \\
&\quad + \left((\,)_{,r} \sin\varphi + (\,)_{,\varphi} \frac{1}{r} \cos\varphi \right)_{,\varphi} \varphi_{,2}
\end{aligned}
$$

$$( )_{,12} = \left(( )_{,r} \cos\varphi - ( )_{,\varphi} \frac{1}{r} \sin\varphi \right)_{,r} r_{,2} + \left(( )_{,r} \cos\varphi - ( )_{,\varphi} \frac{1}{r} \sin\varphi \right)_{,\varphi} \varphi_{,2}$$

nach einigen Zwischenrechnungen bei Beachtung von (3.21) die Zusammenhänge zwischen den zweiten partiellen Ableitungen in kartesischen und Polarkoordinaten.

$$\left. \begin{aligned} ( )_{,11} = {} & ( )_{,rr} \cos^2\varphi + \frac{1}{r^2} ( )_{,\varphi\varphi} \sin^2\varphi - \frac{1}{r} ( )_{,r\varphi} \sin 2\varphi \\ & + \frac{1}{r} ( )_{,r} \sin^2\varphi + \frac{1}{r^2} ( )_{,\varphi} \sin 2\varphi \end{aligned} \right\} \quad (1)$$

$$\left. \begin{aligned} ( )_{,22} = {} & ( )_{,rr} \sin^2\varphi + \frac{1}{r^2} ( )_{,\varphi\varphi} \cos^2\varphi + \frac{1}{r} ( )_{,r\varphi} \sin 2\varphi \\ & + \frac{1}{r} ( )_{,r} \cos^2\varphi - \frac{1}{r^2} ( )_{,\varphi} \sin 2\varphi \end{aligned} \right\} \quad (2)$$

$$\left. \begin{aligned} ( )_{,12} = {} & ( )_{,rr} \frac{1}{2} \sin 2\varphi - \frac{1}{r^2} ( )_{,\varphi\varphi} \frac{1}{2} \sin 2\varphi + \frac{1}{r} ( )_{,r\varphi} \cos 2\varphi \\ & - \frac{1}{r} ( )_{,r} \frac{1}{2} \sin 2\varphi - \frac{1}{r^2} ( )_{,\varphi} \cos 2\varphi \end{aligned} \right\} \quad (3)$$

Nach Addition von (1) und (2) wird der *Laplace*-Operator (3.11) in Polarkoordinaten

$$\Delta( ) = ( )_{,rr} + \frac{1}{r} ( )_{,r} + \frac{1}{r^2} ( )_{,\varphi\varphi}$$

erhalten, so dass die Differenzialgleichung für die Spannungsfunktion (3.13)

$$\Delta\Delta F = - \alpha E \Delta\vartheta$$

in ausgeschriebener Form

$$(\Delta F)_{,rr} + \frac{1}{r} (\Delta F)_{,r} + \frac{1}{r^2} (\Delta F)_{,\varphi\varphi} = - \alpha E \left(\vartheta_{,rr} + \frac{1}{r} \vartheta_{,r} + \frac{1}{r^2} \vartheta_{,\varphi\varphi} \right)$$

lautet.

Bei bekannter Spannungsfunktion $F(r, \varphi)$ lassen sich die Spannungen als Tensorkoordinaten unter der Vernachlässigung von Volumenkräften sofort angeben, wenn die Vorschriften (3.9) und die Beziehungen (1) bis (3) auf ein jeweils derart gedrehtes x_1, x_2-System angewandt werden, dass $\varphi = 0$ gilt.

$$\begin{aligned}
\sigma_{11} &= F_{,22} \quad \longrightarrow \quad \sigma_{rr} = F_{,ss} \quad \text{mit} \quad s = r\,\varphi \\
&\qquad\qquad\qquad\qquad = \frac{1}{r}\,F_{,r} + \frac{1}{r^2}\,F_{,\varphi\varphi} \\
\sigma_{22} &= F_{,11} \quad \longrightarrow \quad \sigma_{\varphi\varphi} = F_{,rr} \\
\sigma_{12} &= -F_{,12} \quad \longrightarrow \quad \sigma_{r\varphi} = -F_{,rs} \\
&\qquad\qquad\qquad\qquad = -\frac{1}{r}\,F_{,r\varphi} + \frac{1}{r^2}\,F_{,\varphi} \\
&\qquad\qquad\qquad\qquad = -\left(\frac{1}{r}\,F_{,\varphi}\right)_{,r}
\end{aligned}$$

Aufgabe 3.5:

Auf die Rechteckscheibe der Dicke h mit einer Kreisbohrung vom Radius R wirkt die Flächenlast konstanter Intensität p_0 ein (Abb. A.3.3). Berechnen Sie den Spannungszustand mit Hilfe der *Airy*schen Spannungsfunktion.

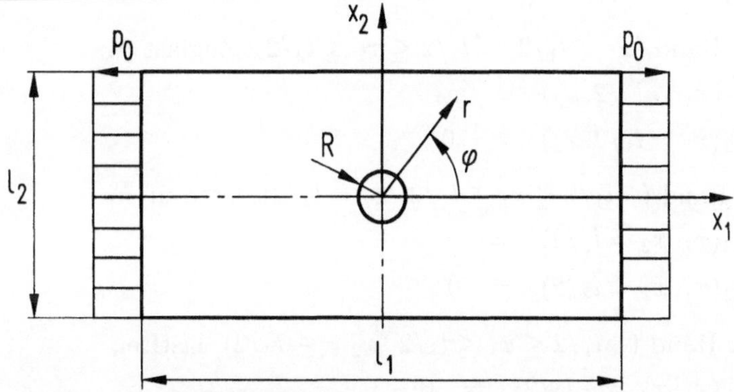

Abb. A.3.3: Rechteckscheibe mit Kreisbohrung unter Zugbelastung

Gegeben: p_0, l_1, l_2, R, h, $(h \ll l_1, l_2)$

a) Geben Sie die Spannungsrandbedingungen für die Rechteckscheibe mit Kreisbohrung an!

b) Bestimmen Sie die *Airy*sche Spannungsfunktion $F_{(z)}$ für ein homogenes Zugfeld in x_1-Richtung bei Verwendung kartesischer Koordinaten! Transformieren Sie die Spannungsfunktion $F_{(z)}$ in die Polarkoordinaten r und φ! Ermitteln Sie die zugehörigen Spannungen σ_{rr}, $\sigma_{\varphi\varphi}$ und $\sigma_{r\varphi}$!

c) Untersuchen Sie, welche der im Folgenden angegebenen Lösungen der Differenzialgleichung für die Spannungsfunktion (vgl. Aufgabe 3.4)[1]

$$1, \quad \ln r, \quad r^2, \quad r^2 \ln r, \quad \cos 2\varphi, \quad r^2 \cos 2\varphi, \quad \frac{1}{r^2} \cos 2\varphi, \quad r^4 \cos 2\varphi$$

mit Spannungsverteilungen verbunden sind, welche für $r \to \infty$ verschwinden!

d) Formulieren Sie mit den zulässigen Lösungen von c eine Spannungsfunktion F! Bestimmen Sie die darin enthaltenen Konstanten aus den Randbedingungen an der Kreisbohrung!

e) Berechnen Sie die Spannungsverläufe $\sigma_{rr}(r, \varphi)$, $\sigma_{\varphi\varphi}(r, \varphi)$ sowie $\sigma_{r\varphi}(r, \varphi)$ und stellen Sie $\sigma_{\varphi\varphi}(r = R, 0 \leq \varphi \leq 2\pi)$ sowie $\sigma_{rr}(r, \varphi = 0)$, $\sigma_{\varphi\varphi}(r, \varphi = 0)$, $\sigma_{rr}(r, \varphi = \frac{\pi}{2})$ und $\sigma_{\varphi\varphi}(r, \varphi = \frac{\pi}{2})$ grafisch dar!

Hinweis:
Die Differenzialgleichung für die Spannungsfunktion und die Beziehungen zur Ermittlung der Spannungen bei Verwendung von Polarkoordinaten sind in der Aufgabe 3.4 angegeben.

Lösung:

a) Es liegt ein ebener Spannungszustand vor. Die Randbedingungen lauten:

- linker Rand ($x_1 = -l_1/2, \ -l_2/2 \leq x_2 \leq l_2/2$), Zuglast p_0:

$$\begin{aligned} \sigma_{11}(x_1 = -l_1/2, x_2) &= p_0 \\ \sigma_{12}(x_1 = -l_1/2, x_2) &= 0 \end{aligned}$$

- rechter Rand ($x_1 = l_1/2, \ -l_2/2 \leq x_2 \leq l_2/2$), Zuglast p_0:

$$\begin{aligned} \sigma_{11}(x_1 = l_1/2, x_2) &= p_0 \\ \sigma_{12}(x_1 = l_1/2, x_2) &= 0 \end{aligned}$$

- oberer Rand ($-l_1/2 \leq x_1 \leq l_1/2, \ x_2 = l_2/2$), lastfrei:

$$\begin{aligned} \sigma_{22}(x_1, x_2 = l_2/2) &= 0 \\ \sigma_{12}(x_1, x_2 = l_2/2) &= 0 \end{aligned}$$

- unterer Rand ($-l_1/2 \leq x_1 \leq l_1/2, \ x_2 = -l_2/2$), lastfrei:

$$\begin{aligned} \sigma_{22}(x_1, x_2 = -l_2/2) &= 0 \\ \sigma_{12}(x_1, x_2 = -l_2/2) &= 0 \end{aligned}$$

- Kreisbohrung ($r = R, \ 0 \leq \varphi \leq 2\pi$), lastfrei:

$$\begin{aligned} \sigma_{rr}(r = R, \ 0 \leq \varphi \leq 2\pi) &= 0 \\ \sigma_{r\varphi}(r = R, \ 0 \leq \varphi \leq 2\pi) &= 0 \end{aligned}$$

b) Das homogene Zugfeld in x_1-Richtung ist durch die Spannungen

$$\sigma_{11}(x_1, x_2) = p_0 \qquad \sigma_{22}(x_1, x_2) = 0 \qquad \sigma_{12}(x_1, x_2) = 0$$

[1] vgl. H. Göldner (Hrsg.): Höhere Festigkeitslehre, Band 1. Leipzig: Fachbuchverlag 1979

gekennzeichnet. Eine zweimalige Integration von

$$F_{(z),22} = \sigma_{11}(x_1, x_2) = p_0$$

ergibt

$$F_{(z)} = \frac{p_0}{2}\, x_2^2 + C_1(x_1)\, x_2 + C_2(x_1)$$

wobei die „Integrationskonstanten" Funktionen der nicht integrierten Variablen x_1 darstellen. Wegen $\sigma_{12} = 0$ und $\sigma_{22} = 0$ enthalten diese jedoch nur lineare Anteile in x_1 oder x_2 sowie Konstanten, welche keinen Einfluss auf σ_{11} besitzen und deshalb weggelassen werden können. Damit verbleibt

$$F_{(z)} = \frac{p_0}{2}\, x_2^2$$

Zur Berücksichtigung der Randbedingungen an der Kreisbohrung wird ein Übergang auf Polarkoordinaten erforderlich, der mit $x_2 = r \sin\varphi$ auf die Spannungsfunktion

$$F_{(z)}(r,\varphi) = \frac{p_0}{2}\, r^2 \sin^2\varphi = \frac{p_0}{4}\, r^2\, (1 - \cos 2\varphi)$$

führt. Zu $F_{(z)}$ gehören die Spannungen (vgl. Aufgabe 3.4)

$$\sigma_{rr}(r,\varphi) = \frac{1}{r}\, F_{,r} + \frac{1}{r^2}\, F_{,\varphi\varphi} = \frac{p_0}{2}\, (1 + \cos 2\varphi)$$

$$\sigma_{\varphi\varphi}(r,\varphi) = F_{,rr} = \frac{p_0}{2}\, (1 - \cos 2\varphi)$$

$$\sigma_{r\varphi}(r,\varphi) = -\left(\frac{1}{r}\, F_{,\varphi}\right)_{,r} = -\frac{p_0}{2}\, \sin 2\varphi$$

Das gleiche Ergebnis entsteht, wenn die Koordinaten des Spannungstensors wie in der Aufgabe 1.8 aus $\sigma_{11} = p_0$ und der Transformationsmatrix nach Aufgabe 1.6 berechnet werden.

c) Die Kreisbohrung bewirkt eine Störung des homogenen Zugfeldes, welche im Unendlichen abklingt. Ein erweiterter Ansatz für die Spannungsfunktion kann aus jenem des homogenen Zugfeldes durch Hinzufügen zusätzlicher Terme gewonnen werden. Diese müssen die Differenzialgleichung für die Spannungsfunktion erfüllen und auf solche Spannungen führen, die mit wachsendem Radius r gegen null gehen. Für die in der Aufgabenstellung ausgewählten Lösungen ergibt sich das folgende Verhalten:

- 1, erzeugt keine Spannungen
- $\ln r$, Abklingen der Spannungen im Unendlichen
- r^2, erster Anteil von $F_{(z)}$
- $r^2 \ln r$, kein Abklingen der Spannungen im Unendlichen
- $\cos 2\varphi$, Abklingen der Spannungen im Unendlichen
- $r^2 \cos 2\varphi$, zweiter Anteil von $F_{(z)}$

- $(1/r^2)\cos 2\varphi$, Abklingen der Spannungen im Unendlichen
- $r^4 \cos 2\varphi$, kein Abklingen der Spannungen im Unendlichen

d) Während die bereits in $F_{(z)}$ vorkommenden Teillösungen das Spannungsfeld im Unendlichen beschreiben, müssen jene zur Erfassung der Störung mit noch unbekannten Konstanten versehen werden, um die Erfüllung der Randbedingungen an der Kreisbohrung zu gewährleisten. Damit lautet die Spannungsfunktion

$$\begin{aligned} F(r,\varphi) &= \frac{p_0}{4}\, r^2\,(1-\cos 2\varphi) + \bar{A}\,\ln r + \bar{B}\cos 2\varphi + \bar{C}\,\frac{1}{r^2}\,\cos 2\varphi \\ &= \frac{p_0}{4}\left[r^2 + A\,\ln r + \left(-\,r^2 + B + \frac{C}{r^2}\right)\cos 2\varphi\right] \end{aligned}$$

Aus ihrem Aufbau lässt sich erkennen, dass zur Bestimmung der drei Konstanten zwei Randbedingungen ausreichen.

Mit den Vorschriften zur Berechnung der Spannungen laut Aufgabe 3.4 werden die folgenden Ergebnisse erhalten.

$$\begin{aligned} \sigma_{rr}(r,\varphi) &= \frac{p_0}{4}\left[2 + \frac{A}{r^2} + \left(2 - \frac{4\,B}{r^2} - \frac{6\,C}{r^4}\right)\cos 2\,\varphi\right] \\ \sigma_{\varphi\varphi}(r,\varphi) &= \frac{p_0}{4}\left[2 - \frac{A}{r^2} + \left(-\,2 + \frac{6\,C}{r^4}\right)\cos 2\,\varphi\right] \\ \sigma_{r\varphi}(r,\varphi) &= -\,\frac{p_0}{4}\left[2\left(1 + \frac{B}{r^2} + \frac{3\,C}{r^4}\right)\right]\sin 2\,\varphi \end{aligned}$$

Aus den Randbedingungen an der Kreisbohrung resultiert das lineare Gleichungssystem für die Konstanten A, B und C

$$\sigma_{rr}(r=R,\,\varphi) = 0 \;\Rightarrow\; \begin{cases} 2 + \dfrac{A}{R^2} = 0 \\ 2 - \dfrac{4\,B}{R^2} - \dfrac{6\,C}{R^4} = 0 \end{cases}$$

$$\sigma_{r\varphi}(r=R,\,\varphi) = 0 \;\Rightarrow\; 2 + \frac{2\,B}{R^2} + \frac{6\,C}{R^4} = 0$$

welches die Lösungen

$$A = -\,2\,R^2 \qquad B = 2\,R^2 \qquad C = -\,R^4$$

besitzt.

e) Zur endgültigen Form der Spannungsfunktion

$$F(r,\varphi) = \frac{p_0}{4}\left[r^2 - 2\,R^2\,\ln r + \left(2\,R^2 - r^2 - \frac{R^4}{r^2}\right)\cos 2\,\varphi\right]$$

gehören die Spannungen

$$\sigma_{rr}(r,\,\varphi) = \frac{p_0}{2}\left[1 - \frac{R^2}{r^2} + \left(1 - 4\,\frac{R^2}{r^2} + 3\,\frac{R^4}{r^4}\right)\cos 2\,\varphi\right]$$

$$\sigma_{\varphi\varphi}(r,\varphi) = \frac{p_0}{2}\left[1+\frac{R^2}{r^2}+\left(-1-3\,\frac{R^4}{r^4}\right)\cos 2\varphi\right]$$

$$\sigma_{r\varphi}(r,\varphi) = \frac{p_0}{2}\left(-1-2\,\frac{R^2}{r^2}+3\,\frac{R^4}{r^4}\right)\sin 2\varphi$$

welche für $r \to \infty$ auf die unter b) bestimmten Spannungen des homogenen Zugfeldes führen. Dieses, auf einem anderen Weg gefundene Ergebnis wurde erstmals von *E. G. Kirsch*[2] angegeben. Mit der vorliegenden asymptotischen Lösung ist es nicht möglich, die Spannungsrandbedingungen an den Rändern einer endlich großen Rechteckscheibe zu erfüllen. In Abb. A.3.4

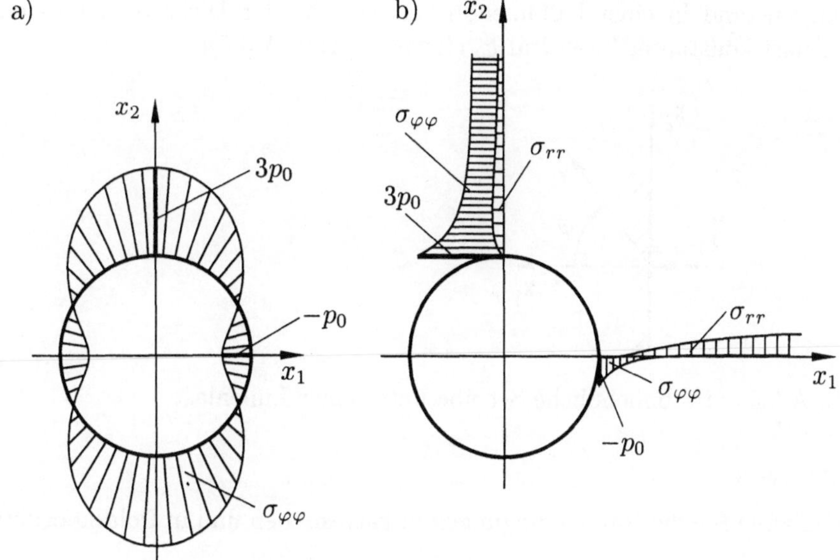

Abb. A.3.4: Spezielle Spannungsverläufe:
a) $\sigma_{\varphi\varphi}(r=R,\, 0 \le \varphi \le 2\pi)$
b) $\sigma_{rr}(r,\, \varphi=0)$, $\sigma_{\varphi\varphi}(r,\, \varphi=0)$, $\sigma_{rr}(r,\, \varphi=\frac{\pi}{2})$ und $\sigma_{\varphi\varphi}(r,\, \varphi=\frac{\pi}{2})$

sind die speziellen Spannungsverläufe

$$\sigma_{\varphi\varphi}(r=R,\varphi) = p_0\left(1-2\cos 2\varphi\right)$$

$$\sigma_{rr}(r,\varphi=0) = p_0\left(1-\frac{5}{2}\,\frac{R^2}{r^2}+\frac{3}{2}\,\frac{R^4}{r^4}\right)$$

---

[2] E. G. Kirsch, 1841–1901, Professor und Lehrer für Mechanik an der Gewerbeakademie Chemnitz, vgl. Die Theorie der Elastizität und die Bedürfnisse der Festigkeitslehre, Zeitschrift des Vereines deutscher Ingenieure, Band XXXXII, Berlin 1898.

$$\sigma_{\varphi\varphi}(r,\,\varphi=0) \;=\; p_0\left(\frac{1}{2}\frac{R^2}{r^2}-\frac{3}{2}\frac{R^4}{r^4}\right)$$

$$\sigma_{rr}\left(r,\,\varphi=\frac{\pi}{2}\right) \;=\; p_0\left(\frac{3}{2}\frac{R^2}{r^2}-\frac{3}{2}\frac{R^4}{r^4}\right)$$

$$\sigma_{\varphi\varphi}\left(r,\,\varphi=\frac{\pi}{2}\right) \;=\; p_0\left(1+\frac{1}{2}\frac{R^2}{r^2}+\frac{3}{2}\frac{R^4}{r^4}\right)$$

dargestellt.

Aufgabe 3.6:

Bestimmen Sie auf der Grundlage der *Airy*schen Spannungsfunktion F den Spannungszustand in einer halbunendlichen Scheibe der Dicke h, auf welche die Linienlast konstanter Intensität q_0 einwirkt (Abb. A.3.5)!

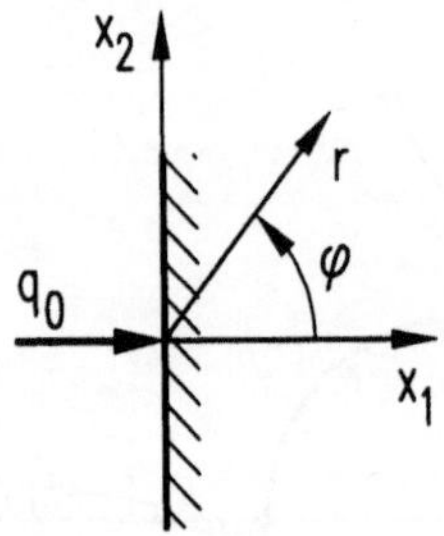

Abb. A.3.5: Halbunendliche Scheibe unter einer Linienlast

Gegeben: q_0, h

a) Formulieren Sie die Randbedingungen in kartesischen und in Polarkoordinaten!

b) Überprüfen Sie, ob der Ansatz

$$F(r,\,\varphi) \;=\; C\,r\,\varphi\,\sin\varphi$$

die Differenzialgleichung für die Spannungsfunktion erfüllt! Ermitteln Sie die zugehörigen Spannungen, kontrollieren Sie die Randbedingungen und geben Sie eine grafische Darstellung für $r = R$ und $r = 2R$ an!

c) Berechnen Sie die Konstante C aus einer Gleichgewichtsbetrachtung!

d) Transformieren Sie $F(r, \varphi)$ auf die kartesischen Koordinaten x_1 und x_2! Stellen Sie $\sigma_{11}(x_1, x_2)$, $\sigma_{22}(x_1, x_2)$ und $\sigma_{12}(x_1, x_2)$ grafisch dar! Interpretieren Sie das Ergebnis!

Hinweis:

Die Differenzialgleichung für die Spannungsfunktion und die Beziehungen zur Ermittlung der Spannungen bei Verwendung von Polarkoordinaten sind in der Aufgabe 3.4 angegeben.

Lösung:

a) Randbedingungen in kartesischen Koordinaten:

$$\sigma_{11}(x_1 = 0,\, x_2 \neq 0) = 0 \qquad \sigma_{12}(x_1 = 0,\, x_2) = 0$$

Randbedingungen in Polarkoordinaten:

$$\sigma_{\varphi\varphi}(r \neq 0,\, \varphi = \pm\,\pi/2) = 0 \qquad \sigma_{r\varphi}(r,\, \varphi = \pm\,\pi/2) = 0$$

b) Der Ansatz

$$F(r,\varphi) = C\, r\, \varphi\, \sin\varphi$$

genügt der Differenzialgleichung für die Spannungsfunktion. Die zugehörigen Spannungsverteilungen lauten

$$\begin{aligned}
\sigma_{rr}(r,\,\varphi) &= \frac{1}{r}\,F_{,r} + \frac{1}{r^2}\,F_{,\varphi\varphi} = \frac{2\,C}{r}\cos\varphi \\
\sigma_{\varphi\varphi}(r,\,\varphi) &= F_{,rr} = 0 \\
\sigma_{r\varphi}(r,\,\varphi) &= -\left(\frac{1}{r}\,F_{,\varphi}\right)_{,r} = 0
\end{aligned}$$

In Polarkoordinaten ist lediglich die Radialspannung σ_{rr} verschieden von null, so dass die Randbedingungen für $\sigma_{\varphi\varphi}$ und $\sigma_{r\varphi}$ erfüllt sind. σ_{rr} nimmt bezüglich des radialen Abstandes von der Krafteinleitungsstelle mit $1/r$ ab und besitzt in Umfangsrichtung eine cos-förmige Verteilung (vgl. Abb. A.3.6).

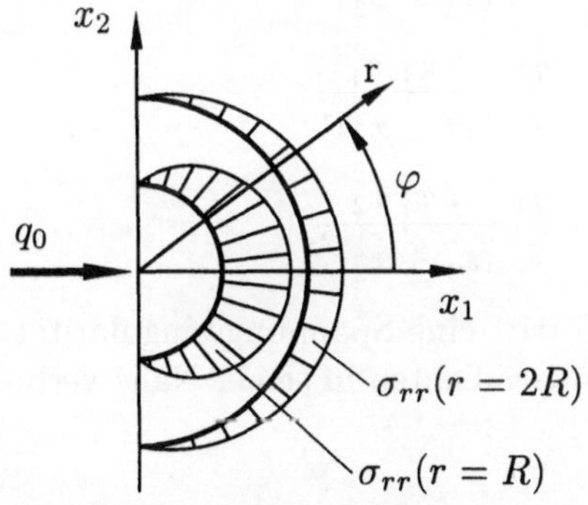

Abb. A.3.6: Radialspannung σ_{rr} für $r = R$ und $r = 2R$

Weitere Lösungen der Differenzialgleichung für die Spannungsfunktion (z. B. $\sin 2\varphi$ und $r\varphi\cos\varphi$), die ebenfalls die vorliegenden Randbedingungen erfüllen, eignen sich nicht, weil sie mit antimetrischen Spannungsverteilungen verbunden sind.

c) Bei Anwendung des Schnittprinzips auf einen Radius r wird die Gleichgewichtsbedingung (vgl. Abb A.3.6)

$$q_0\, h \,+\, h \int\limits_{-\pi/2}^{\pi/2} \sigma_{rr}(r,\varphi)\, \cos\varphi\, r\, d\varphi \;=\; 0$$

erhalten. Ihre Auswertung führt mit $\sigma_{rr} = 2(C/r)\cos\varphi$ auf

$$\begin{aligned} q_0 &= -\,2\,C \int\limits_{-\pi/2}^{\pi/2} \cos^2\varphi\, d\varphi \\ &= -\,C\left[\varphi + \tfrac{1}{2}\sin 2\varphi\right]_{-\pi/2}^{\pi/2} \\ &= -\,C\,\pi \end{aligned}$$

d) Damit ergibt sich die Spannungsfunktion zu

$$F(r,\varphi) \;=\; -\,\frac{q_0}{\pi}\, r\, \varphi\, \sin\varphi$$

Mit $r\sin\varphi = x_2$ und $\varphi = \arctan(x_2/x_1)$ (vgl. (3.20), (3.21)) folgt die Spannungsfunktion in kartesischen Koordinaten

$$F(x_1,\, x_2) \;=\; -\,\frac{q_0}{\pi}\, x_2\, \arctan\frac{x_2}{x_1}$$

Zu dieser Spannungsfunktion gehören die Spannungsverteilungen (vgl. Abb. A.3.7)

$$\begin{aligned} \sigma_{11}(x_1,x_2) &= F_{,22} &= -\,\frac{q_0}{\pi}\,\frac{2\,x_1^3}{\left(x_1^2+x_2^2\right)^2} \\ \sigma_{22}(x_1,x_2) &= F_{,11} &= -\,\frac{q_0}{\pi}\,\frac{2\,x_1\,x_2^2}{\left(x_1^2+x_2^2\right)^2} \\ \sigma_{12}(x_1,x_2) &= -\,F_{,12} &= -\,\frac{q_0}{\pi}\,\frac{2\,x_1^2\,x_2}{\left(x_1^2+x_2^2\right)^2} \end{aligned}$$

Im Punkt $x_1 = x_2 = 0$ bzw. $r = 0$ tritt eine Spannungssingularität auf (vgl. auch $\sigma_{rr}(r,\varphi)$), welche mit großen Gradienten in seiner Nähe verbunden ist.

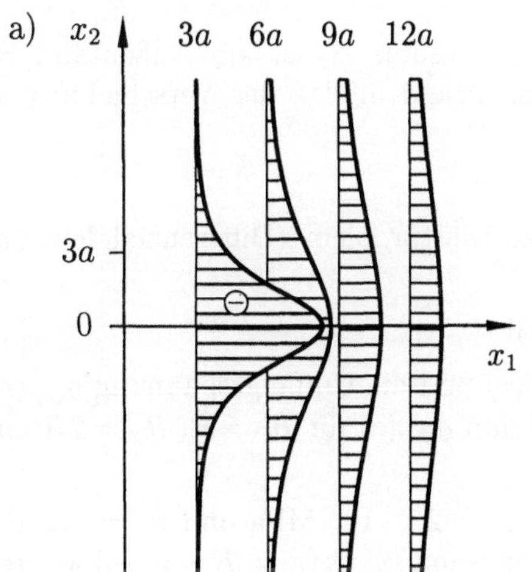

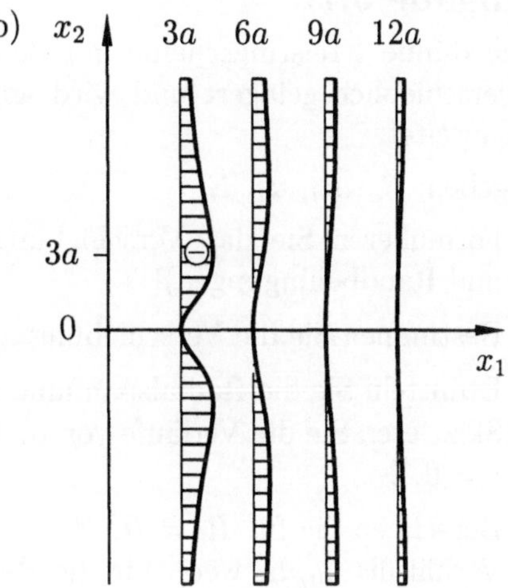

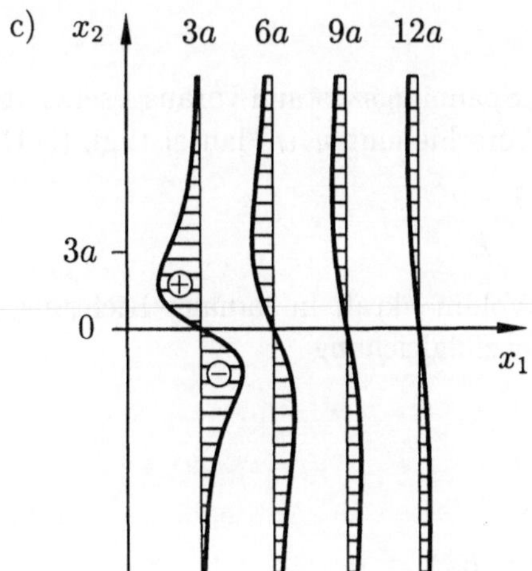

Abb. A.3.7: Spannungsverteilungen für $x_1 = 3a, 6a, 9a, 12a$
a) Normalspannung $\sigma_{11}(x_1, x_2)$
b) Normalspannung $\sigma_{22}(x_1, x_2)$
c) Schubspannung $\sigma_{12}(x_1, x_2)$

Aufgabe 3.7:

Eine dünne Kreisringscheibe mit dem Innenradius R_i ist am Außenrand R_a unverschieblich gelagert und wird am Innenrand infolge der Verschiebung u_0 aufgeweitet.

Gegeben: R_a, R_i, u_0, E, ν

a) Formulieren Sie das Verschiebungsrandwertproblem (Differenzialgleichung und Randbedingungen)!

b) Bestimmen Sie die Verschiebung $u_r(r)$!

c) Ermitteln Sie die Radialspannung $\sigma_{rr}(r)$ und die Umfangsspannung $\sigma_{\varphi\varphi}(r)$! Skizzieren Sie die Verläufe von $\sigma_{rr}(r)$ und $\sigma_{\varphi\varphi}(r)$ für $R_i = R$, $R_a = 2R$ und $\nu = 0{,}3$!

d) Berechnen Sie für $R_i = R$, $R_a = 2R$, $E = 2{,}1 \cdot 10^5$ MPa und $\nu = 0{,}3$ das Verhältnis u_0/R, wenn für die Radialspannung $\sigma_{rr}(r = R_i) = -100$ MPa gelten soll!

Lösung:

a) In der dünnen Scheibe kann ein ebener Spannungszustand vorausgesetzt werden. Die Differenzialgleichung für die Verschiebung $u_r(r)$ lautet (vgl. (3.41))

$$\left[\frac{1}{r}(r\,u_r)_{,r}\right]_{,r} = (1+\nu)\,\alpha\,\vartheta_{,r} - \frac{1-\nu^2}{E}\,\varrho\,f_r$$

Der Temperaturgradient $\vartheta_{,r}$ und die Volumenkraft in radialer Richtung f_r sind null, so dass die homogene Differenzialgleichung

$$\left[\frac{1}{r}(r\,u_r)_{,r}\right]_{,r} = 0$$

mit den Randbedingungen

$$u_r(r = R_i) = u_0 \qquad \text{und} \qquad u_r(r = R_a) = 0$$

verbleibt.

b) Die Differenzialgleichung kann direkt integriert werden:

$$\left[\frac{1}{r}(r\,u_r)_{,r}\right]_{,r} = 0 \qquad \Rightarrow \quad \frac{1}{r}(r\,u_r)_{,r} = C_1 \qquad \Rightarrow$$

$$(r\,u_r)_{,r} = C_1\,r \qquad \Rightarrow \quad r\,u_r = \frac{1}{2}\,C_1\,r^2 + C_2 \quad \Rightarrow$$

$$u_r(r) = \frac{1}{2}\,C_1\,r + C_2\,\frac{1}{r}$$

Nach Umbenennen der Integrationskonstanten wird die allgemeine Lösung der homogenen Differenzialgleichung als Linearkombination der Fundamentallösungen r und $1/r$ zu

$$u_r(r) = A\,r + B\,\frac{1}{r}$$

erhalten. Aus den Randbedingungen folgt ein lineares Gleichungssystem für die Integrationskonstanten A und B

$$A\,R_a + B\,\frac{1}{R_a} = 0 \qquad\qquad A\,R_i + B\,\frac{1}{R_i} = u_0$$

mit den Ergebnissen

$$A = -\frac{u_0\,R_i}{R_a^2 - R_i^2} \qquad\qquad B = \frac{u_0\,R_a^2\,R_i}{R_a^2 - R_i^2}$$

Daraus resultiert die Verschiebung

$$u_r(r) = -\frac{u_0\,R_i}{R_a^2 - R_i^2}\,r + \frac{u_0\,R_a^2\,R_i}{R_a^2 - R_i^2}\,\frac{1}{r} = \frac{u_0\,R_i}{R_a^2 - R_i^2}\left(\frac{R_a^2}{r} - r\right)$$

c) Mit (3.40) ergeben sich unter Berücksichtigung von $\vartheta = 0$ die Spannungen

$$\sigma_{rr}(r) = \frac{E}{1-\nu^2}\left(u_{r,r} + \nu\,\frac{u_r}{r}\right) = \frac{E}{1-\nu^2}\left[(1+\nu)\,A - (1-\nu)\,\frac{B}{r^2}\right]$$

$$\sigma_{\varphi\varphi}(r) = \frac{E}{1-\nu^2}\left(\frac{u_r}{r} + \nu\,u_{r,r}\right) = \frac{E}{1-\nu^2}\left[(1+\nu)\,A + (1-\nu)\,\frac{B}{r^2}\right]$$

Sie lauten nach dem Einsetzen von $u_r(r)$ bzw. A und B

$$\sigma_{rr}(r) = -\frac{E\,u_0\,R_i}{R_a^2 - R_i^2}\left(\frac{1}{1+\nu}\,\frac{R_a^2}{r^2} + \frac{1}{1-\nu}\right)$$

$$\sigma_{\varphi\varphi}(r) = \frac{E\,u_0\,R_i}{R_a^2 - R_i^2}\left(\frac{1}{1+\nu}\,\frac{R_a^2}{r^2} - \frac{1}{1-\nu}\right)$$

und sind in Abb. A.3.8 dargestellt.

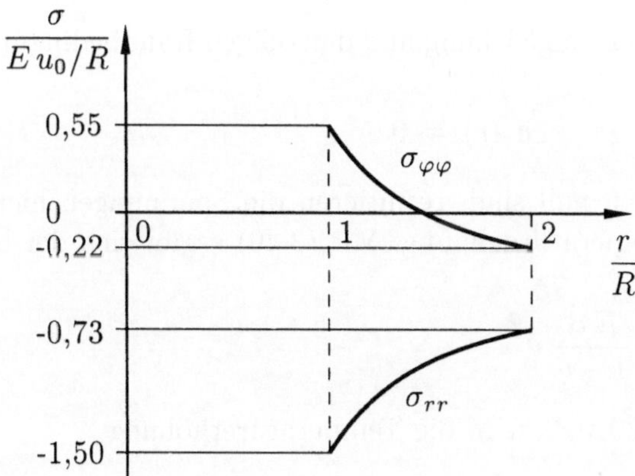

Abb. A.3.8: Radialspannung σ_{rr} und Umfangsspannung $\sigma_{\varphi\varphi}$ für eine Kreisringscheibe bei Aufweitung am Innenrand

d) Aus der Radialspannung am Innenrand

$$\sigma_{rr}(r = R_i) \;=\; -\,\frac{E\,u_0\,R_i}{R_a^2 - R_i^2}\left(\frac{1}{1+\nu}\,\frac{R_a^2}{R_i^2} + \frac{1}{1-\nu}\right)$$

folgt mit den gegebenen Werten ein Verhältnis $u_0/R = 0{,}317 \cdot 10^{-3}$.

Aufgabe 3.8:

Eine dünne und im Ausgangszustand spannungslose Kreisscheibe, die am Außenrand R_a unverschieblich gelagert ist, wird gleichmäßig erwärmt.

Gegeben: R_a, ϑ, α, E, ν

a) Formulieren Sie das Verschiebungsrandwertproblem!

b) Bestimmen Sie die Verschiebung $u_r(r)$!

c) Ermitteln Sie die Spannungen σ_{rr} und $\sigma_{\varphi\varphi}$!

d) Berechnen Sie die Temperaturerhöhung ϑ_0 für die Werte $E = 2{,}1 \cdot 10^5$ MPa, $\nu = 0{,}3$ und $\alpha = 1{,}2 \cdot 10^{-5}\,\mathrm{K}^{-1}$, wenn die Spannungen den Wert -100 MPa nicht unterschreiten sollen!

Lösung:

a) Es liegen analoge Verhältnisse wie in der Aufgabe 3.7 vor (ESZ, $\vartheta_{,r} = 0$, $f_r = 0$). Die Differenzialgleichung (3.41) nimmt wiederum die Form

$$\left[\frac{1}{r}\,(r\,u_r)_{,r}\right]_{,r} \;=\; 0$$

an. Die Randbedingungen lauten

$$u_r(r = 0) \;=\; 0 \qquad\qquad u_r(r = R_a) \;=\; 0$$

b) Aus der allgemeinen Lösung

$$u_r(r) \;=\; A\,r + B\,\frac{1}{r}$$

der homogenen Differenzialgleichung und den obigen Randbedingungen folgt die triviale Lösung

$$A = B = 0 \qquad \Rightarrow \qquad u_r(r) \;=\; 0$$

c) Da die Verschiebungen null sind, resultieren die Spannungen hier nur aus der verhinderten Temperaturdehnung. Mit (3.40) ergibt sich der homogene Spannungszustand

$$\sigma_{rr} \;=\; \sigma_{\varphi\varphi} \;=\; -\,\frac{E\,\alpha}{1-\nu}\,\vartheta$$

d) Für $\sigma_{rr} = \sigma_{\varphi\varphi} = -100\,\mathrm{MPa}$ wird die Temperaturerhöhung

$$\vartheta_0 \;=\; -\,\frac{1-\nu}{E\,\alpha}\,\sigma_{rr} \;=\; 27{,}\overline{7}\,\mathrm{K}$$

erhalten.

Aufgabe 3.9:

Eine fliegend gelagerte, dünne Kreisringscheibe rotiert mit konstanter Winkelgeschwindigkeit ω um ihre Achse. Es sind die Verschiebungen und Spannungen infolge der auftretenden Zentrifugalkraft zu ermitteln. Die Schwerkraft kann vernachlässigt werden.

Gegeben: R_a, R_i, E, ν, ϱ, ω

a) Formulieren Sie die das Problem beschreibende Differenzialgleichung und die Randbedingungen! Welche Besonderheit tritt auf?

b) Wie lautet die allgemeine Lösung der Differenzialgleichung?

c) Bestimmen Sie die Spannungen $\sigma_{rr}(r)$ und $\sigma_{\varphi\varphi}(r)$ und berechnen Sie die Integrationskonstanten!

d) Skizzieren Sie die Verläufe der Spannungen $\sigma_{rr}(r)$ und $\sigma_{\varphi\varphi}(r)$ für $R_i = R$, $R_a = 3R$ sowie $\nu = 0{,}3$! An welchen Stellen treten Extremwerte auf?

Lösung:

a) Beim ESZ und Rotationssymmetrie lautet die Differenzialgleichung für die Verschiebung (vgl. (3.41)):

$$\left[\frac{1}{r}\,(r\,u_r)_{,r}\right]_{,r} = (1+\nu)\,\alpha\,\vartheta_{,r} - \frac{1-\nu^2}{E}\,\varrho\,f_r$$

Der Temperaturgradient $\vartheta_{,r}$ ist null. In radialer Richtung muss die auf das Masseelement bezogene Zentrifugalkraft $f_r = \omega^2\,r$ berücksichtigt werden. Sie besitzt die Dimension einer Beschleunigung.

$$\left[\frac{1}{r}\,(r\,u_r)_{,r}\right]_{,r} = -\frac{1-\nu^2}{E}\,\varrho\,\omega^2\,r$$

Die Verschiebungen können sich am Außen- und Innenrand frei ausbilden. Damit sind die Spannungsrandbedingungen

$$\sigma_{rr}(r = R_a) = 0 \qquad \text{und} \qquad \sigma_{rr}(r = R_i) = 0$$

zu erfüllen. Es existieren keine Verschiebungsrandbedingungen!

b) Die allgemeine Lösung einer inhomogenen Differenzialgleichung setzt sich aus der Lösung der homogenen Differenzialgleichung und einer Partikulärlösung der inhomogenen Differenzialgleichung zusammen. Im vorliegenden Fall kann die Differenzialgleichung direkt integriert werden (vgl. Aufgabe 3.7).

$$u_r(r) = A\,r + B\,\frac{1}{r} - \frac{1-\nu^2}{8\,E}\,\varrho\,\omega^2\,r^3$$

c) Für die Spannungen gilt entsprechend (3.40):

$$\begin{aligned}\sigma_{rr}(r) &= \frac{E}{1-\nu^2}\left(u_{r,r} + \nu\,\frac{u_r}{r}\right)\\ &= \frac{E}{1-\nu^2}\left[(1+\nu)\,A - (1-\nu)\,\frac{B}{r^2} - \frac{1-\nu^2}{8\,E}\,(3+\nu)\,\varrho\,\omega^2\,r^2\right]\end{aligned}$$

$$\begin{aligned}\sigma_{\varphi\varphi}(r) &= \frac{E}{1-\nu^2}\left(\frac{u_r}{r} + \nu\,u_{r,r}\right)\\ &= \frac{E}{1-\nu^2}\left[(1+\nu)\,A + (1-\nu)\,\frac{B}{r^2} - \frac{1-\nu^2}{8\,E}\,(1+3\,\nu)\,\varrho\,\omega^2\,r^2\right]\end{aligned}$$

Unter Berücksichtigung der Randbedingungen folgt das lineare Gleichungssystem für die Integrationskonstanten

$$\begin{aligned}(1+\nu)\,A - (1-\nu)\,\frac{B}{R_i^2} - \frac{1-\nu^2}{8\,E}\,(3+\nu)\,\varrho\,\omega^2\,R_i^2 &= 0\\ (1+\nu)\,A - (1-\nu)\,\frac{B}{R_a^2} - \frac{1-\nu^2}{8\,E}\,(3+\nu)\,\varrho\,\omega^2\,R_a^2 &= 0\end{aligned}$$

mit den Lösungen

$$A = \frac{1-\nu}{8\,E}\,(3+\nu)\,\varrho\,\omega^2\,(R_i^2 + R_a^2) \qquad B = \frac{1+\nu}{8\,E}\,(3+\nu)\,\varrho\,\omega^2\,R_i^2\,R_a^2$$

Daraus resultieren für die Verschiebung und die Spannungen die Ergebnisse

$$\begin{aligned}u_r(r) &= \frac{1-\nu^2}{8}\,\frac{\varrho\,\omega^2}{E}\left[\frac{3+\nu}{1+\nu}\,(R_i^2 + R_a^2)\,r + \frac{3+\nu}{1-\nu}\,\frac{R_i^2\,R_a^2}{r} - r^3\right]\\ \sigma_{rr}(r) &= \frac{3+\nu}{8}\,\varrho\,\omega^2\left[R_i^2 + R_a^2 - \frac{R_i^2\,R_a^2}{r^2} - r^2\right]\\ \sigma_{\varphi\varphi}(r) &= \frac{3+\nu}{8}\,\varrho\,\omega^2\left[R_i^2 + R_a^2 + \frac{R_i^2\,R_a^2}{r^2} - \frac{1+3\nu}{3+\nu}\,r^2\right]\end{aligned}$$

d) Die notwendige Bedingung für das Vorliegen eines lokalen Extremums der Radialspannung σ_{rr}, welche an beiden Rändern gleich null ist, lautet

$$\frac{d\sigma_{rr}}{dr} = \frac{3+\nu}{4}\,\varrho\,\omega^2\left[\frac{R_i^2\,R_a^2}{r^3} - r\right] = 0$$

Damit werden der Ort r_0 des Extremwertes

$$r_0^4 = R_i^2\,R_a^2 \quad\Rightarrow\quad r_0 = \sqrt{R_i\,R_a} = \sqrt{3}\,R$$

und die maximale Radialspannung

$$\sigma_{rr}(r = r_0) = \frac{3+\nu}{2}\,\varrho\,\omega^2\,R^2$$

erhalten.

Für die zwischen R_i und R_a überall positive Umfangsspannung $\sigma_{\varphi\varphi}$ liegt wegen

$$\frac{d\sigma_{\varphi\varphi}}{dr} = \frac{3+\nu}{4}\,\varrho\,\omega^2\left[-\frac{R_i^2\,R_a^2}{r^3} - \frac{1+3\,\nu}{3+\nu}\,r\right] < 0$$

ein monoton fallender Verlauf vor. Der größte Wert der Umfangsspannung tritt daher am Innenrand auf (vgl. auch Abb. A.3.9).

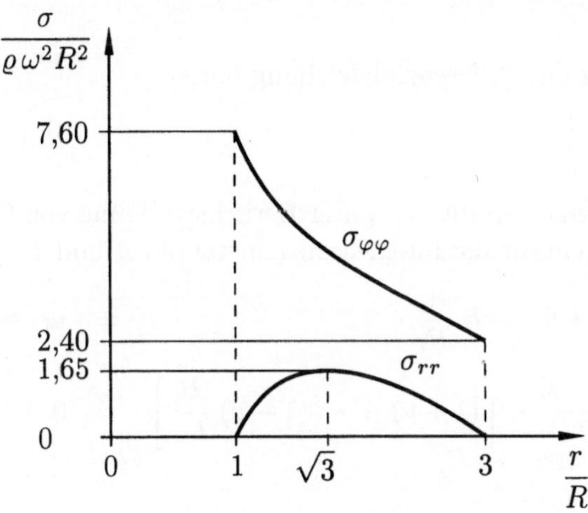

Abb. A.3.9: Radialspannung σ_{rr} und Umfangsspannung $\sigma_{\varphi\varphi}$ für eine rotierende Kreisringscheibe

Aufgabe 3.10:

Eine dünne Kreisringscheibe mit dem Außenradius R_a und dem Innenradius R_i wird auf eine als starr angenommene Welle mit dem Übermaß u_0 aufgeschrumpft.

Gegeben: R_a, R_i, u_0, E, ν

a) Formulieren Sie das Randwertproblem!

b) Welcher Zusammenhang ergibt sich für die Flächenpressung in Abhängigkeit vom Übermaß u_0?

c) Wie groß ist die Flächenpressung für $R_i = 30$ mm, $R_a = 150$ mm, $u_0 = 10\,\mu$m sowie $E = 2{,}1 \cdot 10^5$ MPa und $\nu = 0{,}3$?

d) Welle und aufgeschrumpfte Scheibe rotieren mit der konstanten Winkelgeschwindigkeit ω. Wie groß ist ω, wenn die Flächenpressung p gerade den Wert null erreicht? Verwenden Sie die Zahlenwerte aus Teilaufgabe c sowie $\varrho = 7{,}86$ kg dm^{-3} !

Lösung:

a) Es ist die Differenzialgleichung

$$\left[\frac{1}{r}\,(r\,u_r)_{,r}\right]_{,r} \;=\; 0$$

unter den Randbedingungen

$$u_r(r = R_i) \;=\; u_0 \qquad \text{und} \qquad \sigma_{rr}(r = R_a) \;=\; 0$$

zu erfüllen.

b) Die allgemeine Lösung der Differenzialgleichung lautet

$$u_r(r) \;=\; A\,r \,+\, B\,\frac{1}{r}$$

Aus den Randbedingungen ergibt sich unter Berücksichtigung von (3.40) das lineare Gleichungssystem für die Integrationskonstanten A und B

$$u_r(r = R_i) \;=\; A\,R_i \,+\, B\,\frac{1}{R_i} \;=\; u_0$$

$$\sigma_{rr}(r = R_a) \;=\; \frac{E}{1-\nu^2}\left[(1+\nu)\,A \,-\, (1-\nu)\,\frac{B}{R_a^2}\right] \;=\; 0$$

mit den Lösungen

$$A = \frac{(1-\nu)\,R_i\,u_0}{(1+\nu)\,R_a^2 \,+\, (1-\nu)\,R_i^2} \qquad B \;=\; \frac{(1+\nu)\,R_i\,R_a^2\,u_0}{(1+\nu)\,R_a^2 \,+\, (1-\nu)\,R_i^2}$$

Für die Radialspannung (vgl. (3.40)) gilt

$$\sigma_{rr}(r) \;=\; \frac{E}{1-\nu^2}\left(u_{r,r} + \nu\,\frac{u_r}{r}\right) \;=\; \frac{E}{1-\nu^2}\left[(1+\nu)\,A \,-\, (1-\nu)\,\frac{B}{r^2}\right]$$

Damit folgt die Flächenpressung zu

$$p \;=\; -\,\sigma_{rr}(r = R_i) \;=\; \frac{E\,u_0\,(R_a^2 - R_i^2)}{R_i\left[(1+\nu)\,R_a^2 \,+\, (1-\nu)\,R_i^2\right]}$$

c) Im vorliegenden Fall beträgt ihr Wert

$$p \;=\; 50{,}6\ \text{MPa}$$

d) Bei Drehungen tritt infolge der Wirkung der Zentrifugalkraft eine Verminderung der Flächenpressung ein. Im Augenblick der Ablösung der Scheibe ist die Radialspannung am Innenrand gleich null, so dass dann das Randwertproblem der Aufgabe 3.9 vorliegt. Aus der zugehörigen Lösung für die Verschiebung

$$u_r(r) \;=\; \frac{1-\nu^2}{8}\,\frac{\varrho\,\omega^2}{E}\left[\frac{3+\nu}{1+\nu}\,(R_i^2 + R_a^2)\,r \,+\, \frac{3+\nu}{1-\nu}\,\frac{R_i^2\,R_a^2}{r} \,-\, r^3\right]$$

lässt sich unter Berücksichtigung von $u_r(r = R_i) = u_0$ die bei der Ablösung auftretende Winkelgeschwindigkeit berechnen:

$$\omega^2 = \frac{8}{1-\nu^2} \frac{E\,u_0}{\varrho\left[\frac{3+\nu}{1+\nu}\left(R_i^2+R_a^2\right)R_i + \frac{3+\nu}{1-\nu}R_i\,R_a^2 - R_i^3\right]}$$

Mit den angegebenen Zahlenwerten gilt

$$\omega = 690\,\mathrm{s}^{-1} \qquad \text{bzw.} \qquad n = 6590\,\mathrm{min}^{-1}$$

Aufgabe 3.11:

Die Nabe einer Pressverbindung (s. Abb. A.3.10) für eine Vollwelle mit dem gegebenen Radius R_m und einem geforderten Fugendruck p ist so zu dimensionieren, dass die maximale Umfangsspannung $\sigma_{\varphi\varphi}$ die bekannte, zulässige Spannung σ_{zul} nicht überschreitet. Es ist ein ebener Spannungszustand anzunehmen.

Gegeben: $R_m = 20$ mm, $p = 100$ MPa, $\sigma_{zul} = 240$ MPa,
$E = 2{,}1 \cdot 10^5$ MPa, $\nu = 0{,}3$

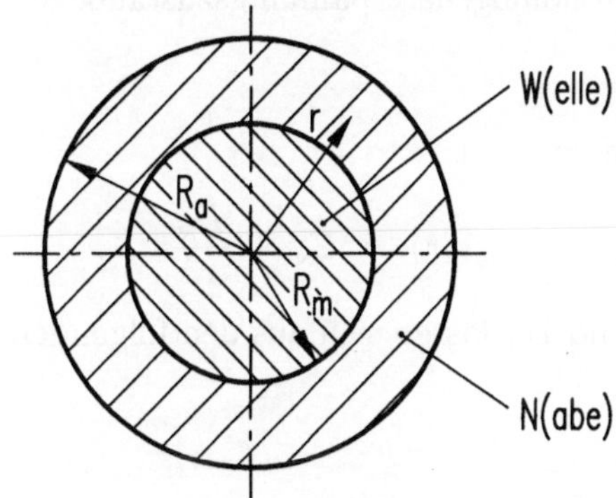

Abb. A.3.10: Pressverbindung Vollwelle/Nabe

a) Stellen Sie die Spannungen σ_{rr} und $\sigma_{\varphi\varphi}$ unter Nutzung der Lösung der homogenen Verschiebungsdifferenzialgleichung (3.41) als Funktion der r-Koordinate dar!

b) Ermitteln Sie den Radius R_a durch Lösung des Spannungsrandwertproblems! Berechnen Sie die Spannungen an den Stellen $r = R_m$ und $r = R_a$!

c) Bestimmen Sie das erforderliche Übermaß ΔR_m zwischen Welle und Nabe! Skizzieren Sie die Verhältnisse vor und nach der Montage!

Lösung:

a) Die Lösung des homogenen Anteils der Differenzialgleichung für die Verschiebung (3.41) lautet (vgl. Aufgabe 3.7 b)

$$u_r(r) = A\,r + B\,\frac{1}{r}$$

Wird dieses Ergebnis in die Gleichungen (3.40) eingesetzt, entstehen die Beziehungen

$$\sigma_{rr}(r) = \frac{E}{1-\nu^2}\left[(1+\nu)\,A - (1-\nu)\,\frac{B}{r^2}\right]$$

$$\sigma_{\varphi\varphi}(r) = \frac{E}{1-\nu^2}\left[(1+\nu)\,A + (1-\nu)\,\frac{B}{r^2}\right]$$

die sich durch die Einführung neuer Konstanten $C = A\,E/(1-\nu)$ sowie $D = B\,E/(1+\nu)$ vereinfachen lassen.

$$\sigma_{rr}(r) = C - \frac{D}{r^2} \qquad \sigma_{\varphi\varphi}(r) = C + \frac{D}{r^2}$$

b) Spannungsverteilung in der Welle:

$$\sigma_{rrW}(r) = C_W - \frac{D_W}{r^2} \qquad \sigma_{\varphi\varphi W}(r) = C_W + \frac{D_W}{r^2}$$

Da die Spannungen für $r \to 0$ nicht unendlich werden dürfen, gilt $D_W = 0$. In der Welle existiert damit ein homogener Spannungszustand.

$$\sigma_{rrW}(r) = \sigma_{\varphi\varphi W}(r) = C_W$$

Spannungsverteilung in der Nabe:

$$\sigma_{rrN}(r) = C_N - \frac{D_N}{r^2} \qquad \sigma_{\varphi\varphi N}(r) = C_N + \frac{D_N}{r^2}$$

Die drei Konstanten C_W, C_N und D_N lassen sich aus den folgenden Randbedingungen

$$\sigma_{rrW}(r = R_m) = C_W = -p$$

$$\sigma_{rrN}(r = R_m) = C_N - \frac{D_N}{R_m^2} = -p$$

$$\sigma_{rrN}(r = R_a) = C_N - \frac{D_N}{R_a^2} = 0$$

zu

$$C_W = -p \qquad C_N = \frac{R_m^2}{R_a^2 - R_m^2}\,p \qquad D_N = \frac{R_a^2\,R_m^2}{R_a^2 - R_m^2}\,p$$

ermitteln. Der noch unbekannte Radius R_a wird aus der Bedingung

$$\sigma_{\varphi\varphi N}(r = R_m) = C_N + \frac{D_N}{R_m^2} = \frac{R_a^2 + R_m^2}{R_a^2 - R_m^2}\,p \le \sigma_{zul}$$

berechnet.

$$R_a = \sqrt{\frac{\sigma_{zul} + p}{\sigma_{zul} - p}}\,R_m$$

Die Auswertung mit den gegebenen Zahlenwerten führt auf

$$R_a = 31{,}17\,\text{mm}$$

$$C_W = -100\,\text{MPa} \qquad C_N = 70\,\text{MPa} \qquad D_N = 68\,\text{kN}$$

$$\sigma_{rrW} = \sigma_{\varphi\varphi W} = -100\,\text{MPa}$$

$$\sigma_{rrN}(r = R_m) = -100\,\text{MPa} \qquad \sigma_{rrN}(r = R_a) = 0$$

$$\sigma_{\varphi\varphi N}(r = R_m) = 240\,\text{MPa} \qquad \sigma_{\varphi\varphi N}(r = R_a) = 140\,\text{MPa}$$

c)

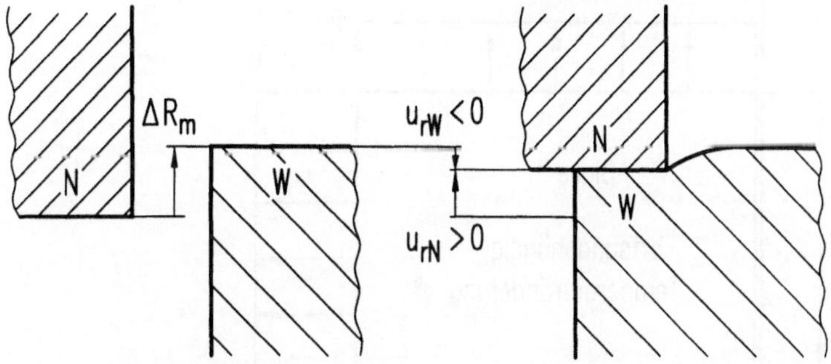

Abb. A.3.11: Verhältnisse in der Pressfuge vor (links) und nach der Montage (rechts)

Abbildung A.3.11 kann der Zusammenhang

$$\Delta R_m = u_{r_N}(r = R_m) - u_{r_W}(r = R_m)$$

entnommen werden. Die Verschiebung u_r wird mittels der Kinematik (3.36) $u_r = r\,\varepsilon_{\varphi\varphi}$ und des *Hooke*schen Gesetzes (3.39) $\varepsilon_{\varphi\varphi} = (\sigma_{\varphi\varphi} - \nu\,\sigma_{rr})/E$ berechnet.

$$u_r(r) = \frac{r}{E}\left[\sigma_{\varphi\varphi}(r) - \nu\,\sigma_{rr}(r)\right]$$

Für die Verschiebung $u_{rW}(r = R_m)$ gilt:

$$u_{rW}(r = R_m) = \frac{R_m}{E}\left(\sigma_{\varphi\varphi W} - \nu\,\sigma_{rrW}\right) = -0{,}00\overline{6}\,\text{mm}$$

Die Verschiebung $u_{r_N}(r = R_m)$ ergibt sich zu

$$u_{r_N}(r = R_m) = \frac{R_m}{E}\left[\sigma_{\varphi\varphi N}(r = R_m) - \nu\,\sigma_{rrN}(r = R_m)\right]$$

$$= 0{,}02571\,\text{mm}$$

Daraus resultiert das Übermaß

$$\Delta R_m = 32\,\mu\text{m}$$

A.4 Aufgaben zu Kapitel 4

Aufgabe 4.1:

Eine mechanisch und thermisch isotrope Rechteckscheibe konstanter Dicke h wird an den Rändern $x_1 = 0$ und $x_2 = 0$ durch Loslager gefesselt (Abb. A.4.1). Die Belastung besteht aus der konstanten Verschiebung u_0 am rechten Rand, der Flächenlast konstanter Intensität p am oberen Rand und der ortsunabhängigen Temperaturänderung ϑ.

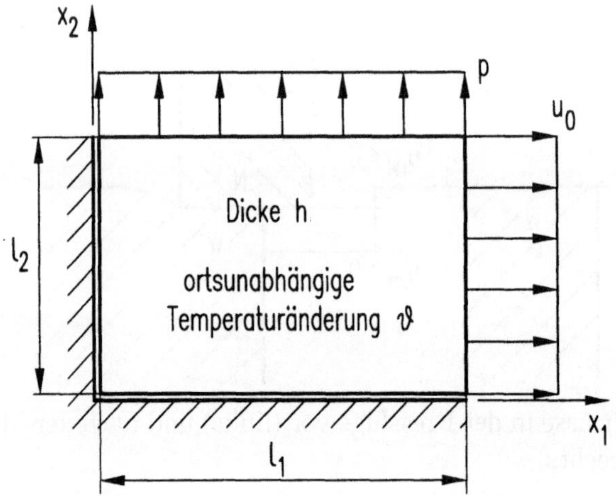

Abb. A.4.1: Rechteckscheibe bei zweiachsiger Belastung

Gegeben: l_1, l_2, h ($h \ll l_1, l_2$), u_0, p, ϑ, E, ν, α

a) Formulieren Sie einen problemangepassten Verschiebungsansatz!

b) Berechnen Sie den Verschiebungs-, Verzerrungs- und Spannungszustand mit Hilfe des *Ritz*schen Verfahrens!

c) Ermitteln Sie auf der Grundlage des *Hooke*schen Gesetzes und der Überlagerung von Teillastfällen die exakte Lösung! Vergleichen Sie diese Lösung mit den Ergebnissen der Teilaufgabe 4.1b!

Lösung:

a) Es werden linear veränderliche Verschiebungen

$$\begin{aligned} u_1(x_1,x_2) &= b_1 + x_1\, b_2 + x_2\, b_3 \\ u_2(x_1,x_2) &= b_4 + x_1\, b_5 + x_2\, b_6 \end{aligned}$$

angenommen, welche die Randbedingungen

$$\begin{aligned} u_1(x_1=0,x_2) &= b_1 + x_2\, b_3 &&= 0 \\ u_1(x_1=l_1,x_2) &= b_1 + l_1\, b_2 + x_2\, b_3 &&= u_0 \\ u_2(x_1,x_2=0) &= b_4 + x_1\, b_5 &&= 0 \end{aligned}$$

erfüllen müssen. Daraus folgen die Konstanten zu

$$b_1 = -x_2 b_3 \qquad b_4 = -x_1 b_5 \qquad b_2 = \frac{u_0}{l_1}$$

Mit dem Freiwert $a = b_6$ lautet der Verschiebungszustand

$$\begin{aligned} u_1(x_1) &= x_1 \frac{u_0}{l_1} + 0 \cdot a \\ u_2(x_2) &= 0 \cdot \frac{u_0}{l_1} + x_2 a \end{aligned}$$

Der Vergleich mit dem allgemeinen Verschiebungsansatz (4.34) führt auf

$$\begin{aligned} L_1 &= x_1 \frac{u_0}{l_1} \qquad & N_1 &= 0 \\ L_2 &= 0 \qquad & N_2 &= x_2 \end{aligned}$$

Zum obigen Verschiebungszustand gehört der homogene Verzerrungszustand

$$\varepsilon_{11} = \frac{du_1(x_1)}{dx_1} = \frac{u_0}{l_1} \qquad \varepsilon_{22} = \frac{du_2(x_2)}{dx_2} = a$$

b) Entsprechend (4.36) werden die $A_{ij} = \frac{1}{2}(L_{i,j} + L_{j,i})$ und die $B_{ij} = \frac{1}{2}(N_{i,j} + N_{j,i})$ zu

$$A_{11} = \frac{u_0}{l_1} \qquad A_{12} = A_{21} = A_{22} = 0$$

$$B_{11} = B_{12} = B_{21} = 0 \qquad B_{22} = 1$$

erhalten. Für die Steifigkeitsmatrix (4.40), sie besteht wie der Belastungsvektor aus nur einem Element, entsteht mit (4.80) das Ergebnis[3]

$$K = \int_V B_{22}\, \tilde{E}_{2222}\, B_{22}\, dV = \frac{E}{1-\nu^2}\, h\, l_1\, l_2$$

Laut (4.41) ergibt sich der Belastungsvektor zu

$$f = \int_V (\tilde{\beta}_{22}\, B_{22}\, \vartheta - B_{22}\, \tilde{E}_{2211}\, A_{11})\, dV + \int_{A^\sigma} p_2\, N_2(x_2 = l_2)\, dA$$

Unter Berücksichtigung von $\tilde{\beta}_{22} = E\,\alpha/(1-\nu)$ laut (4.91) folgt

$$f = \left(\frac{E}{1-\nu}\,\alpha\,\vartheta - \frac{E\,\nu}{1-\nu^2}\,\frac{u_0}{l_1} + p\right) h\, l_1\, l_2$$

Aus $K\,a = f$ (vgl. (4.39)) resultiert

$$a = (1+\nu)\,\alpha\,\vartheta - \nu\,\frac{u_0}{l_1} + \frac{1-\nu^2}{E}\,p$$

[3]Die Tilde kennzeichnet die zum ESZ gehörigen Materialkonstanten

Werden die Dehnungen $\varepsilon_{11} = u_0/l_1$ und $\varepsilon_{22} = a$ in das *Hooo*k*e*sche Gesetz (vgl. Aufgabe 3.1c)

$$\sigma_{11} = \frac{E}{1-\nu^2}\,(\varepsilon_{11} + \nu\,\varepsilon_{22}) - \frac{E}{1-\nu}\,\alpha\,\vartheta$$
$$\sigma_{22} = \frac{E}{1-\nu^2}\,(\varepsilon_{22} + \nu\,\varepsilon_{11}) - \frac{E}{1-\nu}\,\alpha\,\vartheta$$

eingesetzt, entstehen daraus die Spannungen

$$\sigma_{11} = E\,\frac{u_0}{l_1} + \nu\,p - E\,\alpha\,\vartheta$$
$$\sigma_{22} = p$$

c) Lastfall 1: Erfassung der Verschiebung $u_1(x_1 = l_1) = u_0$ und der Temperaturänderung ϑ bei einem lastfreien Rand $x_2 = l_2$

Mit u_0 folgt eine Dehnung

$$\varepsilon_{11}^{(1)} = \frac{u_0}{l_1}$$

Der elastische Anteil $\varepsilon_{11}^{(1)el}$ ist für $\vartheta > 0$ um den thermischen Anteil $\varepsilon_{11}^{th} = \alpha\,\vartheta$ kleiner. Für die vorliegende, einachsige Beanspruchung wird der zugehörige Spannungsanteil

$$\sigma_{11}^{(1)} = E\,\varepsilon_{11}^{(1)el} = E\,\frac{u_0}{l_1} - E\,\alpha\,\vartheta$$

erhalten.

Lastfall 2: Erfassung der Spannungsrandbedingung $t_2(x_2 = l_2) = \sigma_{22} = p$ für eine Verschiebung $u_1(x_1 = l_1) = 0$ $(\to \varepsilon_{11}^{(2)} = 0)$

Das *Hooke*sche Gesetz (3.7) bei $\vartheta = 0$

$$\varepsilon_{11} = \frac{1}{E}\,(\sigma_{11} - \nu\,\sigma_{22})$$

führt mit $\sigma_{22} = p$ auf

$$\varepsilon_{11}^{(2)} = \frac{1}{E}\,(\sigma_{11}^{(2)} - \nu\,p) = 0$$

bzw.

$$\sigma_{11}^{(2)} = \nu\,p$$

Schließlich ergibt die Überlagerung der beiden Lastfälle

$$\sigma_{11} = \sigma_{11}^{(1)} + \sigma_{11}^{(2)} = E\,\frac{u_0}{l_1} + \nu\,p - E\,\alpha\,\vartheta$$

Die auf die beschriebene Weise gefundene exakte Lösung und jene nach dem *Ritz*schen Verfahren (Teilaufgabe b) stimmen überein.

Aufgabe 4.2:

Ein Zugstab unter Eigengewicht und einer Flächenlast p konstanter Intensität am freien Ende C ist im Punkt B so aufgehängt, dass keine Behinderung der Querkontraktion erfolgt (Abb. A.4.2). Damit liegt ein eindimensionales Problem vor, welches mit einem 2-Knoten-Element modelliert werden soll.

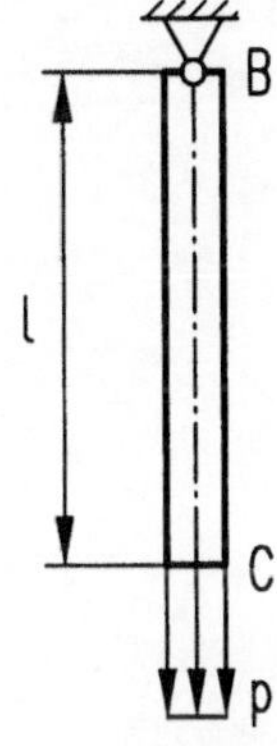

Gegeben:
l, A = const, E = const,
ϱ = const, p, g

Abb. A.4.2: Zugstab unter Eigengewicht und konstanter Flächenlast p am freien Ende

a) Ermitteln Sie die Formfunktionen unter Verwendung der lokalen Koordinate ξ, indem die Freiwerte eines linearen Verschiebungsansatzes durch die Knotenverschiebungen ersetzt werden!

b) Berechnen Sie die Elementsteifigkeitsmatrix $\overset{e}{\boldsymbol{K}}$!

c) Bestimmen Sie den Elementbelastungsvektor $\overset{e}{\boldsymbol{f}}$!

d) Werten Sie die FEM-Gleichung aus! Geben Sie außerdem die Verschiebung u, die Dehnung ε sowie die Spannung σ als Funktion der globalen Koordinate x an!

Lösung:

a)

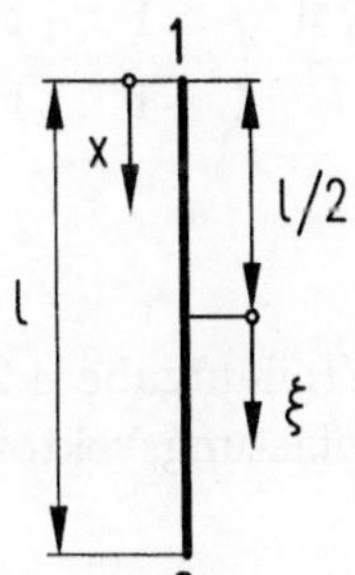

Zwischen der lokalen Koordinate ξ und der globalen Koordinate x gilt der Zusammenhang (vgl. Abb. A.4.3 und (4.65))

$$\xi = 2\,\frac{x}{l} - 1$$

Abb. A.4.3: 2-Knoten-Element (globale Koordinate x, lokale Koordinate ξ)

Mit dem linearen Verschiebungsansatz $u(\xi) = a_1 + \xi\, a_2$ und den Randbedingungen

$$u(\xi = -1) = a_1 - a_2 = \overset{1}{u}$$

$$u(\xi = 1) = a_1 + a_2 = \overset{2}{u}$$

folgen

$$a_1 = \tfrac{1}{2}(\overset{1}{u} + \overset{2}{u}) \qquad \text{und} \qquad a_2 = \tfrac{1}{2}(\overset{2}{u} - \overset{1}{u})$$

Der modifizierte Verschiebungsansatz lautet somit

$$u(\xi) = \tfrac{1}{2}(1-\xi)\overset{1}{u} + \tfrac{1}{2}(1+\xi)\overset{2}{u}$$

Er enthält die linearen Formfunktionen

$$g_1(\xi) = \tfrac{1}{2}(1-\xi) \qquad \text{und} \qquad g_2(\xi) = \tfrac{1}{2}(1+\xi)$$

b) Die Elementsteifigkeitsmatrix (4.57) nimmt mit

$$dV = A\,dx = \tfrac{1}{2}A\,l\,d\xi$$

die Form

$$\overset{e}{\boldsymbol{K}} = \tfrac{1}{2}E\,A\,l\int_{-1}^{1}\overset{e}{\boldsymbol{B}}{}^T(\xi)\;\overset{e}{\boldsymbol{B}}(\xi)\,d\xi$$

an. Unter Beachtung von (4.78) gilt mit $\boldsymbol{g}(\xi)$ statt $\boldsymbol{l}(\xi,\eta)$

$$\overset{e}{\boldsymbol{B}}(\xi) = \frac{2}{l}\Big(g_1(\xi)\quad g_2(\xi)\Big)_{,\xi} = \frac{1}{l}\begin{pmatrix}-1 & 1\end{pmatrix}$$

Durch Einsetzen in die obige Beziehung wird die Elementsteifigkeitsmatrix zu

$$\overset{e}{\boldsymbol{K}} = \frac{E\,A}{2\,l}\begin{pmatrix}-1\\ 1\end{pmatrix}\begin{pmatrix}-1 & 1\end{pmatrix}\int_{-1}^{1}d\xi = \frac{E\,A}{l}\begin{pmatrix}1 & -1\\ -1 & 1\end{pmatrix}$$

erhalten.

c) Unter Berücksichtigung von $dV = \frac{1}{2}A\,l\,d\xi$ (vgl. Teilaufgabe 4.2b) entsteht die problemangepasste Darstellung des Elementbelastungsvektors (4.58)

$$\overset{e}{\boldsymbol{f}} = \tfrac{1}{2}\varrho\,A\,l\int_{-1}^{1}\overset{e}{\boldsymbol{G}}{}^T(\xi)\,f_\xi\,d\xi + \int_A \overset{e}{\boldsymbol{G}}{}^T(\xi=1)\;p_\xi(\xi=1)\;dA$$

Werden

$$\overset{e}{G}{}^T(\xi) = \begin{pmatrix} g_1(\xi) \\ g_2(\xi) \end{pmatrix} = \frac{1}{2}\begin{pmatrix} 1-\xi \\ 1+\xi \end{pmatrix} \qquad \overset{e}{G}{}^T(\xi = 1) = \begin{pmatrix} 0 \\ 1 \end{pmatrix}$$

$$f_\xi = g \qquad \text{und} \qquad p_\xi(\xi = 1) = p$$

eingesetzt, lässt sich der erhaltene Ausdruck

$$\overset{e}{f} = \tfrac{1}{4}\,\varrho\,A\,l \int_{-1}^{1} \begin{pmatrix} 1-\xi \\ 1+\xi \end{pmatrix} d\xi\, g + A \begin{pmatrix} 0 \\ p \end{pmatrix}$$

elementar auswerten

$$\overset{e}{f} = \begin{pmatrix} \overset{1}{f} \\ \overset{2}{f} \end{pmatrix} = \tfrac{1}{2}\,\varrho\,g\,A\,l \begin{pmatrix} 1 \\ 1 \end{pmatrix} + A \begin{pmatrix} 0 \\ p \end{pmatrix}$$

d)

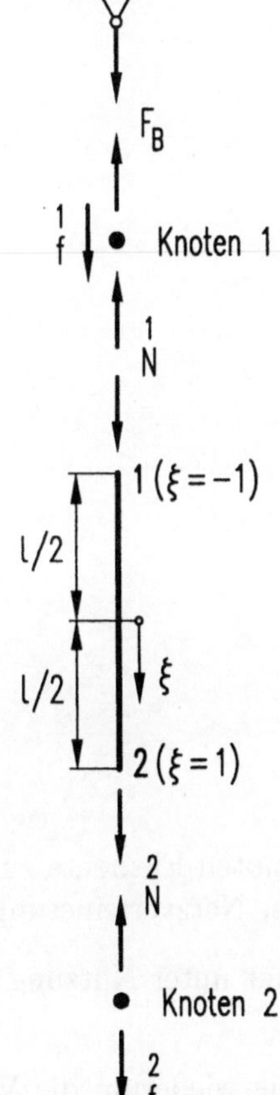

Wie in der Abb. A.4.4 dargestellt, werden die äußeren Kräfte in die Elementknoten eingeleitet. Aus dem Gleichgewicht an den Elementknoten 1 und 2 folgen die in ξ-Richtung positiven Längskräfte

$$\overset{1}{N} = \overset{1}{f} - F_B = \tfrac{1}{2}\,\varrho\,g\,A\,l - F_B$$

$$\overset{2}{N} = \overset{2}{f} = \tfrac{1}{2}\,\varrho\,g\,A\,l + p\,A$$

Durch die Fesselung des Knotens 1 unterscheidet sich die Längskraft $\overset{1}{N}$ von der äußeren Knotenkraft $\overset{1}{f}$ um die Reaktionskraft F_B.

Abb. A.4.4: Anwendung des Schnittprinzips auf Element, Elementknoten und Aufhängung

Damit ist die FEM-Grundgleichung (4.56) wie folgt zu modifizieren.

$$\overset{e}{\boldsymbol{K}} \begin{pmatrix} \overset{1}{u} \\ \overset{2}{u} \end{pmatrix} = \begin{pmatrix} \overset{1}{f} - F_B \\ \overset{2}{f} \end{pmatrix} = \begin{pmatrix} \overset{1}{N} \\ \overset{2}{N} \end{pmatrix}$$

$$\frac{E\,A}{l} \begin{pmatrix} 1 & -1 \\ -1 & 1 \end{pmatrix} \begin{pmatrix} \overset{1}{u} \\ \overset{2}{u} \end{pmatrix} = \begin{pmatrix} \frac{1}{2}\,\varrho\, g\, A\, l - F_B \\ \frac{1}{2}\,\varrho\, g\, A\, l + p\, A \end{pmatrix}$$

Bei Beachtung der Randbedingung $\overset{1}{u} = 0$ werden die Knotenverschiebung

$$\overset{2}{u} = \frac{1}{2}\frac{\varrho\, g\, l^2}{E} + \frac{p\, l}{E}$$

und die Lagerkraft

$$F_B = \varrho\, g\, A\, l + p\, A$$

erhalten. Mit $\overset{2}{u}$ ergeben sich die Verschiebung

$$u(\xi) = \frac{1}{2}\,(1+\xi)\left(\frac{1}{2}\frac{\varrho\, g\, l^2}{E} + \frac{p\, l}{E}\right)$$

$$u(x) = \left(\frac{1}{2}\frac{\varrho\, g\, l}{E} + \frac{p}{E}\right) x$$

die Dehnung

$$\varepsilon(x) = \frac{du(x)}{dx} = \frac{1}{2}\frac{\varrho\, g\, l}{E} + \frac{p}{E} = \text{const}$$

und die Spannung

$$\sigma(x) = E\,\varepsilon(x) = \frac{1}{2}\,\varrho\, g\, l + p = \text{const}$$

Aufgabe 4.3:

Der Zugstab laut Aufgabe 4.2 ist mittels zweier 2-Knoten-Elemente zu modellieren. Das entspricht gegenüber der Aufgabe 4.2 einer Netzverfeinerung.

a) Bauen Sie die FEM-Gleichung für das Grundgebiet unter Nutzung der Ergebnisse der Aufgabe 4.2 auf!

b) Werten Sie die FEM-Gleichung aus und geben Sie wiederum die Verschiebung u, die Dehnung ε sowie die Spannung σ als Funktion der globalen Koordinate x an!

Lösung:

a)

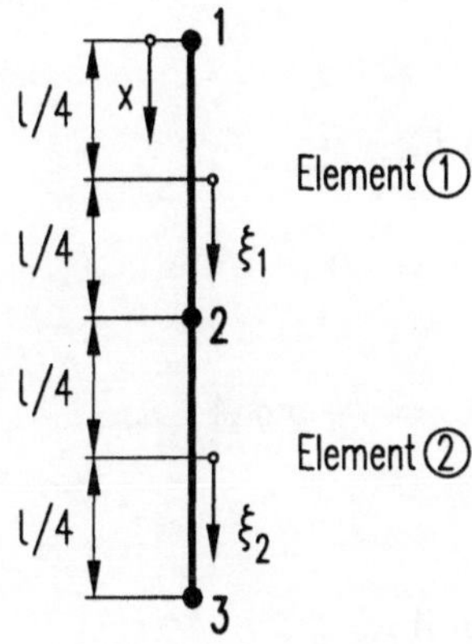

Die Verschiebungsansätze für die beiden Elemente (vgl. Abb. A.4.5 und Aufgabe 4.2a) lauten

$$u(\xi_1) \;=\; \tfrac{1}{2}\,(1-\xi_1)\,\overset{1}{u} + \tfrac{1}{2}\,(1+\xi_1)\,\overset{2}{u}$$

$$u(\xi_2) \;=\; \tfrac{1}{2}\,(1-\xi_2)\,\overset{2}{u} + \tfrac{1}{2}\,(1+\xi_2)\,\overset{3}{u}$$

Sie enthalten bereits die Verschiebungskompatibilität im Knoten 2.

Abb. A.4.5: Einteilung des Grundgebietes in zwei 2-Knoten-Elemente

Bei der Formulierung der FEM-Gleichungen auf der Elementebene ist zu berücksichtigen, dass die Elementlänge nunmehr $l/2$ beträgt.

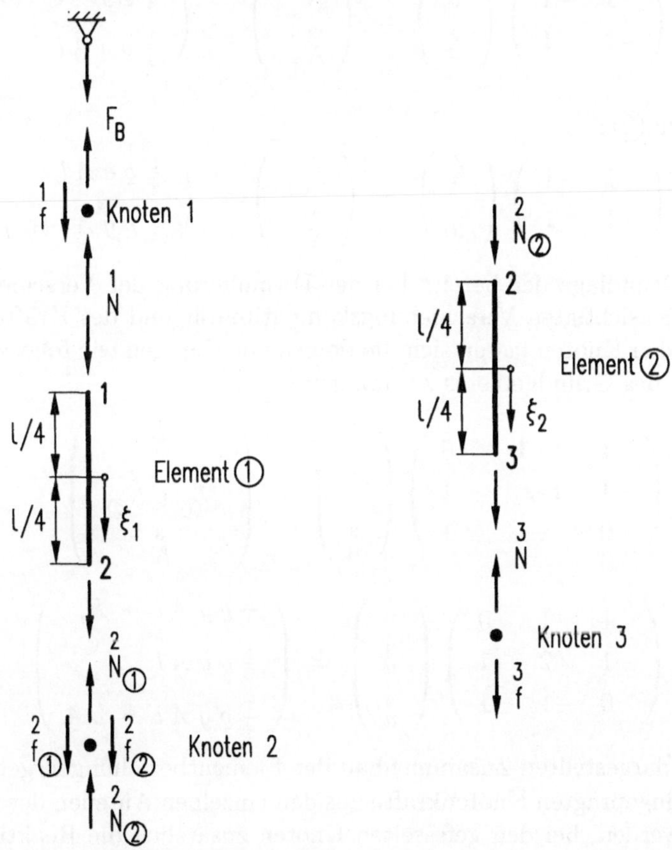

Abb. A.4.6: Anwendung des Schnittprinzips auf die Elemente, Elementknoten und die Aufhängung

Kräftegleichgewicht in den Elementknoten (vgl. Abb. A.4.6):

Knoten 1:

$$\overset{1}{N} + F_B - \overset{1}{f} = 0$$

$$\overset{1}{N} = \tfrac{1}{4}\,\varrho\, g\, A\, l - F_B$$

Knoten 2:

$$\underbrace{\overset{2}{N}_{①} + \overset{2}{N}_{②}}_{\overset{2}{N}} - \overset{2}{f}_{①} - \overset{2}{f}_{②} = 0$$

$$\overset{2}{N} = \tfrac{1}{2}\,\varrho\, g\, A\, l$$

Knoten 3:

$$\overset{3}{N} - \overset{3}{f} = 0$$

$$\overset{3}{N} = \tfrac{1}{4}\,\varrho\, g\, A\, l + p\, A$$

FEM-Gleichungen für die Elemente (vgl. Aufgabe 4.2d):

Element ①:

$$\frac{2\,E\,A}{l}\begin{pmatrix} 1 & -1 \\ -1 & 1 \end{pmatrix}\begin{pmatrix} \overset{1}{u} \\ \overset{2}{u} \end{pmatrix} = \begin{pmatrix} \overset{1}{N} \\ \overset{2}{N}_{①} \end{pmatrix} = \begin{pmatrix} \tfrac{1}{4}\,\varrho\, g\, A\, l - F_B \\ \tfrac{1}{4}\,\varrho\, g\, A\, l \end{pmatrix}$$

Element ②:

$$\frac{2\,E\,A}{l}\begin{pmatrix} 1 & -1 \\ -1 & 1 \end{pmatrix}\begin{pmatrix} \overset{2}{u} \\ \overset{3}{u} \end{pmatrix} = \begin{pmatrix} \overset{2}{N}_{②} \\ \overset{3}{N} \end{pmatrix} = \begin{pmatrix} \tfrac{1}{4}\,\varrho\, g\, A\, l \\ \tfrac{1}{4}\,\varrho\, g\, A\, l + p\, A \end{pmatrix}$$

Auf der Grundlage der bereits bei der Formulierung der Verschiebungsansätze berücksichtigten Verschiebungskompatibilität und des Kräftegleichgewichts in den Knoten lassen sich die obigen Gleichungen wie folgt zur FEM-Gleichung des Grundgebietes zusammenfassen.

$$\frac{2\,E\,A}{l}\begin{pmatrix} 1 & -1 & 0 \\ -1 & 1+1 & -1 \\ 0 & -1 & 1 \end{pmatrix}\begin{pmatrix} \overset{1}{u} \\ \overset{2}{u} \\ \overset{3}{u} \end{pmatrix} = \begin{pmatrix} \overset{1}{N} \\ \overset{2}{N}_{①} + \overset{2}{N}_{②} \\ \overset{3}{N} \end{pmatrix}$$

$$\frac{2\,E\,A}{l}\begin{pmatrix} 1 & -1 & 0 \\ -1 & 2 & -1 \\ 0 & -1 & 1 \end{pmatrix}\begin{pmatrix} \overset{1}{u} \\ \overset{2}{u} \\ \overset{3}{u} \end{pmatrix} = \begin{pmatrix} \tfrac{1}{4}\,\varrho\, g\, A\, l - F_B \\ \tfrac{1}{2}\,\varrho\, g\, A\, l \\ \tfrac{1}{4}\,\varrho\, g\, A\, l + p\, A \end{pmatrix}$$

Aus dem dargestellten Zusammenbau der Elementbeziehungen geht hervor, dass die eingeprägten Knotenkräfte aus den einzelnen Anteilen der Elemente gebildet werden, bei den gefesselten Knoten zusätzlich die Reaktionskräfte zu berücksichtigen sind und Schnittkräfte zwischen den Elementen und den Knoten wegen des Wechselwirkungsprinzips keine Rolle spielen.

b) Mit der Randbedingung $\overset{1}{u} = 0$ entsteht das reduzierte Gleichungssystem

$$\frac{2\,E\,A}{l}\begin{pmatrix} 2 & -1 \\ -1 & 1 \end{pmatrix}\begin{pmatrix} \overset{2}{u} \\ \overset{3}{u} \end{pmatrix} = \begin{pmatrix} \frac{1}{2}\,\varrho\,g\,A\,l \\ \frac{1}{4}\,\varrho\,g\,A\,l\,+\,p\,A \end{pmatrix}$$

welches die Lösungen

$$\overset{2}{u} = \frac{3}{8}\frac{\varrho\,g\,l^2}{E} + \frac{1}{2}\frac{p\,l}{E} \qquad \overset{3}{u} = \frac{1}{2}\frac{\varrho\,g\,l^2}{E} + \frac{p\,l}{E}$$

besitzt. Aus der ersten Gleichung des vollständigen Systems folgt nunmehr die Reaktionskraft zu

$$F_B = \varrho\,g\,A\,l + p\,A$$

Werden $\overset{1}{u} = 0$, $\overset{2}{u}$ und $\overset{3}{u}$ sowie die Zusammenhänge zwischen den lokalen Koordinaten ξ_1, ξ_2 und der globalen Koordinate x (vgl. Abb. A.4.5 und (4.65))

$$\xi_1 = 4\,\frac{x}{l} - 1 \qquad \xi_2 = 4\,\frac{x}{l} - 3$$

in die Verschiebungsansätze eingeführt, werden die Verschiebungen als Funktion der globalen Koordinate x erhalten.

Element ① $$u(x) = \left(\frac{3}{4}\frac{\varrho\,g\,l}{E} + \frac{p}{E}\right)x \qquad \forall x \in [\,0,\ l/2\,]$$

Element ② $$u(x) = \frac{1}{4}\frac{\varrho\,g\,l}{E}(l+x) + \frac{p}{E}x \qquad \forall x \in [\,l/2,\ l\,]$$

Verzerrungen:

Element ① $$\varepsilon(x) = \frac{du(x)}{dx} = \frac{3}{4}\frac{\varrho\,g\,l}{E} + \frac{p}{E} = \text{const}$$

Element ② $$\varepsilon(x) = \frac{du(x)}{dx} = \frac{1}{4}\frac{\varrho\,g\,l}{E} + \frac{p}{E} = \text{const}$$

Spannungen:

Element ① $$\sigma(x) = E\,\varepsilon(x) = \frac{3}{4}\varrho\,g\,l + p = \text{const}$$

Element ② $$\sigma(x) = E\,\varepsilon(x) = \frac{1}{4}\varrho\,g\,l + p = \text{const}$$

Aufgabe 4.4:

Der Zugstab entsprechend der Aufgabe 4.2 ist mit einem 3-Knoten-Element zu modellieren. Damit wird gegenüber der Aufgabe 4.2 der Polynomgrad um eins erhöht.

a) Nutzen Sie die allgemeine Formel (4.68) zur Ermittlung der quadratischen Formfunktionen $g_k^{(2)}(\xi)$ und stellen Sie diese grafisch dar!

b) Berechnen Sie die Elementsteifigkeitsmatrix $\overset{e}{\boldsymbol{K}}$!

c) Bestimmen Sie den Elementbelastungsvektor $\overset{e}{\boldsymbol{f}}$!

d) Werten Sie die FEM-Gleichung aus! Geben Sie außerdem die Verschiebung u, die Dehnung ε sowie die Spannung σ als Funktion der globalen Koordinate x an!

Lösung:

a) Mit $\xi_1 = -1$, $\xi_2 = 0$, $\xi_3 = 1$ und $j = 2$ folgen aus der Beziehung (4.68)

$$g_k^{(2)}(\xi) = \prod_{\substack{i=1 \\ i \neq k}}^{3} \frac{\xi_i - \xi}{\xi_i - \xi_k}$$

die drei quadratischen Formfunktionen

$$g_1^{(2)}(\xi) = \frac{\xi_2 - \xi}{\xi_2 - \xi_1} \frac{\xi_3 - \xi}{\xi_3 - \xi_1} = -\frac{1}{2}\xi(1-\xi)$$

$$g_2^{(2)}(\xi) = \frac{\xi_1 - \xi}{\xi_1 - \xi_2} \frac{\xi_3 - \xi}{\xi_3 - \xi_2} = (1+\xi)(1-\xi) = (1-\xi^2)$$

und

$$g_3^{(2)}(\xi) = \frac{\xi_1 - \xi}{\xi_1 - \xi_3} \frac{\xi_2 - \xi}{\xi_2 - \xi_3} = \frac{1}{2}\xi(1+\xi)$$

Ihre grafische Darstellung ist Abb. A.4.7 zu entnehmen.

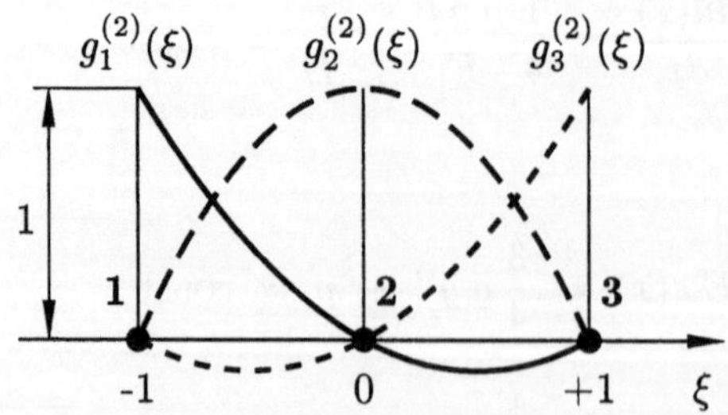

Abb. A.4.7: Quadratische Formfunktionen $g_k^{(2)}(\xi)$

b) Unter Beachtung der $\boldsymbol{B}$-Matrix (4.78) mit den quadratischen Formfunktionen $g_k^{(2)}(\xi)$

$$\overset{e}{\boldsymbol{B}}(\xi) = \frac{2}{l}\begin{pmatrix} g_1^{(2)}(\xi) & g_2^{(2)}(\xi) & g_3^{(2)}(\xi) \end{pmatrix}_{,\xi} = \frac{1}{l}\begin{pmatrix} -(1-2\xi) & -4\xi & (1+2\xi) \end{pmatrix}$$

lautet die Elementsteifigkeitsmatrix (vgl. Aufgabe 4.2b)

$$\overset{e}{\boldsymbol{K}} = \frac{E\,A}{2\,l}\int_{-1}^{1}\begin{pmatrix} 1-4\xi+4\xi^2 & 4(\xi-2\xi^2) & -1+4\xi^2 \\ 4(\xi-2\xi^2) & 16\,\xi^2 & -4(\xi+2\xi^2) \\ -1+4\xi^2 & -4(\xi+2\xi^2) & 1+4\xi+4\xi^2 \end{pmatrix} d\xi$$

Ihre geschlossene Auswertung führt auf

$$\overset{e}{\boldsymbol{K}} = \frac{E\,A}{3\,l}\begin{pmatrix} 7 & -8 & 1 \\ -8 & 16 & -8 \\ 1 & -8 & 7 \end{pmatrix}$$

c) Der Elementbelastungsvektor (vgl. Aufgabe 4.2c) ergibt sich zu

$$\overset{e}{\boldsymbol{f}} = \frac{1}{2}\,\varrho\,A\,l\int_{-1}^{1}\begin{pmatrix} -\frac{1}{2}\,\xi\,(1-\xi) \\ 1-\xi^2 \\ \frac{1}{2}\,\xi\,(1+\xi) \end{pmatrix} d\xi\; g + \int_A \begin{pmatrix} 0 \\ 0 \\ 1 \end{pmatrix} dA\; p$$

Bei Integration entsteht der Ausdruck

$$\overset{e}{\boldsymbol{f}} = \begin{pmatrix} \overset{1}{f} \\ \overset{2}{f} \\ \overset{3}{f} \end{pmatrix} = \frac{1}{6}\,\varrho\,g\,A\,l\begin{pmatrix} 1 \\ 4 \\ 1 \end{pmatrix} + A\begin{pmatrix} 0 \\ 0 \\ p \end{pmatrix}$$

d) Wird in der FEM-Grundgleichung

$$\frac{E\,A}{3\,l}\begin{pmatrix} 7 & -8 & 1 \\ -8 & 16 & -8 \\ 1 & -8 & 7 \end{pmatrix}\begin{pmatrix} \overset{1}{u} \\ \overset{2}{u} \\ \overset{3}{u} \end{pmatrix} = \begin{pmatrix} \frac{1}{6}\,\varrho\,g\,A\,l\, -\, F_B \\ \frac{2}{3}\,\varrho\,g\,A\,l \\ \frac{1}{6}\,\varrho\,g\,A\,l\, +\, p\,A \end{pmatrix}$$

die Randbedingung $\overset{1}{u} = 0$ berücksichtigt, folgen aus dem reduzierten System

$$\frac{E\,A}{3\,l}\begin{pmatrix} 16 & -8 \\ -8 & 7 \end{pmatrix}\begin{pmatrix} \overset{2}{u} \\ \overset{3}{u} \end{pmatrix} = \begin{pmatrix} \frac{2}{3}\,\varrho\,g\,A\,l \\ \frac{1}{6}\,\varrho\,g\,A\,l\, +\, p\,A \end{pmatrix}$$

die Knotenverschiebungen

$$\overset{2}{u} = \frac{3}{8}\frac{\varrho\,g\,l^2}{E} + \frac{1}{2}\frac{p\,l}{E}$$

$$\overset{3}{u} = \frac{1}{2}\frac{\varrho\, g\, l^2}{E} + \frac{p\, l}{E}$$

Aus der ersten Beziehung der vollständigen FEM-Gleichung wird mit $\overset{1}{u} = 0$, $\overset{2}{u}$ sowie $\overset{3}{u}$ die Lagerkraft

$$F_B = \varrho\, g\, A\, l + p\, A$$

erhalten. Der Verschiebungsansatz

$$\begin{aligned} u(\xi) &= g_1^{(2)}(\xi)\,\overset{1}{u} + g_2^{(2)}(\xi)\,\overset{2}{u} + g_3^{(2)}(\xi)\,\overset{3}{u} \\ &= -\tfrac{1}{2}\,\xi\,(1-\xi)\,\overset{1}{u} + (1-\xi^2)\,\overset{2}{u} + \tfrac{1}{2}\,\xi\,(1+\xi)\,\overset{3}{u} \end{aligned}$$

nimmt unter Beachtung von $\overset{1}{u} = 0$ und $\xi = 2x/l - 1$ (vgl. (4.65) und Aufgabe 4.2a) die Form

$$\begin{aligned} u(x) &= 4\left[\frac{x}{l} - \left(\frac{x}{l}\right)^2\right]\overset{2}{u} + \left[2\left(\frac{x}{l}\right)^2 - \frac{x}{l}\right]\overset{3}{u} \\ &= \frac{\varrho\, g}{E}\left(l\, x - \frac{x^2}{2}\right) + \frac{p}{E}\,x \end{aligned}$$

an. Damit lauten die Dehnung

$$\varepsilon(x) = \frac{du(x)}{dx} = \frac{\varrho\, g}{E}\,(l-x) + \frac{p}{E}$$

und die Spannung

$$\sigma(x) = E\,\varepsilon(x) = \varrho\, g\,(l-x) + p$$

Aufgabe 4.5:

a) Bestimmen Sie für die Aufgabe 4.2 die exakte Lösung!

b) Vergleichen Sie alle Lösungen für die Verschiebung $u(x)$ und die Spannung $\sigma(x)$!

c) Stellen Sie die Lösungen nach Teilaufgabe 4.5b grafisch dar!

Lösung:

a)

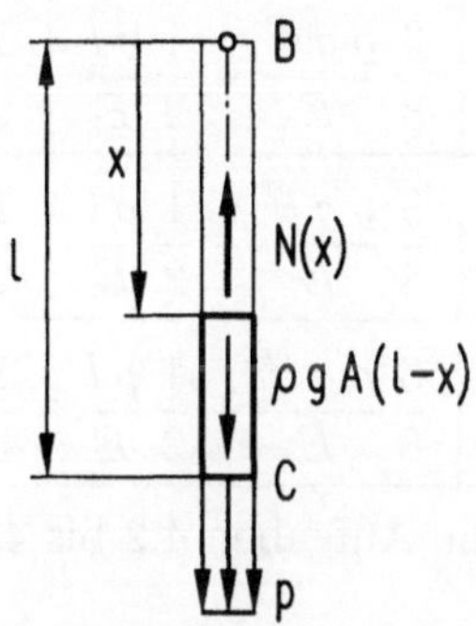

Abb. A.4.8: Längskraft für einen Zugstab unter Eigengewicht und Flächenlast p am freien Ende

Aus Abb. A.4.8 kann die Längskraft zu

$$N(x) = \varrho\, g\, A\,(l - x) + p\, A$$

abgelesen werden. Damit lauten die Spannung

$$\sigma(x) = \frac{N(x)}{A} = \varrho\, g\,(l - x) + p$$

und die Dehnung

$$\varepsilon(x) = \frac{\sigma(x)}{E} = \frac{1}{E}\left[\varrho\, g\,(l - x) + p\right]$$

Mit diesem Ergebnis und $\varepsilon(x) = du(x)/dx$ kann die Verschiebung $u(x)$ berechnet werden.

$$u(x) = \int_0^x \varepsilon(\bar{x})\, d\bar{x} = \frac{1}{E}\int_0^x \left[\varrho\, g\,(l - \bar{x}) + p\right] d\bar{x}$$

$$= \frac{\varrho\, g}{E}\left(l\, x - \frac{x^2}{2}\right) + \frac{p}{E}\, x$$

b)

Aufgabe	Verschiebung $u(x)$	$u\,(x=l/2)$	$u(x=l)$
4.2	$\left(\frac{1}{2}\frac{\varrho\,g\,l}{E}+\frac{p}{E}\right)x$	$\frac{1}{4}\frac{\varrho\,g\,l^2}{E}+\frac{1}{2}\frac{p\,l}{E}$	$\frac{1}{2}\frac{\varrho\,g\,l^2}{E}+\frac{p\,l}{E}$
4.3			
$x\in[0,\,l/2]$	$\left(\frac{3}{4}\frac{\varrho\,g\,l}{E}+\frac{p}{E}\right)x$	$\frac{3}{8}\frac{\varrho\,g\,l^2}{E}+\frac{1}{2}\frac{p\,l}{E}$	
$x\in[l/2,\,l]$	$\frac{1}{4}\frac{\varrho\,g\,l}{E}(l+x)+\frac{p}{E}\,x$	$\frac{3}{8}\frac{\varrho\,g\,l^2}{E}+\frac{1}{2}\frac{p\,l}{E}$	$\frac{1}{2}\frac{\varrho\,g\,l^2}{E}+\frac{p\,l}{E}$
4.4	$\frac{\varrho\,g}{E}\left(l\,x-\frac{x^2}{2}\right)+\frac{p}{E}\,x$	$\frac{3}{8}\frac{\varrho\,g\,l^2}{E}+\frac{1}{2}\frac{p\,l}{E}$	$\frac{1}{2}\frac{\varrho\,g\,l^2}{E}+\frac{p\,l}{E}$
4.5	$\frac{\varrho\,g}{E}\left(l\,x-\frac{x^2}{2}\right)+\frac{p}{E}\,x$	$\frac{3}{8}\frac{\varrho\,g\,l^2}{E}+\frac{1}{2}\frac{p\,l}{E}$	$\frac{1}{2}\frac{\varrho\,g\,l^2}{E}+\frac{p\,l}{E}$

Tabelle A.4.1: Verschiebung $u(x)$ für die Aufgaben 4.2 bis 4.5

Die exakte Lösung (Aufgabe 4.5) und jene für das 3-Knoten-Element (Aufgabe 4.4) stimmen überein. Das wirkliche Verschiebungsfeld kann folglich mit dem quadratischen Verschiebungsansatz des 3-Knoten-Elements exakt dargestellt werden.

Aufgabe	Spannung $\sigma(x)$	$\sigma(x=0)$	$\sigma(x=l/2)$	$\sigma(x=l)$
4.2	$\frac{1}{2}\varrho g l+p$	$\frac{1}{2}\varrho g l+p$	$\frac{1}{2}\varrho g l+p$	$\frac{1}{2}\varrho g l+p$
4.3				
$x\in[0,\,l/2]$	$\frac{3}{4}\varrho g l+p$	$\frac{3}{4}\varrho g l+p$	$\frac{3}{4}\varrho g l+p$	
$x\in[l/2,\,l]$	$\frac{1}{4}\varrho g l+p$		$\frac{1}{4}\varrho g l+p$	$\frac{1}{4}\varrho g l+p$
4.4	$\varrho g\,(l-x)+p$	$\varrho g l+p$	$\frac{1}{2}\varrho g l+p$	p
4.5	$\varrho g\,(l-x)+p$	$\varrho g l+p$	$\frac{1}{2}\varrho g l+p$	p

Tabelle A.4.2: Spannung $\sigma(x)$ für die Aufgaben 4.2 bis 4.5

Bei den 2-Knoten-Elementen (Aufgabe 4.2: 1 Element; Aufgabe 4.3: 2 Elemente) wird die Lösung mit wachsender Anzahl der Elemente genauer. Der Dehnungs- und der Spannungsverlauf (konstant im Element) werden durch Treppenfunktionen (vgl. Abb. A.4.10) wiedergegeben.

c)

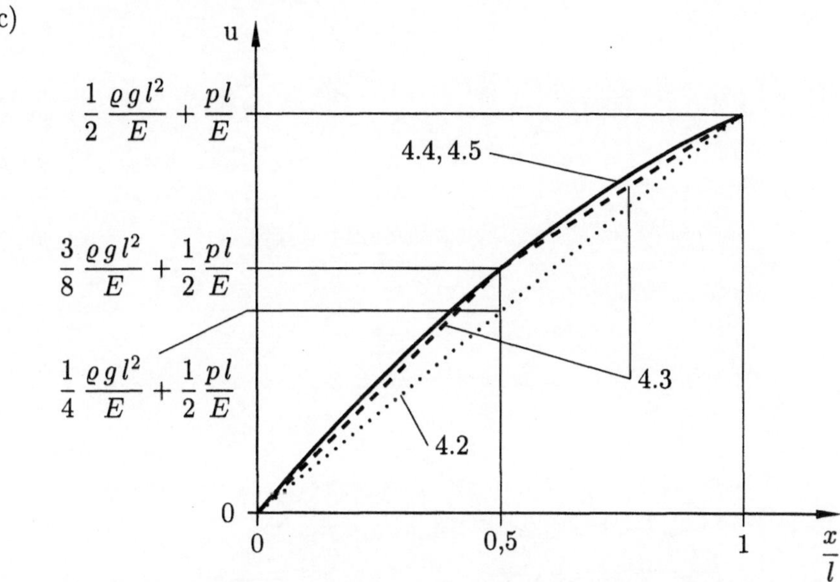

Abb. A.4.9: Darstellung der Verschiebung $u(x)$ für die Aufgaben 4.2 bis 4.5

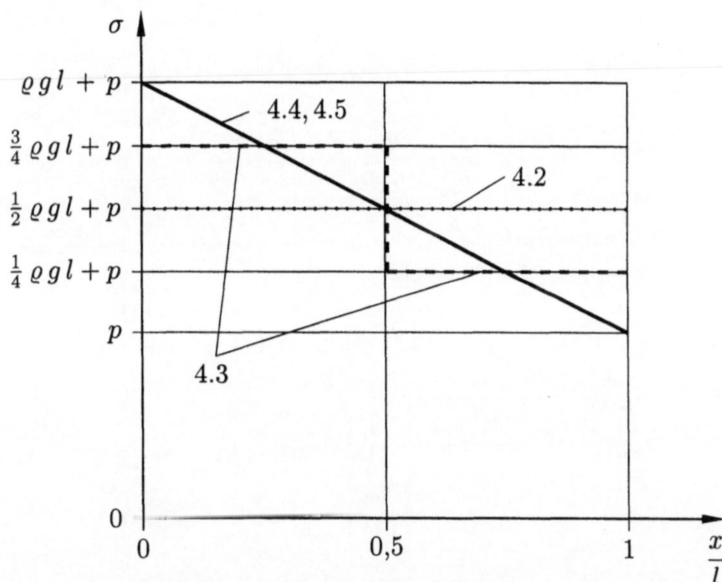

Abb. A.4.10: Darstellung der Spannung $\sigma(x)$ für die Aufgaben 4.2 bis 4.5

Sachverzeichnis

SpringerTechnik

Udo Gamer,

Werner Mack

Mechanik

Ein einführendes Lehrbuch für
Studierende der Technischen Wissenschaften

1999. IX, 231 Seiten. 233 Abbildungen.
Broschiert EUR 22,–, sFr 35,50
ISBN 3-211-82854-0

Diese Darstellung der Mechanik, d. h. der Kinematik, Statik, Kinetik und Festigkeitslehre, bei der besonderer Wert auf Verständlichkeit und mathematische Sauberkeit gelegt wurde, wendet sich an Studierende der Technischen Wissenschaften.
Sie dient der Vermittlung von Grundwissen und Fertigkeiten, bildet ein tragfähiges Fundament für eingehendere Studien und führt darüber hinaus zu Vertrautheit mit der analytischen technisch-naturwissenschaftlichen Arbeitsweise.
Die Diskussion alternativer Betrachtungsweisen und Lösungswege sowie zahlreiche praktische Hinweise zeichnen dieses Lehrbuch aus.
Es unterstützt auf diesem Weg das selbständige Bearbeiten von Problemen der elementaren Mechanik.

A-1201 Wien, Sachsenplatz 4–6, P.O. Box 89, Fax +43.1.330 24 26, e-mail: books@springer.at, Internet: www.springer.at
D-69126 Heidelberg, Haberstraße 7, Fax +49.6221.345-229, e-mail: orders@springer.de
USA, Secaucus, NJ 07096-2485, P.O. Box 2485, Fax +1.201.348-4505, e-mail: orders@springer-ny.com
Eastern Book Service, Japan, Tokyo 113, 3–13, Hongo 3-chome, Bunkyo-ku, Fax +81.3.38 18 08 64, e-mail: orders@svt-ebs.co.jp

Springer-Verlag und Umwelt

Als internationaler wissenschaftlicher Verlag sind wir uns unserer besonderen Verpflichtung der Umwelt gegenüber bewußt und beziehen umweltorientierte Grundsätze in Unternehmensentscheidungen mit ein.

Von unseren Geschäftspartnern (Druckereien, Papierfabriken, Verpackungsherstellern usw.) verlangen wir, daß sie sowohl beim Herstellungsprozeß selbst als auch beim Einsatz der zur Verwendung kommenden Materialien ökologische Gesichtspunkte berücksichtigen.

Das für dieses Buch verwendete Papier ist aus chlorfrei hergestelltem Zellstoff gefertigt und im pH-Wert neutral.